Curvas en la historia 1

Curvas en la historia 1

José Manuel Álvarez Pérez

12
ciencia
abierta

nivola
LIBROS
EDICIONES

1ª edición: febrero 2006

Colaboración en gráficos y soporte informático: Miguel Ángel González Martínez
Diseño de gráficos: Sonja García Bautista

Apartado de Correos 113. 28760 Tres Cantos
Tel.: 91 804 58 17
Fax: 91 804 14 82
www.nivola.com
correo electrónico: contacto@nivola.com

ISBN (obra completa)-10: 84-96566-12-9
ISBN (obra completa)-13: 978-84-96566-12-5
ISBN-10: 84-96566-10-2
ISBN-13: 978-84-96566-10-1
Depósito legal: M-10.015-2006
Impreso en España

ÍNDICE

EL AMOR VERDADERO ES UNA ELIPSE

Era un círculo la base del cono
y paralelas todas las secciones.
Contigo en medio y solo,
tu sólo eras el centro.
Entonces yo llego.
A mi manera oblicua,
yo corto tu universo
y te coloco en uno de los focos,
y a mí en el otro.
Desde que entré en tu vida
impuse un nuevo orden,
pero no tengas miedo de nuestra geometría:
sumará una constante la distancia
que a ti y a mí nos separe del borde.

Inés Toledo

INTRODUCCIÓN

Desde el rincón de la nube que me envuelve, busco la sombra de la gráfica de una curva, el eco de la imagen virtual de las ideas, que refleje el mundo real que nos rodea. Y encuentro la abigarrada, alabeada y retorcida palabra del mudo lenguaje de los puntos; el vociferante silencio de los símbolos y la expresividad mayestática de las ecuaciones.

Las curvas son un paréntesis de ideas. Un intervalo resplandeciente, reflejo de la inmensa potencialidad del pensamiento. Es como si encerrásemos el mundo, sus ideas y sus sueños, en un punto, para luego sumarlos, unirlos y construir de nuevo la síntesis de lo que por mundo entendemos. La curva es el límite del horizonte bajo la superficie celeste cuando ese límite se hace relacionar con el límite del mismo horizonte sobre la superficie terrestre. Las curvas son la trayectoria de los sueños y la imaginación; la zigzagueante traza del pensamiento que busca ser sintetizado en un concepto racional, en un símbolo de la realidad y que camina con propiedades intrínsecas, hacia el infinito. Son el terreno idóneo para andarse por las ramas asintóticamente, hasta el punto de que podemos encontrar curvas que intiman y se acercan en esa zona que llamamos infinito.

Pero no es extraño encontrar otras definiciones de curva. En no pocas ocasiones la curva se definió como la contraposición a una recta. Generalizando podríamos considerar la curva como un elemento dialéctico que cambia y se modifica; como síntesis de la lucha de contrarios –las componentes de cada punto–. Generalizando aún más, podemos considerarlas como la antítesis de lo éticamente correcto y de ahí que las curvas tengan un cierto sesgo amoral. Una curva es la manifestación de lo díscolo y lo rebelde. Cuanto más rebelde sea, más cerrada aparecerá y si su espíritu es flexible, se manifestará como una curva abierta. Pero también es la línea del continuo en equilibrio.

En otro orden de cosas las curvas son la manifestación sensorial del peligro. Son el peligro de la carretera, el riesgo de la vida y la aventura del amor.

Desde la más remota antigüedad los hombres quisieron dominar el Universo, colocándolo, representándolo y extendiéndolo al alcance de la mano, de la vista, de nuestra dimensión humana. Hicieron esferas, las colocaron a propósito y ya pudo afirmar el hombre: ahí está el Universo. Descubrieron los cinco poliedros regulares y ya pudo asociar cada uno con los principios vitales: agua, aire, tierra, fuego, y el Universo en el centro. Hasta las cantidades las simbolizaron con trazas de líneas. Y cuando, pasado el tiempo, consideraron necesario referenciar o relativizar nuestra posición en el Universo, construyeron unos ejes perpendiculares y dijeron: éste es el centro. Lanzan naves espaciales y ya pueden observar la trayectoria del móvil en una pantalla de computadora. Como si las esferas, los poliedros o la gráfica de la trayectoria, dominaran y controlaran la nave, las fuerzas del Universo, las ideas del hombre y el destino más inverosímil. Como si pudiéramos convertir el centro de todo, en un punto de intersección de unos ejes.

El sabio antiguo sintió respeto y admiración espiritual por las curvas. "Noli turbare círculos meos" ("No molestéis a mis círculos") dijo Arquímedes al soldado que, en aras del poder, lo atravesó con una espada. No toquéis mi mundo, el mundo que domino con mis curvas parece decir. El que controlo y represento; el que sólo depende de mi potencia intelectiva. Veo la imagen y veo el mundo. Estudio la gráfica y domino la realidad. A fin de cuentas ¿Qué diferencia puede existir entre el mundo de las estrellas y la imagen reconstruida sobre él?. A fines del siglo XIX, escribía una carta, en 1870, Georg Cantor (1845-1918) a Julius Dedekind (1831-1916), a propósito de haber encontrado una aplicación biyectiva (uno a uno) entre los puntos de un cuadrado y los de uno de sus lados, en la que incluía la siguiente frase: "Lo veo pero no lo creo"[1].

Hoy, ayer y probablemente mañana, preferimos la imagen a la realidad. El dominio del mundo lo dejamos para los dioses. Para nosotros reservamos el de la imagen virtual del mundo.

No sabemos cuándo empezó el hombre a dibujar gráficos. Posiblemente el hombre de las cavernas habría hecho círculos junto con otros dibujos alegóricos de animales. Los asirios y los egipcios debieron realizar gráficos, a tenor de sus éxitos geométricos, astronómicos y arquitectónicos. Los antiguos desarrollaron conocimientos abstractos sobre figuras matemáticas, hoy

(1) Georg Cantor: *Contacto de las líneas rectas con el círculo*. 1870

considerados verdaderos tesoros geométricos que pudieron llegar hasta nosotros.

Del dibujo se debió pasar al estudio, al análisis de los gráficos. En la Grecia Antigua los sabios estudiaron las curvas como entes abstractos con sus propiedades y sus características, sin necesidad de contemplar su aplicación práctica. Sus sabios quisieron explicar la naturaleza y sus fenómenos a través del razonamiento matemático. En esa naturaleza se dan innumerables manifestaciones de figuras geométricas que fueron objeto de estudio matemático. Las esquivas espirales de Arquímedes aparecen en el mundo natural y mecánico en numerosas ocasiones, aún a pesar de ser una de las espirales más simples, una espiral uniforme que no se puede construir con regla y compás.

Durante la Baja Edad Media y el Renacimiento fueron empleadas para su aplicación en pintura y arquitectura, pero también para reivindicar la filosofía clásica, en particular la pitagórica. Decía Galileo: "El Universo es un libro escrito en lenguaje matemático, siendo sus caracteres triángulos, círculos y otras figuras geométricas, sin las cuales es imposible comprender una sola palabra; sin ellos sólo se conseguirá vagar por un oscuro laberinto". Al igual que el mundo helénico, Durero sólo utilizará la regla y el compás en la construcción de curvas desde preceptos geométricos, sin teorizar su idiosincrasia.

En los siglos XVI y XVII nace la geometría analítica, se incorpora el análisis algebraico al estudio de la geometría y en consecuencia el estudio de las curvas experimenta un avance importante.

Con la aparición del análisis infinitesimal, el estudio de las curvas y la geometría en general incorpora a su análisis el cálculo diferencial e integral. Y con ello el estudio de curvas alcanza su etapa más gloriosa.

Con la impronta de la física newtoniana, el estudio de las curvas se orientó hacia su vertiente práctica para la investigación física. Las trayectorias de los móviles fueron el objeto de aplicación más importante. Se empezó a considerar la curva como la evolución gráfica de una magnitud, o de varias magnitudes relacionadas. Conviene recordar que las curvas nacieron para resolver problemas de medir, de trisecar el ángulo, de duplicar el cubo, de resolver el problema délico y satisfacer a los dioses, de cuadrar el círculo.

El hombre quiso dominar las curvas. Las analizó, las escudriñó, jugó con ellas y las llevó al terreno de los números, de las ecuaciones, al análisis, al mismo concepto de curva analítica. De suerte que así la curva será una sucesión de puntos tal que cada uno se deduce de otro contiguo y surgen unos de otros como prolongación analítica mediante series de Taylor. O bien la longitud sin anchura como sucesión de puntos que no tienen dimensión; o la frontera de una superficie (la circunferencia como frontera del círculo).

Hasta la misma recta es una curva. Una curva de excentricidad cero, es decir, la locura desde el infinito, o sea desde el más allá.

Las curvas así definidas serían puntos, dados con valores (x, y), colocados sucesivamente, tal que así representan la gráfica de la curva, que expresada implícitamente sería $f(x, y) = 0$. Puntos que se mueven en un tiempo t (variable llamada parámetro) y producen las ecuaciones paramétricas $x = \varphi(t)$, $y = \psi(t)$, siendo ambas funciones continuas cuando t pertenece al intervalo $[a, b]$ y la curva es un conjunto de puntos $(x, f(x))$ correspondientes a todos los posibles valores del parámetro t. De suerte que al recorrer t un conjunto de valores, en general los números reales, el punto cuyas coordenadas son $(\varphi(t), \psi(t))$ describe la curva. Claro que eliminando el parámetro t, la curva es el conjunto de puntos cuyas coordenadas satisfacen la ecuación $f(x, y) = 0$. Siempre con la restricción de forma que la ecuación tenga infinitas soluciones y que el conjunto de soluciones no ocupe una parte del plano. Por tanto serán funciones continuas porque cada punto está pegado y bien pegado al de al lado, de parámetro t. Si la función $f(x, y)$ es un polinomio de dos variables, la curva definida por la ecuación $f(x, y) = 0$, es una curva algebraica. Si la ecuación es de primer grado, la curva es una recta. Si es de segundo grado con un conjunto infinito de soluciones, resulta una cónica, o bien una curva que se descompone en dos rectas.

Para Plücker, una curva es una colección de puntos, pero también un conjunto de rectas tangenciales. A partir de esta definición, Julius Plücker (1801-1868) clasificó las curvas algebraicas, en particular las cúbicas y cuárticas[2]. Para su clasificación, utilizó la "enumeración de constantes" siguiente:

$$k = n(n - 1) - 2d - 3r$$

$$n = k(k - 1) - 2t - 3w$$

$$w = 3n(n - 2) - 6d - 8r$$

$$r = 3k(k - 2) - 6t - 8w$$

donde n es el orden de la curva, k su clase, d el número de sus puntos dobles (puntos singulares con dos tangentes distintas), r el de sus puntos de retroceso, t el de sus tangentes dobles y w el de sus tangentes de inflexión.

(2) Julius Plücker: *Theorie des algebraischen Curven: gegründet auf eine neue Behandlungsweise der analytischen Geometrie*. Bonn: A. Marcus, 1839.

Estos seis números enteros permiten describir cualquier curva algebraica plana.

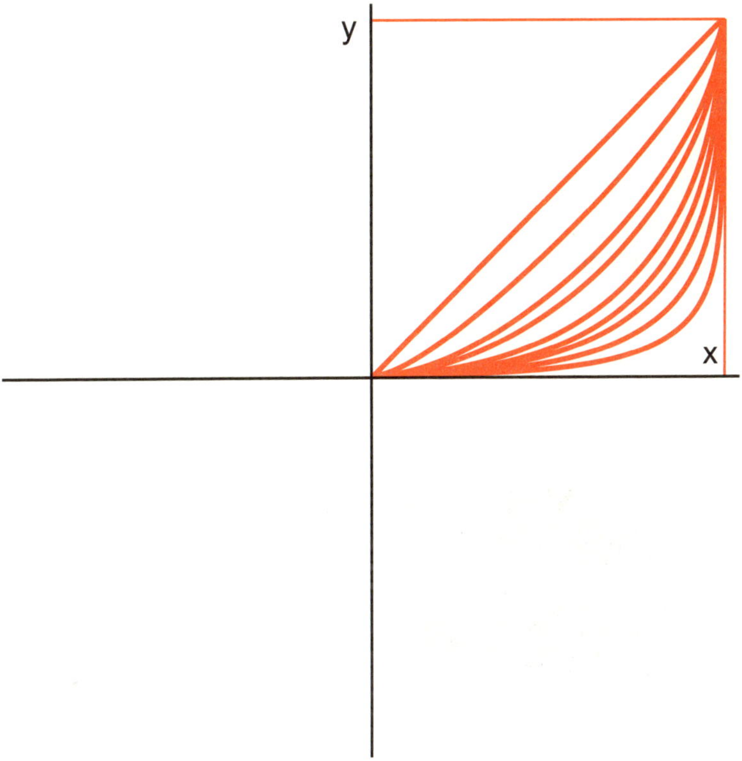

Sea $B^*(0, 1) = \{f / \|f\|_\infty \leq 1\}$, $B^*(f \equiv 0, 1)$ entonces $f_n(t) = t^n$ con $n \in [0, 1]$ converge a 0 en [0, 1) y converge a 1 en {1}.

En realidad el concepto de curva resulta ser en la práctica, un concepto más complejo de lo que se pensó hace tiempo, en particular hasta la etapa de Jordan. Hasta esa época, una curva era algebraica si venía definida por una expresión polinómica; o bien unicursal, según término expresado por Cayley, si venía definida por una función parametrizada, o trascendente. La aparición de curvas fractales, decenas de años después de Jordan, con Peano, Koch, Julia, Mandelbrot y otros, modificaría este concepto del análisis e impondrá la necesidad de definiciones y elementos de estudio más complejos.

Mas la definición analítica de curva, debe tener restricciones; para evitar paradojas como los casos de las curvas de Peano o Hilbert. Estos casos pueden llevarnos a definir las curvas como el relleno de una superficie y convertirse en una superficie plana. En 1890, Giuseppe Peano (1858-1932) construyó una curva continua situada en un cuadrado unidad $[0, 1] \times [0, 1]$, con la propiedad de llenar todo el espacio, es decir, que pasa por todos los puntos del cuadrado[3].

Veamos el ejemplo de las curvas de Peano: sea un móvil que recorre una trayectoria tal que cada punto del plano, (x, y) en función continua del parámetro t (tiempo) que medimos sobre el eje horizontal en un segmento de norma unitaria, de suerte que a cada punto del plano (x, y) le hacemos corresponder un valor de t.

La definición de curva para el plano, desde el punto de vista analítico, se debe a Cantor en 1870, cuando iniciaba la teoría de conjuntos puntuales. Por conjunto cantoriano se entiende una función continua del plano, cuyos puntos tienen en las proximidades de su entorno puntos del plano que no pertenecen a la función[4]. Conjuntos de Cantor planos se construyen también, comenzando con un cuadrado de lado 1, reemplazándolo por 4 cuadrados de lado 1/2, y continuando este proceso indefinidamente:

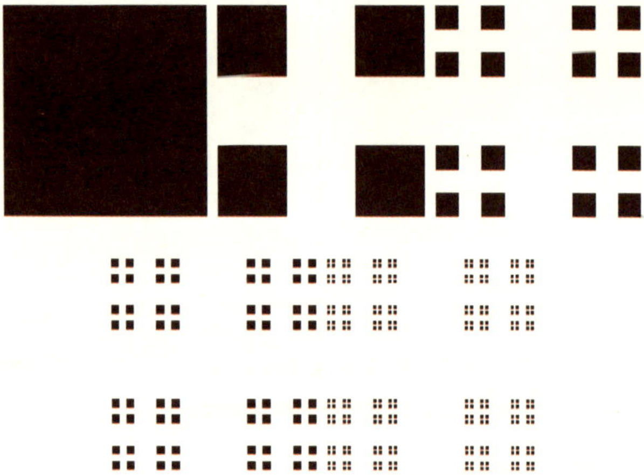

(3) En 1890, Giuseppe Peano desarrolló la construcción de una curva que rellenaba todo el cuadrado unidad. Su construcción es similar al de la curva de Koch. Comenzando con un intervalo de longitud 1, éste se sustituye por una curva poligonal autointersecante formada por 9 segmentos iguales. La construcción se repite en cada uno de estos nueve segmentos continuando el proceso indefinidamente. Giuseppe Peano: *Applicazioni geometriche del Calcolo Infinitesimale*. Turín: Bocca, 1890.

(4) El conjunto de Cantor se publicó por primera vez en 1883 como un caso de conjunto atípico: sea el intervalo unidad, al cual quitamos el intervalo central de longitud 1/3 ________________________ , ________ ________. A cada uno de estos nuevos intervalos le quitamos a su vez el intervalo central que ahora tendrá longitud 1/9. ___ ___ ___ ___ .Y así sucesivamente _ _ _ _ _ _ _ _ , - - - - - - - - - - - - - - - - .

Con el fin de resolver las anomalías que producía el conjunto cantoriano, entre otras, Camille Jordan[5] concluyó que debía darse reciprocidad uniforme entre las coordenadas (x, y) y el parámetro t, con la única excepción del punto extremo de la curva, el cual, cuando la curva es cerrada, coincidirá con el punto inicial. La curva es el conjunto de puntos del plano, cuyas coordenadas son funciones continuas del parámetro t, $x = \varphi(t)$, $y = \psi(t)$, estando t definido en un intervalo cerrado $[a, b]$. Si una curva algebraica puede tener una parametrización, se dice que es una curva unicursal (del latín *unus* y *cursivus*, que quiere decir que cada punto puede construirse individualmente), según la expresión de Cayley. Esta definición permite considerar la curva como un conjunto que no está ordenado por los diferentes valores de t, ya que los diferentes valores de la misma que se corresponden con esos valores de t y que tienen iguales coordenadas, no se consideran diferentes. Y posibilita extender la definición a cualquier espacio topológico. El conjunto de puntos de un espacio topológico que es la imagen continua de un segmento, se llama *curva de Jordan*.

Un ejemplo de curva cantoriana es la llamada curva de Sierpinski, o *tapiz de Sierpinski*: dado un cuadrado de lado unidad se divide en nueve cuadrados iguales trazando paralelas a sus lados y eliminando todos los puntos interiores del cuadrado primero. En segundo lugar se hace lo mismo con los ocho cuadrados periféricos, obteniendo así 64 cuadrados restantes de los que quitaremos todos los puntos interiores de cada uno de ellos. Iterando el proceso hasta el orden n, obtenemos 8^n cuadrados de rango n con un lado igual a $\frac{1}{3^n}$. La intersección de los conjuntos obtenidos es lo que se denomina tapiz de Sierpinski. Y por tanto es un continuo conexo localmente, por lo que se puede conseguir como imagen continua de un segmento[6].

Las curvas están cerradas o no; esto es, pueden ser flexibles o no. Jordan en su *Cours d'Analyse* (París, 1893), concluye que una curva divide al plano siempre en dos regiones (¿Y si fuera serpentina en el espacio de tres dimensiones?). De suerte que una curva estará definida si podemos encontrar una función analítica $f(x, y)$ que sólo se anule para los valores de los puntos que pertenecen a la curva en las proximidades de un punto $P(x_0, y_0)$ considerado. Y recíprocamente, dada una función analítica $f(x, y)$, en los alrededores de un punto $P(x_0, y_0)$ cuando la función se anula en ese punto, la función representa una curva.

---

(5) M. E. Camille Jordan (1838-1922) : *Cours d'Analyse.* París: Gauthier-Villlars, 1893-1896.

(6) Waclaw Sierpinski (1882-1869): *Oeuvres choisies*. Varsovia: Ed. Scient. de Pologne, 1974-1976.

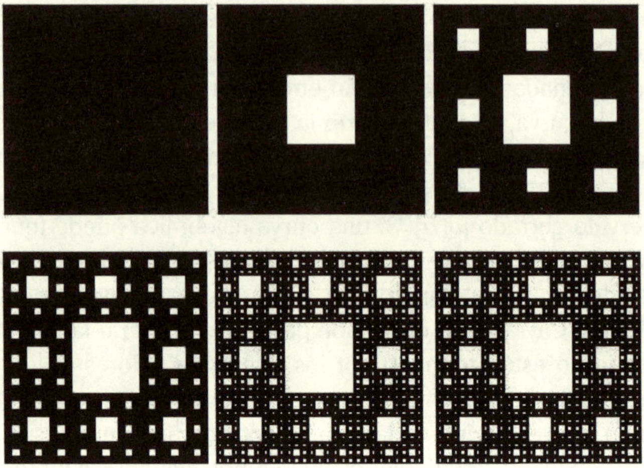

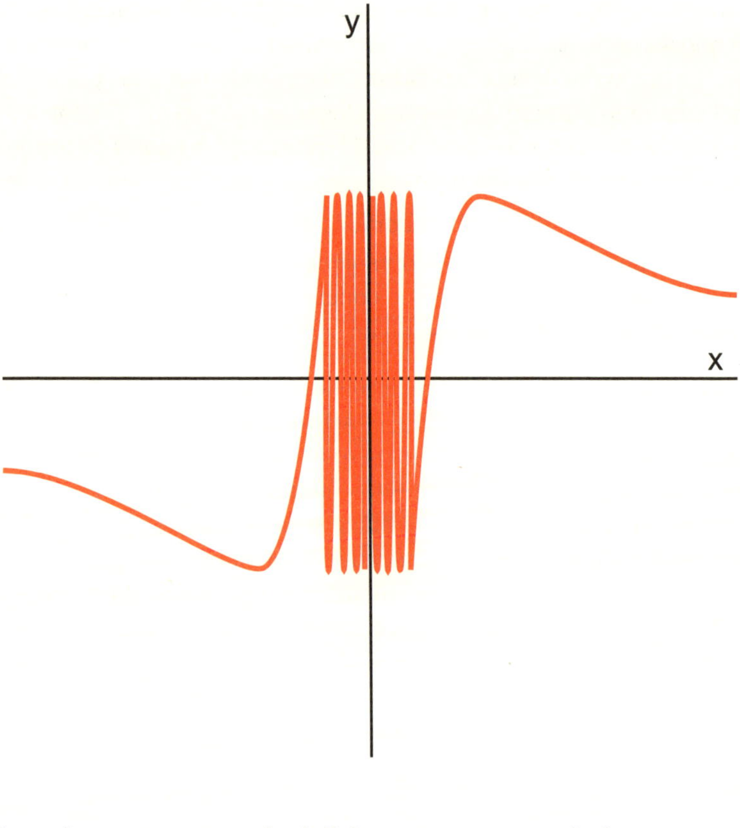

Sin embargo, no se puede definir una curva como la imagen continua de un segmento sin establecer ciertas condiciones o restricciones en dicha correspondencia[7]. Tal es el caso de la curva de Peano y de la curva de Hilbert. Entre otras, las funciones paramétricas de la curva deben tener derivadas de diferentes órdenes. O bien funciones continuas que no son localmente conexas, y que no son imágenes continuas de un segmento. Como por ejemplo la función $y = \operatorname{sen}\frac{1}{x}$, $0 < x \leq 1$, $x = 0$, $-1 \leq y \leq 1$.

En 1921, Pavel Samuilovich Urysohn (1898-1924) dio una definición topológica general de curva como un continuo unidimensional, un espacio métrico compacto y conexo en el que cada punto tiene un entorno tan pequeño como se quiera con frontera de dimensión nula. El tapiz de Sierpinski satisface la definición de Urysohn, por lo que puede considerarse que cualquier curva cantoriana lo es en el sentido de Urysohn. Un ejemplo de curva de Urysohn es la *curva universal de Menger*[8]. Se construye por un proceso similar al de la curva de Sierpinski, pero partiendo de un cubo de lado unidad. En el primer paso se obtiene un conjunto de 27 cubos iguales, del cual, eliminando el central y todos los de la partición, adyacentes a él a lo largo de las caras bidimensionales, resulta un conjunto compuesto de 20 cubos cerrados restantes. En el segundo paso obtenemos 400 cubos de segundo rango. Procediendo iterativamente obtenemos una sucesión de cubos continuos, cuya intersección es una curva continua unidimensional que se conoce como curva universal de Menger[9].

David Hilbert[10] (1862-1943) construyó también una curva dividiendo el cuadrado unidad en cuadraditos iguales, uniendo los centros de los mismos con segmentos. Iterando el proceso, esto es, dividiendo los cuadrados en otros sucesivamente y uniendo de nuevo sus centros por segmentos, hasta el infinito, la curva límite de las poligonales que forman la unión de los segmentos ocuparán todo el cuadrado unidad.

Dividimos el segmento y el cuadrado en un número igual de partes iguales y unimos los centros de los cuadrados como en la figura siguiente. A cada punto de la división del segmento le corresponde un punto del cuadrado que tiene la misma cifra. Repetimos la operación para una partición con un número mayor de partes en el segmento y de cuadraditos en el cuadrado, y

(7) Mazurkiewicz demostró que, a pesar de que toda función continua localmente conexa es la imagen continua de un segmento, no sólo un cuadrado, sino también un cubo de cualquier número de dimensiones es imagen continua de un segmento.

(8) En 1891, David Hilbert daría una versión más sencilla de una curva que también rellena todo el intervalo unidad y que sería precursora de la curva de Menger.

(9) Karl Menger (1902-1985): *Mengentheoretische Geometrie in Einzeldarstellungen*. Berlín: Teubner, 1932.

(10) En: *Mathematische Annalen*, 1893.

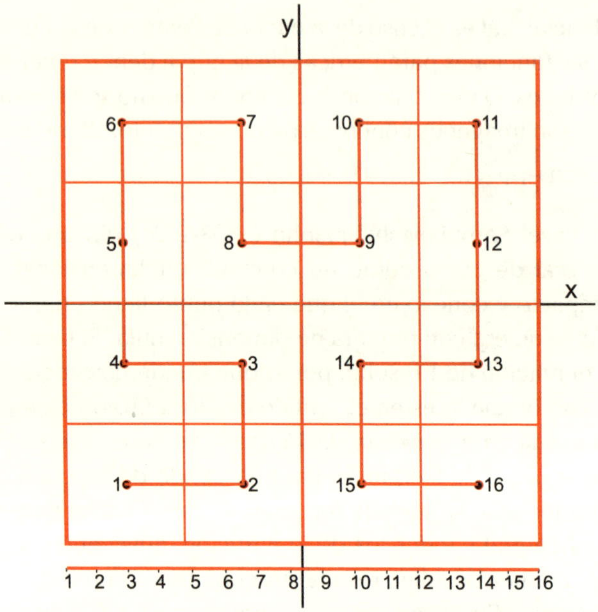

así sucesivamente. Con el paso al límite, cuando los puntos de división del segmento sean infinitos y estén situados infinitamente próximos (segmento o intervalo compacto), las líneas poligonales de los números de los cuadrados llenarán la superficie de todo el cuadrado grande.

El matemático Helge von Koch[11], construyó en 1904 una curva que se conoce como *curva de Koch*, o *copo de nieve*, consistente en dividir un segmento unidad [0, 1] en tres partes y construyendo una poligonal con cuatro segmentos iguales a cada una de las divisiones, como muestra la figura, y continuando el proceso indefinidamente se obtiene una sucesión de poligonales convergente, cuyo límite tiene longitud infinita cuando las divisiones también

(11) Helge von Koch (1870-1924): "Sur une courbe continue sans tangente, obtenue par une construction géométrique élémentaire". En: *Arkiv för Matematik*, 1904, Vol. 3.

son infinitas. La curva es pues el límite de la serie poligonal (C_n). La curva tiene medida infinita y lo paradójico es que su área es finita. La medida es el límite de la sucesión de curvas $C_n = 3a\left(\frac{4}{3}\right)^n$, siendo a el lado del triángulo inicial. Su área vale $(8/5)A$, donde A es el área del triángulo inicial. En consecuencia, los fractales llevan información no sólo de la figura soporte de medida u objeto geométrico, sino también de la distribución de la masa en dicho objeto. La caracterización de la masa de los conjuntos en espacios métricos a través del crecimiento del número de elementos de un recubrimiento infinito y la idea de utilizar para ello el concepto de dimensión no entera, fue planteado por Hausdorff (1868-1942) en 1909, Abram Samuilovich Besicovitch (1891-1970) en 1929, Lev Semenovich Pontryagin (1908-1988) y L. G. Shnirelman en 1932 y, evidentemente por Benoît Mandelbrot en 1975.

Estos "monstruos matemáticos", como los denominó Miguel de Guzmán[12] en su libro *Estructuras fractales y sus aplicaciones*, representan conjuntos de

(12) Miguel de Guzmán: *Estructuras fractales y sus aplicaciones.* Barcelona: Labor, 1993.

puntos con propiedades que no representa su estructura geométrica. Sin embargo, con dichos "monstruos" aparecieron los primeros ejemplos de fractales[13]. Los fractales son objetos matemáticos con forma irregular o fragmentada; son conjuntos de puntos cuya dimensión supera por lo general, la dimensión topológica, o sea que son conjuntos de un espacio métrico cuya dimensión de Hausdorff[14] es mayor que su dimensión topológica, la dimensión más corriente. Como ejemplo de ello es el ejemplo de la curva de Koch y también del conjunto de Cantor, que tiene por dimensión de Hausdorff $\frac{\ln 2}{\ln 3}$ y sin embargo la dimensión topológica es cero. Las curvas de Peano son así mismo objetos fractales.

Aunque el concepto aparece a mediados de los años setenta del siglo XX, su aparición como tales objetos irregulares, construidos por procesos iterativos hacia el infinito, nace a fines del siglo XIX, para probar como contraejemplo la no equivalencia entre continuidad y derivabilidad; las anomalías del conjunto de Cantor, o de la curva de Peano, o de Sierpinski.

La geometría fractal ha creado modelos de nuevas figuras geométricas microscópicas que sirven para la aplicación de la matemática a las ciencias de la naturaleza. Objetos fractales pueden ser considerados la representación de los bronquios y bronquíolos; la representación de las costas marinas o de una cuenca hidrográfica; el movimiento browniano; las esponjas, las nubes o los agujeros de un queso gruyère; etc.

A veces las curvas no responden plenamente a la definición de función analítica por razones diferentes. Karl Theodor Wilhelm Weierstrass (1815-1897) demostró que la función

$$y = \sum_{0}^{\infty} b^n \cos \pi a^n x \quad \text{con} \quad 0 < b < 1$$

(13) El término fractal fue acuñado por primera vez en 1975-77, por Benoît Mandelbrot en su obras *Les objects fractals. Forme, hasard et dimension* (París, 1975) y *The Fractal Geometry of Nature* (New York, 1982). Para Mandelbrot, la naturaleza es el paradigma más importante de fractales y está formada por la iteración de múltiples procesos de geometría fractal, que conforman la sucesión infinita de figuras geométricas.

(14) Por medida de Hausdorff o dimensión de Felix Hausdorff (1919), basada en un concepto previo de medida, se entiende: Sea F un conjunto acotado de $\mathbb{R}^n$ y dos números reales $0 \leq D \leq n$ y $\varepsilon > 0$; sea $V = \{V_i\}$ un recubrimiento finito o numerable de F con conjuntos de diámetro $d_i < \varepsilon$, con $F \subset \bigcup_i V_i$; $d_i = \sup\{|x - y| : x, y \in V_i\}$. Sean las sumas $S_H(\varepsilon, D) = \sum_i d_i^D$. Considerando los recubrimientos V, calculamos $\inf\{S_H(\varepsilon, D)\}$ que crece cuando disminuye ε porque el número de recubrimientos es menor, entonces la medida de Hausdorff D-dimensional del conjunto F, es $H^D(F) = \lim \inf_{\varepsilon \to 0} \{S_H(\varepsilon, D)\}$. Felix Hausdorff (1868-1942): *Grundzüge der Mengenlehre*. Leipzig: [s.n.], 1914.

y $a = 2k+1$ ($k \in \mathbb{Z}$), o bien

$$f(x) = \sum_{i=1}^{\infty} \lambda^{(s-2)i} \operatorname{sen} \lambda^i x \text{ con } 1 < s < 2, \lambda < 1$$

es una función que, a pesar de ser una función continua, no tiene derivada (no es derivable o diferenciable) y por tanto no hay tangente y si no hay tangente no hay curva.

Presentamos aquí algunas de las curvas que se hicieron famosas a lo largo de la historia, bien por la firma de sus creadores, bien por la cantidad de notables matemáticos que les dedicaron su estudio, bien por la importancia de su potencialidad práctica, bien por la belleza de sus formas. Seguramente no están todas las que son; pero afirmamos que son todas las que están. Intencionadamente algunas curvas de uso común no las incluimos en este atlas histórico de curvas por considerar que su amplio conocimiento no las hace significativas para los estudiosos de la matemática. Es el caso de las curvas de funciones trigonométricas (senuoide, cosenusoide, tangentoide y sus inversas), de las exponenciales y de las logarítmicas.

Iniciamos cada curva con las expresiones de sus fórmulas analíticas en coordenadas cartesianas, polares y en muchos casos un ejemplo de parametrización. En cada una de ellas hemos querido analizar las diferentes propiedades y características que nos ayuden a dominarlas y manejarlas lo más posible. Procuramos dar los conceptos, y la posible formulación en cada una de ellas, referente a simetrías, continuidad, cierre, abertura e infinitud; área que encierra la curva y área entre la curva y sus asíntotas, si fuera posible; periodicidad de la función correspondiente, curvas asociadas y dentro de la generalidad, una somera clasificación. Tratamos de buscar traslaciones y rotaciones, ramas infinitas y asíntotas; puntos simples y puntos múltiples, puntos regulares (inflexiones) y puntos singulares (de retroceso) de primera y de segunda especie; tangentes y semitangentes; normales; curvatura; planos osculadores, si la curva es alabeada; radio de curvatura,... No hemos considerado pertinente la determinación precisa en cada una de las curvas de los puntos de corte con los ejes de coordenadas, por considerar esta cuestión inmediata para cualquier estudioso iniciado en matemáticas.

Sobre la clasificación posible de curvas, preferimos seguir una posición ecléctica. Tal cuestión ha llevado a lo largo de los años a polémicas entre los más importantes matemáticos. Evidentemente, los resultados de la clasificación dependen del enfoque de partida. Si el enfoque es analítico los resultados de la clasificación son distintos de si se toma en consideración la generación geométrica de las curvas. Si se tiene en cuenta la aplicación práctica, no se obtiene los mismos resultados de ordenación que si nos fijamos en la época de su descubrimiento o en el nombre de los matemáticos que las estudiaron. Ateniéndonos a un concepto comúnmente admitido, empezamos la clasificación en curvas algebraicas y trascendentes: las primeras vienen dadas por una expresión polinómica $f(x, y) = 0$, y a su vez se subclasifican de acuerdo con el orden o grado mayor del polinomio. Las segundas no tienen como expresión un polinomio algebraico.

Colin MacLaurin (1698-1746) fue el primero que definió el concepto de género[15] para una curva algebraica mientras estudiaba cónicas, cúbicas y cuárticas; fiel a su espíritu de admiración por la geometría clásica de los antiguos. Es por ello que dentro de cada orden, las curvas algebraicas se pueden ordenar con arreglo al género.

Según otras consideraciones, las curvas se pueden clasificar con arreglo a la forma o apariencia que presentan, a las características geométricas que manifiestan, a determinadas propiedades físicas. O bien por los métodos de su generación geométrica: cáusticas, evolutas, envolventes, involutas, inversas, isoópticas, ortoópticas, podarias, radiales, paralelas, derivadas, integrales,... Así se pueden considerar las lemniscatas (curvas en forma de ocho), las cisoides (dos curvas que son cortadas por una recta con la condición de estar relacionados los puntos de corte proporcionalmente con otro punto fijo); las concoides (una curva con forma de concha, cortada por una recta en la que dos puntos cumplen proporción con relación a un punto fijo); espirales (el lugar de los puntos que giran alrededor de otro fijo, de suerte que las distancias a ese punto fijo son monótonas crecientes o decrecientes); estrofoides; glissetes; ruletas y curvas cicloidales (cicloide, epicicloide, hipocicloide, astroide, deltoide, nefroide, cardioide, trocoide, epitrocoide, hipotrocoide, rosas). Mención especial merecen las cónicas (curvas planas generadas por un plano que corta a un cono) y las sectrices (curvas que aparecieron, a lo largo de los tiempos para resolver los problemas délicos: seccionar cualquier ángulo en n partes iguales, con n impar; duplicar el cubo y cuadrar el área del círculo con la ayuda de la regla y el compás). Atendiendo a las propiedades físicas que intervienen en su generación, obtenemos la braquistócrona, la tautócrona y la isócrona.

(15) Por género de una curva algebraica de grado n se entiende el entero $\frac{(n-1)(n-2)}{2}$ disminuido de los órdenes de multiplicidad de los puntos singulares de la curva en el plano proyectivo complejo. Una curva de grado n, si no es degenerada, posee al menos $\frac{(n-1)(n-2)}{2}$ puntos dobles. Por grado de una curva algebraica plana de ecuación $P(x, y) = 0$ se entiende el grado del polinomio P; y también el número máximo de puntos de intersección de la curva con una recta en el plano afín real. Las curvas de grado 1 son las rectas; las de grado 2 las cónicas; las de grado 3 las cúbicas; las de grado 4 las cuárticas; las de grado 5 quínticas; las de grado 6 séxticas; y las de grado 8 bicuárticas.

Algunos autores clasificaron las curvas con arreglo al año, o época de aparición. Así encontraron las curvas que crearon los griegos, también conocidas como "curvas antiguas"(cónicas, sectrices, cuadratriz de Hippias, cuadratriz de Dinostrato, cisoide de Diocles, concoide de Nicomedes,. . .); las curvas aparecidas en la época del cálculo y de la geometría analítica (óvalos de Cassini, folium de Descartes, trisectriz de MacLaurin, limaçon de Pascal, óvalos cartesianos, lemniscata de Gerono, catenaria, tractriz, parábolas semicúbicas,. . .); las de la época de la Ilustración (besace, bifolium de Longchamps, bruja de Agnesi, piriformes, nefroide, bicornia, curvas Lamé, . . . ; y las aparecidas en los confines del siglo XIX y principios del XX. En realidad se trata más bien de una cronología que de una clasificación sistemática.

Probablemente el estudio sistemático más consistente, y la colección de curvas planas más amplia, en texto impreso, sea el *Tratado de las curvas especiales notables, tanto planas como alabeadas* de Francisco Gomes Teixeira, obra premiada por la Real Academia de Ciencias de Madrid en 1897 y publicada en 1905. Una edición revisada y muy ampliada en lengua francesa, *Traité des courbes spéciales remarquables planes et gauches*, fue publicada en dos volúmenes en Coimbra, en 1908 (Tomo I) y 1909 (Tomo II), como volúmenes cuarto y quinto de las obras completas de Gomes Teixeira. El tercer tomo fue publicado también en Coimbra en 1915 como volúmen séptimo de dichas obras completas. En el primer tomo, Teixeira estudia las cúbicas, cuárticas, curvas de grado sexto y de grado octavo. El segundo tomo se refiera a curvas trascendentes, espirales, cónicas con sus correspondientes espirales, curvas cicloidales y otras clases de curvas especiales. El tomo tercero desarrolla propiedades de curvas algebraicas y trascendentes y los problemas célebres de la geometría elemental no resolubles con regla y compás.

Todos los intentos de clasificar las curvas matemáticas, tuvieron y tienen mucha relación con los conceptos y criterios epistemológicos de la ciencia. Como sucedió con todos los avances de la matemática, la creación de curvas tuvo mucho más que ver con las necesidades de su aplicación a la ciencia y la técnica, que con otras consideraciones. Es decir, que su creación se relaciona con los avances y necesidades de desarrollo de la sociedad a lo largo de la historia. El estudio de curvas no fue un mero ejercicio de dibujo de las curvas en si mismas, ni un divertimento gnoseológico, sino más bien el de su relación con la resolución de ciertos problemas científicos. De ahí, que desde nuestro entender, la más certera clasificación deberá tener en cuenta la construcción geométrica de la curva y sus aplicaciones como finalidad de su aparición para resolver ciertos problemas.

Las primeras curvas fueron la recta y el círculo, con su aplicación a la agrimensura y al movimiento en física. Las siguientes curvas aparecidas tuvieron relación con la necesidad de dividir el ángulo en n partes: trisectrices y n-sectrices.

Finalizamos la presentación con una crestomatía de conceptos y definiciones, que ayudarán al lector a interpretar lo que ve y lo que lea.

En general, avanzamos algunas consideraciones notacionales. Comenzamos cada voz con el nombre de la curva que desarrollamos. En general damos el nombre con el que son más conocidas. Algunas pueden tener asignación nominal propia y poco afortunada. Pedimos perdón. Generalmente los nombres los escribimos en minúsculas y en ocasiones, si nos es posible, decimos el origen etimológico del nombre de la curva. A continuación damos las fórmulas analíticas con algunas de sus variantes si las tuvieran. Las expresiones cartesianas vienen dadas por medio de expresiones de forma implícita $f(x, y) = 0$ o bien de forma explícita $y = f(x)$. En ambos casos los parámetros, si los hay, se representan con las primeras letras del alfabeto, en minúsculas. En las expresiones en polares, la distancia al centro se representa por ρ, mientras que el ángulo lo notamos con θ. Evidentemente las expresiones parametrizadas se hacen en función de t (el tiempo). Una curva plana C formada por puntos $M(x, y)$, en los que x e y son las coordenadas cartesianas del punto M, pueden definirse por las fórmulas paramétricas

$$\begin{cases} x = x(t) \\ y = y(t) \end{cases}$$

en las que $x(t)$ e $y(t)$ son funciones continuas en el intervalo $[a, b]$, o por un vector de la forma $\vec{v}(t) = (x(t), y(t))$ con $a \leq t \leq b$, que forman la curva definida paramétricamente en el plano. Se puede denominar parametrización de la curva C o curvas paramétricas de C.

Después añadimos los aspectos más significativos de sus posibles clasificaciones, así como las propiedades más notables. Por lo menos sus componentes y características más excepcionales, obviando aquellas que parecen evidentes.

A continuación relatamos la generación geométrica si es factible, sus aplicaciones a la técnica u a otras disciplinas, y su historia.

La curva, una línea virtual de la trayectoria de un móvil; la evolución gráfica de una magnitud; el conjunto de puntos que describen los astros en su trayectoria, lo que serpentea y cambia de trayectoria; la expresión gráfica de la dialéctica; el encefalograma de las ideas; la rugosidad de los sueños; y sobre todo el lugar geométrico de los puntos que no se sabe a donde van. Así son las curvas.

Clasificación analítica:

- **Algebraicas**
  Tienen ecuación cartesiana de la forma $f(x, y) = 0$, donde f es un polinomio de (x, y). El grado de la curva es el del polinomio.
  - De grado 1: recta
  - De grado 2: cónicas
    - Cónicas con centro
      - Elipse
      - Hipérbola
      - Parábola
    - Cónicas degeneradas
  - De grado 3: cúbicas
    - Anguinea
    - Folium de Descartes
    - Cisoide de Diocles
    - Estrofoide
    - Trisectriz de MacLaurin
    - Trébol
    - Bruja de Agnesi o versiera
    - Trisectriz de L'Hôpital
    - Cisoide oblicua
    - Serpentina
    - Cisoide recta
    - Cúbica de Tschirnhausen
    - Visiera
  - De grado 4: cuárticas
    - Alforjas
    - Concoides
    - Curva del diablo
    - Curva piriforme
    - Deltoide
    - Cuártica bicircular
      - Espírica
      - Óvalos de Cassini
      - Cardioide
    - Bicornia
    - Bifolium
    - Trifolium
    - Trébol
    - Curvas de Lissajous
    - Folium
    - Kampila de Eudoxo
    - Kappa
    - Limaçon de Pascal
    - Óvalos cartesianos
    - Lemniscata de Bernoulli
    - Lemniscatas
    - Serpentina de Newton
    - Cabeza de bala
  - De grado 5: quínticas
  - De grado 6: séxticas
    - Astroide
    - Cornoide
    - Doble gota de agua
    - Doble óvalo
    - Escarabajos
    - Folium de Durero
    - Molino de viento
    - Nefroide
    - Séxtica de Cayley
    - Trisectriz de Ceva
  - De grado 8: bicuárticas (ócticas)
    - Óvalos de Cayley
    - Toroide

- **Trascendentes**
  (no son algebraicas)
  - Cicloide
  - Catenaria
  - Cocleoide
  - Clotoide
  - Tractriz

Alforjas

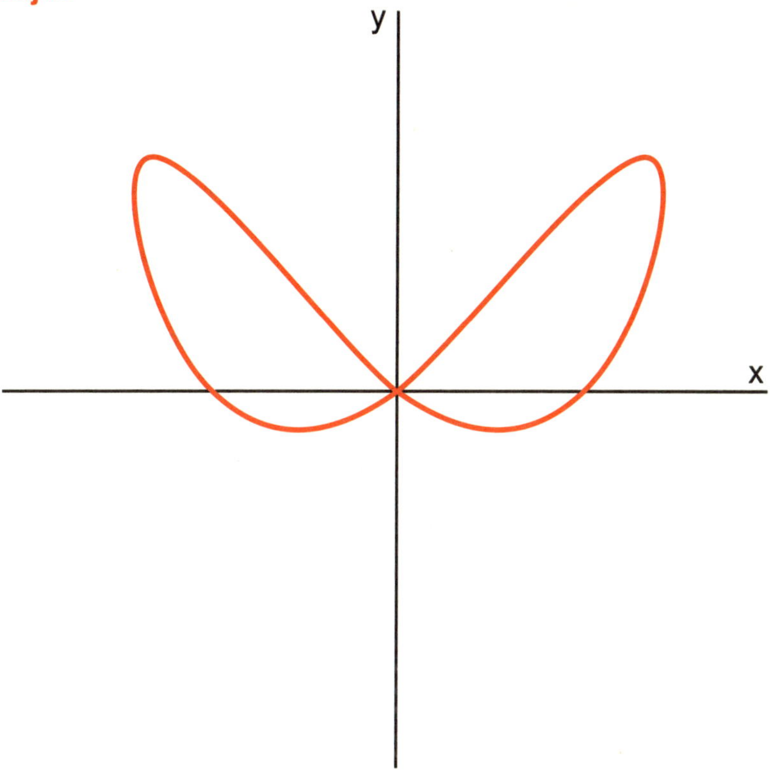

Gráfica para a = b = 1

Ecuación cartesiana:

$$x^4 - 4bx^2y + 4(a^2+b^2)y^2 - 2(a^2 - b^2 - r^2)x^2 - 4b(a^2+b^2 - r^2)^2 = 0$$

con $a > 0$, $b > 0$ y $r > 0$. O bien $(x^2 - by)^2 + a^2(y^2 - x^2) = 0$. O bien $(y+ax^2)^2 = x^2 - x^4$.

Ecuaciones paramétricas cartesianas:

$$\begin{cases} x = \pm\sqrt{a^2+b^2+r^2+2r(a\cos t+b \text{ sen } t)} \\ y = b+r \text{ sen } t \end{cases}$$

Curva cuártica cerrada, limitada y continua (si $a^2+b^2=r^2$ se corta en el centro; si $a^2+b^2 \neq r^2$ está formada por dos ramas separadas, no siendo en este caso continua), que tiene en el eje de las y ($x = 0$) un eje de simetría. Si $a^2+b^2 = r^2$, el centro de coordenadas es un nodo y las rectas $ax \pm ry = 0$ son tangentes en el punto. Las alforjas son curvas polizomales,[16] medianas entre parábolas coaxiales. Y también son un caso particular de curvas de Lissajous.

Se construyen de la forma siguiente: dado un círculo de centro C, un punto O de la circunferencia y un diámetro AB, el lugar de los puntos M pertenecientes a una recta d variable y paralela a AB, tales que $QM = OP$, donde P es el punto de intersección de la recta d con el círculo y Q la proyección de O sobre d, constituye la curva.

Si partimos de la fórmula $(y+ax^2)^2 = x^2 - x^4$ con $a = 0$, resulta una lemniscata de Gerono. Cuando a se hace muy grande la curva se acerca a una parábola.

Fue descubierta por el matemático suizo Gabriel Cramer (1704-1752) en 1750 y su nombre evoca por su parecido, a unas alforjas. Ese mismo año, Cramer había estudiado la curva del diablo, en su trabajo *Introduction à l'analyse des lignes courbes algébriques*. Ginebra: Frères Cramer, 1750.

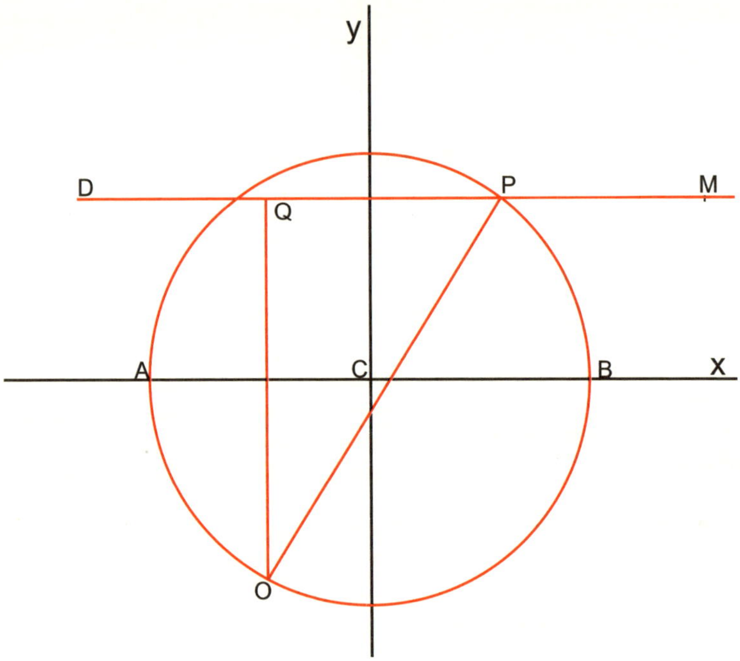

(16) Ver curvas polizomales en la crestomatía.

Alisoide

Ecuaciones paramétricas cartesianas: $\begin{cases} x = k^2 a \displaystyle\int_0^t \frac{\cos s}{\cos^2 ks} ds \\ y = k^2 a \displaystyle\int_0^t \frac{\operatorname{sen} s}{\cos^2 ks} ds \end{cases}$

con $-\frac{\pi}{2k} < t < \frac{\pi}{2k}$, como intervalo de integración.

Ecuación intrínseca:

$$s = b \tan\left(\frac{b}{a}\varphi\right), \quad \text{o bien} \quad s = b \tan(k\varphi) \quad \text{y} \quad k = \frac{b}{a} \quad \text{y} \quad t = \varphi.$$

Es una curva trascendente que cuando $a = b$, y por tanto $k = 1$, resulta la catenaria.

La alisoide tiene la propiedad de que si se le hace rodar sobre una recta sin deslizamiento, el centro de curvatura de la curva en el punto de contacto, describe una parábola con el eje de la parábola perpendicular a la recta. La parábola no corta a la recta. De acuerdo con esta forma de construcción es un caso particular de curva de Mannheim.

La curva alisoide procede terminológicamente del griego $\alpha\lambda\upsilon\sigma\iota o\nu$, *alusion*, que significa pequeña cadena y fue estudiada por Ernesto Cesàro (1859-1906) en 1886 y publicado en su *Lezioni di geometria intrinseca*. Nápoles: [el autor], 1896.

Anacampis

Ecuación cartesiana $\quad x^3 \pm a^2 x = b^2 y.$

Es una cúbica continua e ilimitada con un centro de simetría en el origen de coordenadas $O(0, 0)$.

Esta curva sería un caso particular de

$$x^3 (a \pm x)^r = \frac{a^{r+s}}{b^p} y^p$$

en la que p, r y s son números enteros positivos, y a y b son dos segmentos rectilíneos, entonces la curva recibe el nombre de perla.

El nombre fue dado a esta curva cúbica por Tommaso Valperga di Caluso (1737-1815), abad italiano de Turín, en su memoria titulada “De la résolution des équations numériques de tous les degrés", en *Mémoires de l'Académie des Sciences de Turin*, 1800. Vol. IX, p. xxix. Estas curvas habían sido estudiadas por René François Walter de Slüse[17] (1622-1685) en 1657. Y Frans van Schooten[18] (1615-1660) el mismo año en el que publicó *Mathematicae de Exercitationes*, como se puede comprobar por la correspondencia de Huygens (1629-1695), publicada en sus obras completas.

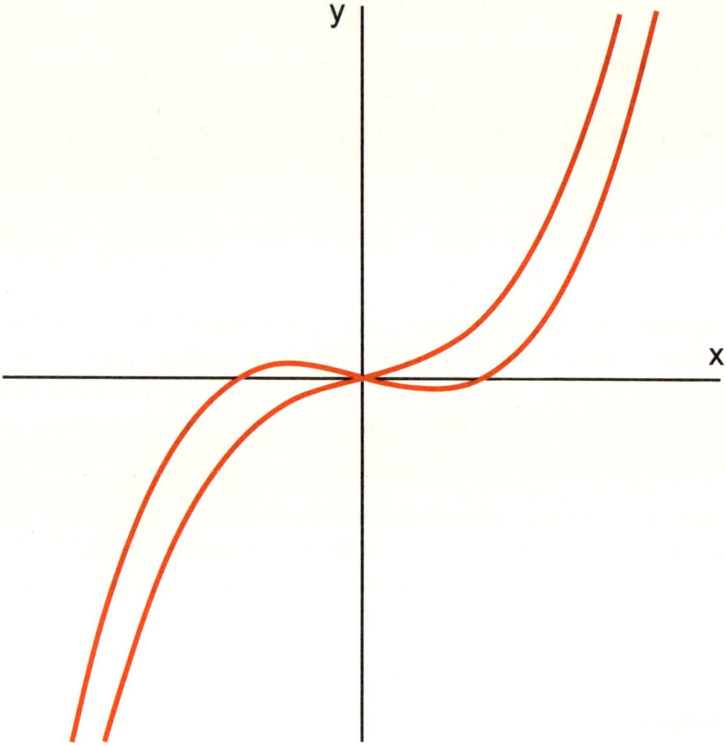

Gráfica para a = 1, b = 2

(17) "Correspondance de René-Francois de Slüse, publiée pour la première fois et precedée d'une Introduction par M. C. La Paige". En: *Bullettino di bibliografia e di storia delle scienze matematiche e fisiche,* 1884, vol.17.

(18) Franz Schooten: *Francisci à Schooten Exercitationum mathematicarum libri quinque: Quibus accedit Christiani Hugenii tractatus De ratiociniis in aleae ludo*. Leiden: Johannis Elsevirii, 1657.

Anaclástica

Ecuación cartesiana:

$$x^2y^2+y^2(b+y)^2=\frac{m^2}{n^2}[x^2y^2+a^2(b+y)^2]$$

Las anaclásticas son curvas estudiadas en relación con las propiedades de la refracción de la luz. Fueron estudiadas las anaclásticas de cuarto grado, por el astrónomo y estudioso de la navegación, Jean-Jacques Dortous de Mairan (1678-1771), en 1870: "Sur la refraction des corps". En las *Mémoires de mathématique et de physique de l'Académie Royale des Sciences*.

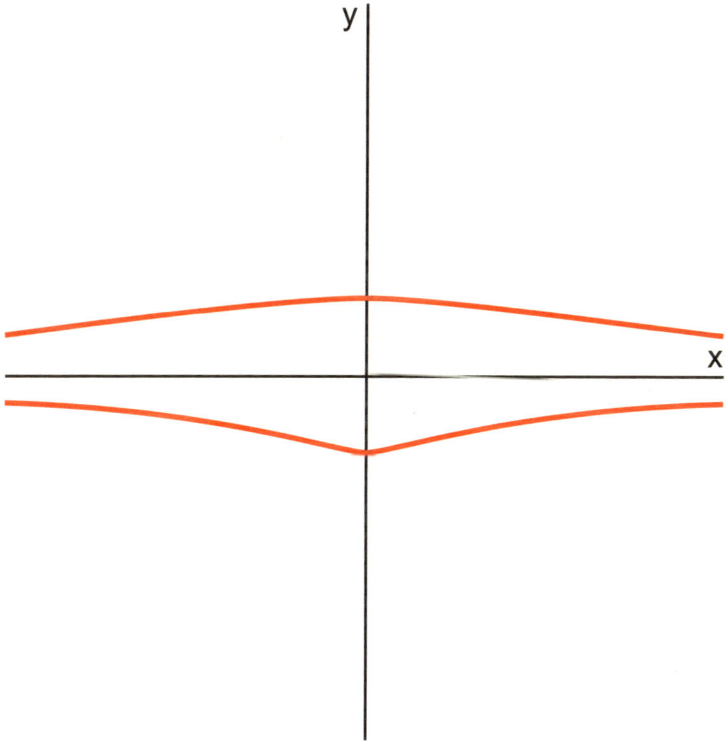

Gráfica para a = 1, b = 1, m = 1 y n = 2

Anaclinoide (ver clinoide)

Anguinea

Curva cúbica unicursal, o curva hiperbólica de tercer orden, cuya ecuación cartesiana en un sistema de referencia ortonormado es:

$$y = \frac{ahx}{x^2+h^2}$$

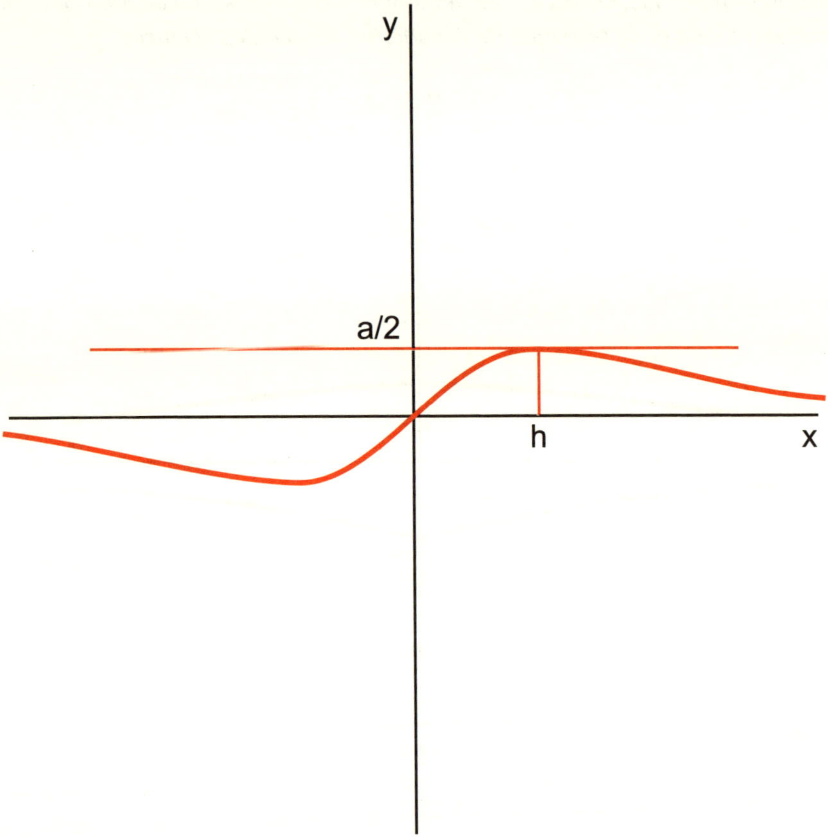

Curva anguinea con a = 2 y h = 2

Ecuaciones paramétricas $\begin{cases} x = h \tan \dfrac{t}{2} \\ y = \dfrac{a}{2} \operatorname{sen} t \end{cases}$ con $-\pi < t < \pi$

Ecuación en polares: $\rho^2 = \dfrac{h}{\cos\theta}\left(\dfrac{a}{\operatorname{sen}\theta} - \dfrac{h}{\cos\theta}\right)$.

Es una cúbica racional con un punto aislado situado en la dirección infinita del eje OY. Si queremos traer ese punto aislado a una distancia finita, basta con hacer los cambios de la transformación homográfica $x = \dfrac{X}{Y}$; $y = \dfrac{1}{Y}$, lo que hace que la anguinea

$$y = \frac{x}{x^2+1}$$

se transforme en la cúbica mixta $XY^2 = X^2+Y^2$, que tiene el punto aislado en O. La anguinea tiene como asíntota el eje OX ($y = 0$) y es simétrica respecto del origen. O sea, que las anguineas son proyectivamente a las cúbicas mixtas.

El término anguinea procede del vocablo latino *anguineus*, que significa perteneciente a las culebras. También se conocen por el nombre de serpentinas. Las anguineas son hipérbolas de tercer grado que tienen puntos de inflexión, cortan a la asíntota y se alargan hacia el infinito por los extremos de la asíntota.

Fue estudiada por Isaac Newton[19] (1642-1727) en 1701. Anteriormente, en 1696 había sido estudiada por L'Hôpital[20] (1661-1704) y Christiaan Huygens[21] (1629-1695). Newton fue el primero en asignar el nombre de anguinea a esta curva, en 1704, en su trabajo: *Enumeratio linearum tertii ordinis*. De hecho se le conoce también como serpentina de Newton.

La anguinea es una directriz de la conoide de Julius Plücker (1801-1868). Se conoce como *conoide de Plücker* la superficie engendrada por una familia de rectas, perpendiculares a otra recta y a una recta de un plano que pasa por un punto fijo. Para Plücker, una curva es una colección de puntos, pero también un conjunto de rectas tangenciales. A partir de esta definición, Plücker clasificó las curvas algebraicas, en particular las cúbicas y cuárticas[22]. Es el creador de las coordenadas homogéneas.

---

(19) Isaac Newton: *[Enumeratio linearum tertii ordinis.] Sir Isaac Newton's Enumeration of Lines of the Third Order, Generation of Curves by Shadows, Organic Description of Curves, and Construction of Equations by Curves. (Originally printed as an appendix to the treatise on Optics.) Translated, with notes and examples, by C. R. M. Talbot. [With plates.]*. Londres, 1704. Publicado como apéndice a su *Opticks*, en 1704.

(20) L'Hôpital comenzó muy joven estudiando alguno de los problemas propuestos por Pascal acerca de la cicloide y cuatro años después de estudiar la anguinea lo publicó. Guillaume François Antoine Marquis de L'Hôpital: *L'Analyse des Infiniment Petits pour l'intelligence des Lignes Courbes*. París: Imprimerie Royale, 1696.

(21) Christiaan Huygens: *Oeuvres complètes de Christiaan Huygens*. París: Bibliothèque nationale de France, 1996. Reprod. de la ed. de La Haya: M. Nijhoff, 1888-1950.

(22) Ver en crestomatía la voz coordenadas de Plücker.

Antíloga

Curva cuyo nombre fue asignado por Karl Christian Friedrich Von Krause (1781-1832) en su obra *Novae theoriae linearum curvarum* (Mónaco: Fleischman, 1835). La expresión algebraica de la curva viene dada por la ecuación: $aR+s^2=0$, en la que s es el arco desde un punto de la curva, R el radio de curvatura y a una constante.

Antiversiera

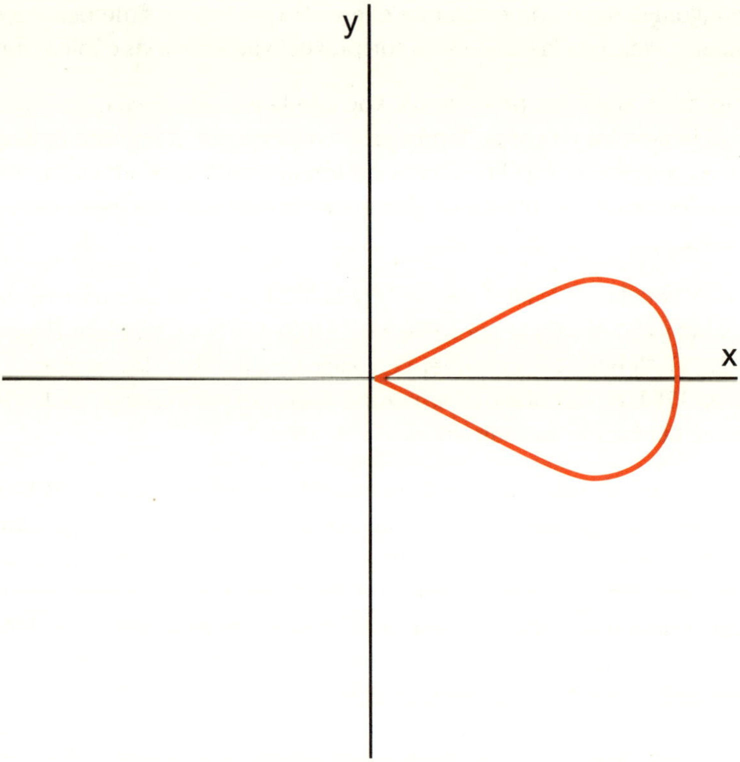

Gráfico con r = 2

Ecuación cartesiana: $x^4 - 2rx^3 + 4r^2y^2 = 0$; o bien

$$y = \pm \frac{1}{2r}\sqrt{(2r-x)x^3} \quad \text{con} \quad r > 0$$

Curva cuártica limitada, cerrada y continua que es simétrica respecto del eje de las x ($y=0$). El centro de coordenadas es un punto singular nodal (cúspide de la curva) y en él, el eje de las x ($y=0$) es tangente a la curva.

Apiena

Ecuación cartesiana:

$$y^2(x-r)^2 - 2r^3y + r^4 = 0$$

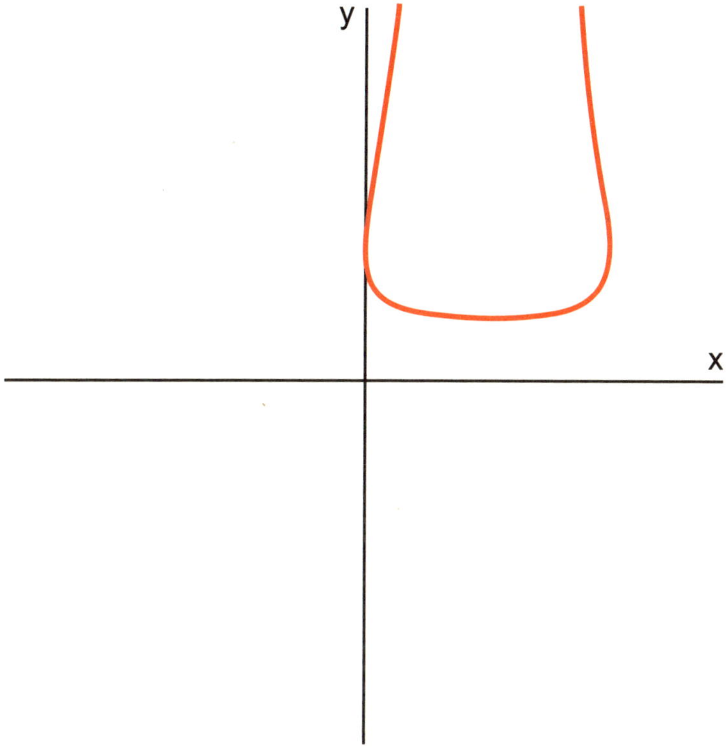

Ecuaciones paramétricas: $\begin{cases} \dfrac{x}{r} = 1+\cos\varphi \\ \dfrac{y}{r} = \dfrac{1}{1+\operatorname{sen}\varphi} \end{cases}$

Curva denominada así por Gohierre de Longchamps[23] (1842-1906), por ser de forma semejante a la de una pera, que en griego se denomina *απιον* (*apion*). Se obtiene partiendo del círculo $x^2+y^2-2rx-2ry+r^2=0$, si hacemos el cambio de

$$x = X \qquad y = \frac{r^2}{Y}$$

(23) Longchamps: *Cours de problèmes de géométrie analytique*. París, 1899.

obtenemos la ecuación de la apiena. Longchamps había colaborado intensamente con François Lucas (1842-1891) y Charles Hermite (1822-1901) en diversas publicaciones relacionadas con teoría de números, integrales eulerianas y curvas algebraicas. A Gohierre de Longchamps se debe la paternidad de numerosas curvas algebraicas, que por primera vez llamó "lugares geométricos"[24]. A él se debe un estudio del folium parabólico. Estudió de forma especial la geometría del triángulo, el círculo de Longchamps y la trisectriz de Longchamps; sobre la trisectriz de MacLaurin tiene un escrito interesante en los *Comptes Rendues* de la Academia de Ciencias de París.

Se trata de una curva de cuarto orden, simétrica respecto de la recta $x = r$. El punto del infinito de la recta $x = r$ es un vértice de la curva, en el cual la recta es tangente a la curva. La apiena es una caso particular de cuártica piriforme.[25]

Araneida o arácnida

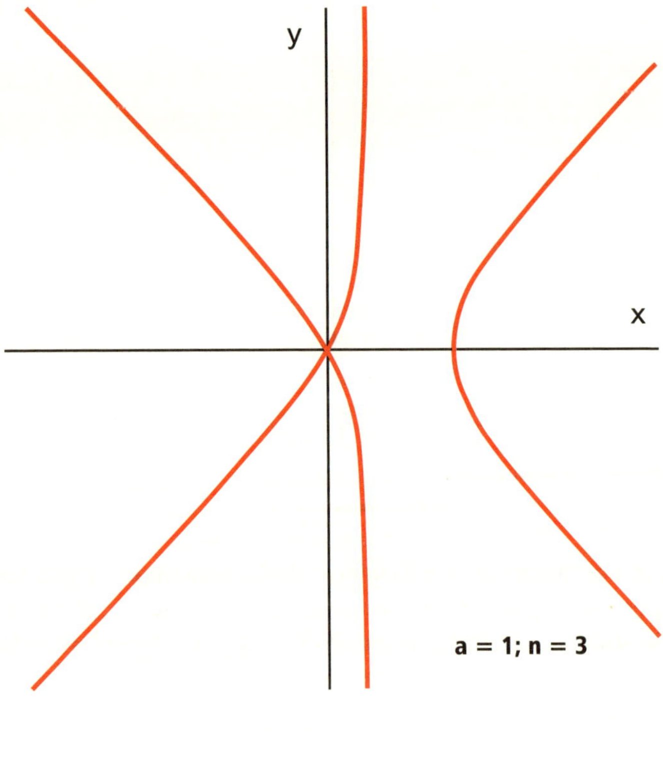

(24) Desde 1970 se denominaron conjuntos de puntos.

(25) Ver en crestomatía cuártica piriforme.

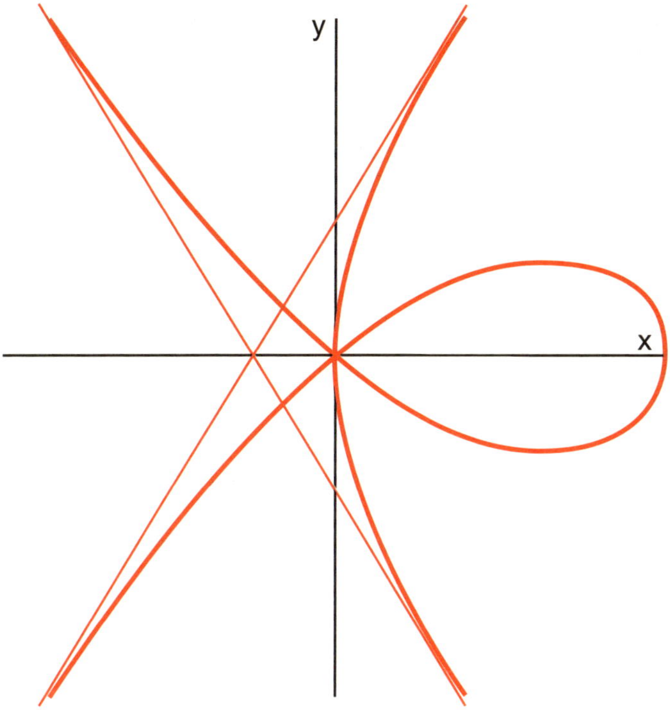

n = 4; a = 1/2

Ecuación en coordenadas polares:

$$\rho = 2a\frac{\text{sen}\,(n\theta)}{\text{sen}\,(n+1)\theta}$$

con $a > 0$ y n un número natural mayor que 1. O bien

$$\rho = 2a\frac{\text{sen}\,(n\theta)}{\text{sen}\,(n-1)\theta}$$

con $a > 0$ y n un número natural mayor que 2.

Curva denominada así por Heymann, en 1899, en *Zeitschrift der Mathematik und Physik*. La araneida es un caso de araña. Todas las arañas[26] tienen la misma forma polar.

(26) Ver araña en la crestomatía.

Las araneidas se pueden considerar engendradas por el vértice P de un triángulo PAA', cuya base $AA' = 2a$. La base permanece fija y los dos ángulos adyacentes $PAA' = \theta$ y $PA'A = n\theta$.

Estas curvas surgen de la idea de trisecar el ángulo y, generalizando, de dividir el ángulo en un número de partes iguales.

La curva tiene asíntotas en función de los parámetros n y a. Si $n = 4$ y $a = 1/2$, las dos asíntotas son $\sqrt{3}x \pm \left(y - \frac{1}{2\sqrt{3}}\right) = 0$. La recta $y = 0$ es un eje de simetría y el centro de coordenadas es un punto singular múltiple. El punto $\left(\frac{2an}{n-1}, 0\right)$ es el que está a la mayor distancia del origen.

Si se cambia n por $-n$, también resulta una araneida. Si la curva tiene por ecuación $\rho = 2a\frac{\operatorname{sen}(n\theta)}{\operatorname{sen}(n-1)\theta}$ la gráfica es la segunda.

En este caso, la curva tiene asíntotas en función de los parámetros n y a. Si $n = 3$ y $a = 1/2$, las dos asíntotas son $y = \pm\left(x - \frac{1}{4}\right)$. La recta $y = 0$ es un eje de simetría también y el centro de coordenadas es un nodo. Las rectas $y = \pm\sqrt{3}x$ son tangentes en dicho nodo. El punto $\left(\frac{2an}{n+1}, 0\right)$ es el que está a la menor distancia del origen.

Astroide

Ecuación cartesiana: $x^{\frac{2}{3}} + y^{\frac{2}{3}} = a^{\frac{2}{3}}$ o $(x^2+y^2-a^2)^3+27a^2x^2y^2 = 0$

o paramétricas: $\begin{cases} x = a\cos^3 t \\ y = a\operatorname{sen}^3 t \end{cases}$ o $\begin{cases} x = a\cos^3(t/4) \\ y = a\operatorname{sen}^3(t/4) \end{cases}$ con $a > 0$

La astroide es un caso particular de hipocicloide con cuatro puntos de retroceso que recibe el nombre de astroide por su parecido con la figura de una astro. Es, por tanto, una curva algebraica de sexto orden, bicircular y de clase cuatro. Es una curva continua, limitada y cerrada que tiene cuatro ejes de simetría: $x = 0$; $y = 0$; $x \pm y = 0$ y un centro de simetría en el $(0, 0)$. Los puntos $(\pm a, 0)$ son puntos singulares, vértices de la curva, en los que la recta $y = 0$ es tangente en dichos puntos. Y los puntos $(0, \pm a)$ son puntos singulares, vértices de la curva, en los que la recta $x = 0$ es tangente en dichos puntos. Los puntos

$$\left(\pm\frac{a}{2\sqrt{2}}, \frac{a}{2\sqrt{2}}\right) \quad \text{y} \quad \left(\pm\frac{a}{2\sqrt{2}}, -\frac{a}{2\sqrt{2}}\right)$$

son los puntos a menor distancia del centro. La longitud de la astroide es $6a$ y su área[27] es $\frac{3\pi a^2}{8}$.

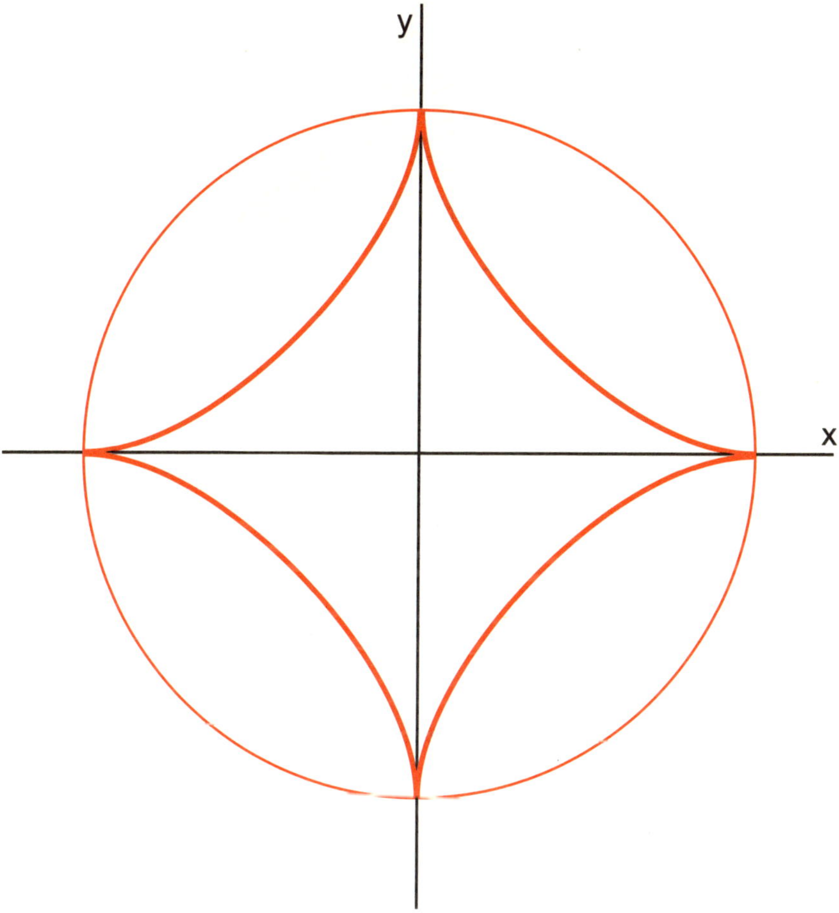

(27) Haciendo el cambio $x = a\cos^3 t$, resulta, con $\text{sen}^2 t = 1 - \cos^2 t$, que $y = a\ \text{sen}^3 t$, con t entre 0 y 2π. Entonces

$$\begin{aligned} xdy - ydx &= a\cos^3 t \cdot 3a\ \text{sen}^2 t \cos t\, dt - a\ \text{sen}^3 t \cdot 3a\cos^2 t(-\text{sen}\ t)dt = \\ &= 3a^2\ \text{sen}^2 t\cos^2 t\, dt = \frac{3}{4}a^2\ \text{sen}^2 2t\, dt = \frac{3}{8}a^2(1-\cos 4t)dt \end{aligned}$$

Por tanto $$\text{Área} = \frac{1}{2}\int_0^{2\pi} \frac{3}{8}a^2(1-\cos 4t)dt = \frac{3}{8}a^2\pi$$

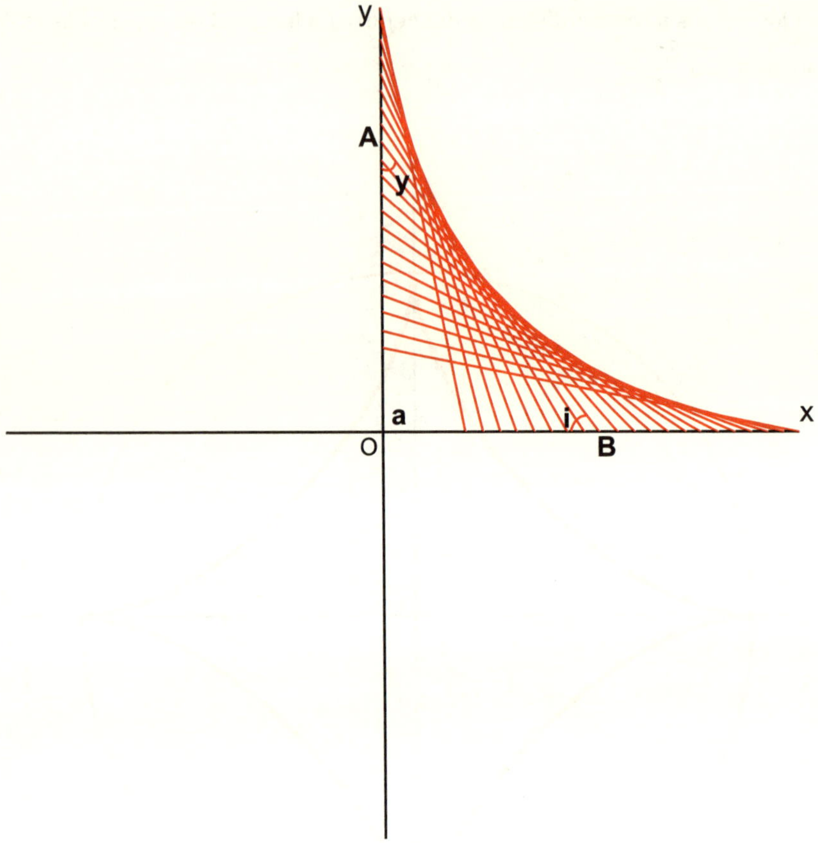

AB = a

La astroide fue estudiada por Johann Bernoulli (1667-1748) en 1691-1692. También aparece en la correspondencia de Gottfried Wilhelm Leibniz[28] (1646-1716) de 1715. En 1748, Jean le Rond D'Alembert (1717-1783) dio a conocer sus resultados sobre la curva en *Mémoires de l'Académie des Sciences*, 1748.

Su nombre actual apareció en 1836, en un libro publicado en Viena. El nombre de astroide fue designado por Joseph Johann Littrow[29] (1781-1840) en 1838 y su nombre proviene de la palabra astro. Ha sido denominada con distintos nombres en la literatura matemática después de 1836, incluyendo los de *cubocicloide* y *paraciclo*. A veces se llama *tetracúspide*, pues tiene cuatro

(28) Gottfried Wilhelm Leibniz: *Leibnitii Opera Omnia* [Leibniz's Complete Works]. Ginebra: Tournes, 1768.

(29) Joseph Johann Littrow: *Atlas des gestirnten Himmels.* Stuttgart: Hoffmann, 1839.

vértices. Por esa razón, la astroide es una hipocicloide con cuatro puntos de retroceso. Con arreglo a la fórmula analítica dada al principio, se puede considerar la astroide como un caso particular de curva Lamé.

La astroide es la curva engendrada como la envolvente de una recta, dos de cuyos puntos A y B, se deslizan sobre dos rectas dadas de un plano. Si se toman a las rectas fijas como los ejes ortonormados, y α como el ángulo que forman entre ellos, a la distancia AB y ψ y φ (1) a los ángulos que forma el segmento AB con los ejes, se verifica que $\varphi+\psi=\pi-\alpha$. La ecuación de la recta es:

$$\frac{x}{\operatorname{sen}\psi}+\frac{y}{\operatorname{sen}\varphi}=\frac{a}{\operatorname{sen}\alpha} \qquad (2)$$

Para hallar la envolvente de las rectas representadas por la ecuación anterior, eliminamos ψ entre (2) y (1), y diferenciamos la ecuación resultante.

Si queremos hallar la ecuación de la envolvente o astroide, basta eliminar φ entre la nueva ecuación y la de la recta AB. Se obtiene:

$$\begin{aligned}&\left[(x^2+y^2+2xy\cos\alpha-a^2)^3+27a^2x^2y^2\operatorname{sen}^2\alpha\right]\operatorname{sen}^2\alpha-\\&-a^2\cos\alpha\,(x^2+y^2+2xy\cos\alpha-a^2)^2\cos\alpha-\\&-2xy\left[9(x^2+y^2+2xy\cos\alpha-a^2)\operatorname{sen}^2\alpha-8a^2\cos^2\alpha\right]=0\end{aligned}$$

Cuando $\alpha=90^\circ$ se llama astroide regular, o curva regular de cuatro puntos, que son puntos de retroceso. En este caso es simétrica respecto de ambos ejes. Dado que también se puede formar como la envolvente producida por un segmento de longitud constante se mueve con cada extremo en cada uno de los ejes perpendiculares, se trata al mismo tiempo de una *glissette*.

También se puede generar como la envolvente de una cuerda de un círculo de centro O y radio $a/2$ (círculo inscrito en la astroide), cuando los extremos de la cuerda recorren el círculo en sentidos opuestos y uno a velocidad triple que el otro[30]. La envolvente del diámetro de un círculo de radio $a/2$ girando en el interior de otro círculo también genera la astroide.

Y también se genera por un punto M de un círculo de radio $a/4$ (o $3a/4$), rodando sin deslizamiento en el interior de un círculo de radio a.

Toda tangente en un punto a la curva, la corta en otros cuatro puntos cuyas tangentes pasan por un mismo punto P. De esas tangentes, sólo hay

(30) Esta transformación se denomina *de Cremona*.

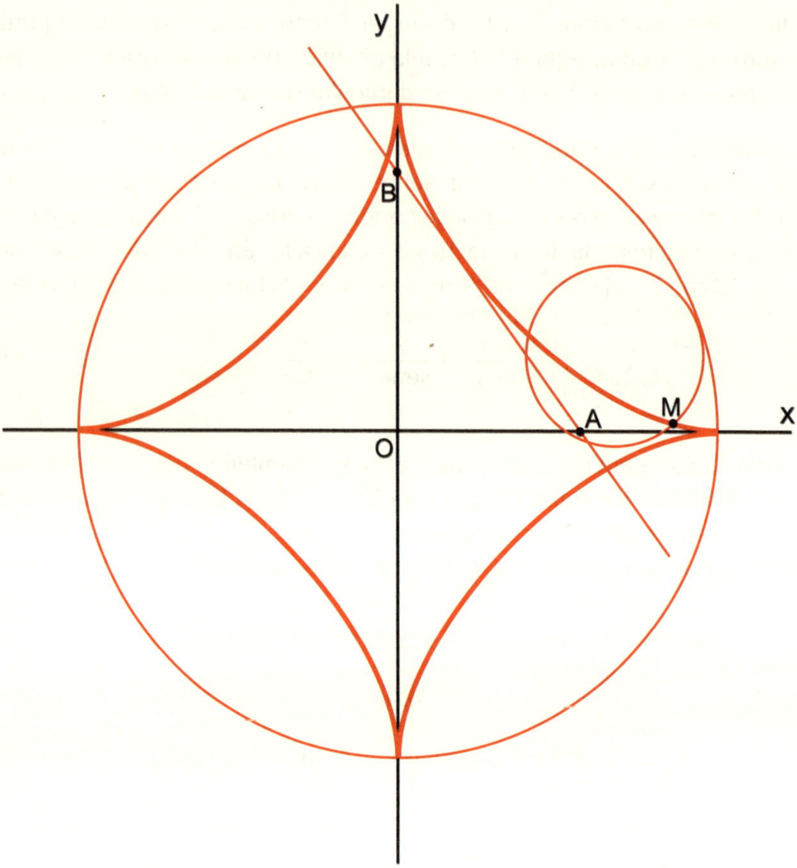

dos reales. El lugar geométrico de los puntos P es el círculo circunscrito a la astroide con centro en el origen de coordenadas y radio a. Por tanto, se puede formar rodando un círculo de radio $a/4$ en el interior de un círculo de radio a.

El gradiente de la tangente T del punto con parámetro p, es $-\tan p$. La ecuación de esta tangente T es $x \operatorname{sen} p + y \cos p = a \operatorname{sen}(2p)/2$. La tangente T corta al eje OX y al eje OY en A y B respectivamente. Entonces la longitud AB es una constante y es igual a a.

La astroide es la envolvente de las elipses

$$\frac{x^2}{b^2} + \frac{y^2}{c^2} = 1$$

cuando $b+c=a$. Y la cáustica por reflexión de una deltoide. Como todas las curvas cicloidales, la evoluta de una astroide es otra astroide semejante. La podaria de una astroide es un escarabajo, con ecuación podaria $\rho^2 + 3p^2 = a^2$.

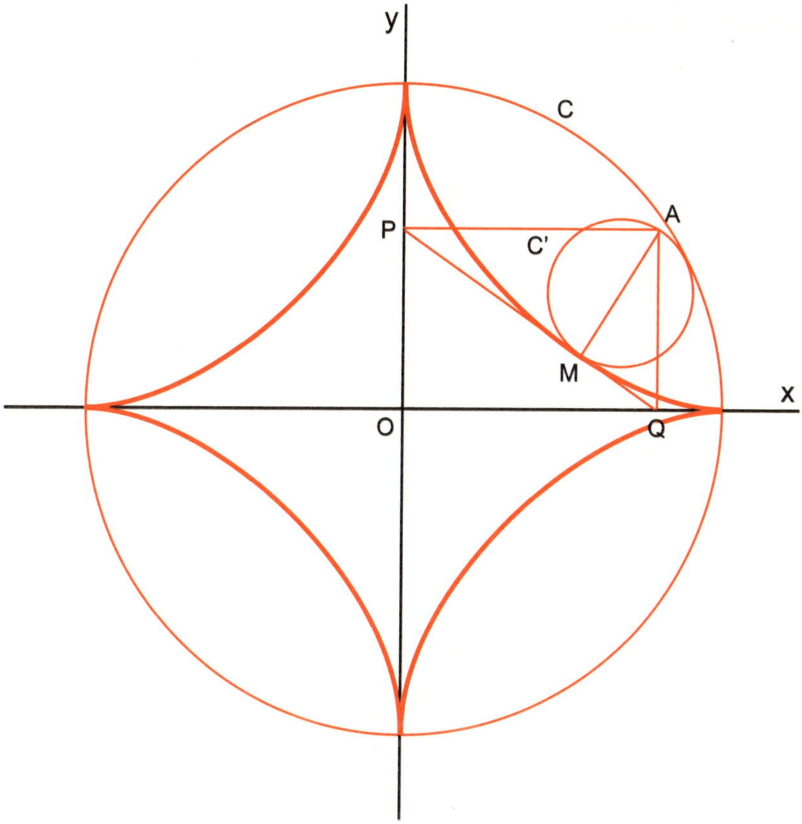

AM perpendicular a PQ.
El círculo C' gira en el interior de C.
M es punto de la astroide.

Astroide oblicua

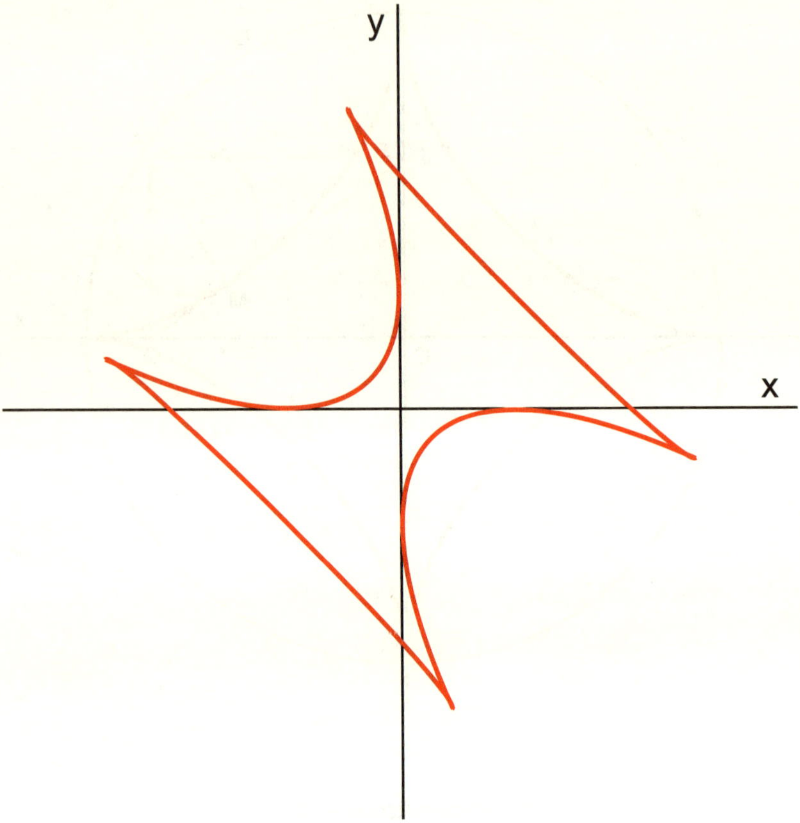

b = 2; α = 30°

Ecuación cartesiana:

$$\left[(x^2+y^2+2xy\cos\alpha-b^2)^3+27b^2x^2y^2\ \mathrm{sen}^2\,\alpha\right]\mathrm{sen}^2\,\alpha-$$
$$-b^2\cos\alpha[(x^2+y^2+2xy\cos\alpha-b^2)^2\cos\alpha-$$
$$-2xy\,(9(x^2+y^2+2xy\cos\alpha-b^2)\,\mathrm{sen}^2\,\alpha-8b^2\cos^2\alpha)]=0$$

con $b > 0$ y $0 < \alpha \leq \frac{\pi}{2}$. Si $\alpha = \frac{\pi}{2}$ es una astroide recta.

Ecuaciones paramétricas: $\begin{cases} x = \dfrac{1}{\mathrm{sen}^2\,\alpha}\cos t\ \mathrm{sen}^2\,(t-\alpha) \\ y = \dfrac{1}{\mathrm{sen}^2\,\alpha}\cos\,(t-\alpha)\ \mathrm{sen}^2\,t \end{cases}$

Es una curva limitada cerrada y continua en la que el centro de coordenadas es un centro de simetría y las rectas $y = x$, $y = -x$, son ejes de simetría. Posee, como la astroide recta, cuatro puntos singulares de retroceso, puntos cuspidales, que vienen dados por los valores de

$$t = \frac{\alpha}{2} \pm \frac{1}{2}\left(\pi - \text{arc cos}\,\frac{\cos\alpha}{3}\right) + \pi n$$

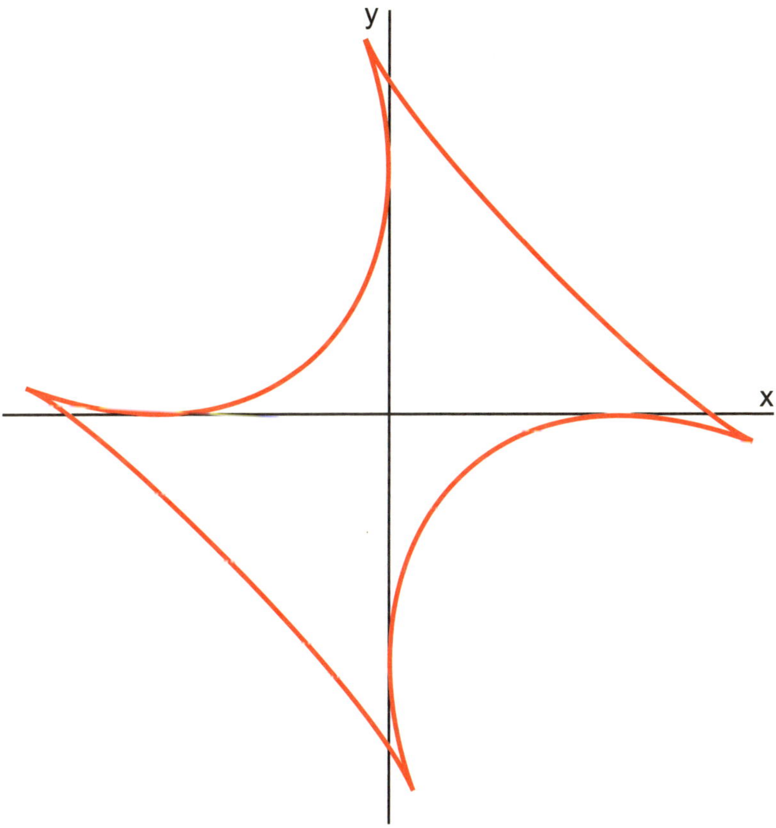

b = 2; α = 45°

Atriftaloide

Ecuación en coordenadas cartesianas:

$$x^2(x^2+y^2)^2 = (hx^2 - k^3)^2$$

con $h > 0, k > 0$. O bien $y = \pm\sqrt{\dfrac{(hx^2 - k^3)}{x} - x^2}$

Otro tipo tiene por ecuación: $x^4(x^2+y^2) = (hx^2 - k^3)^2$. O bien

$$y = \pm\sqrt{\frac{(hx^2 - k^3)}{x^4} - x^2}$$

con $h > 0, k > 0$.

Ecuación en coordenadas polares:

$$\rho^2(\rho - h) + \frac{k^3}{\cos^2\theta} = 0$$

siendo h y k constantes mayores que 0. O bien $\rho^3 = k\rho^2 - h^3 \sec^2\theta$.

En ambos casos, la recta $x = 0$ (eje de las y) es una asíntota vertical y los dos ejes de coordenadas son ejes de simetría. El centro también es un centro de simetría. Los puntos $\left(\pm\frac{2h}{3}, 0\right)$ son puntos aislados.

Si $4h^3 - 27k^3 > 0$ la curva tiene dos ramas infinitas y dos óvalos; si $4h^3 - 27k^3 = 0$ consta de dos ramas infinitas; y si $4h^3 - k^3 = 0$ la curva tiene dos ramas infinitas y dos puntos aislados.

Las atriftaloides son una categoría de curvas de sexto grado (séxtica circular) denominadas así por el irlandés Samuel Haughton[31] (1821–1897) al estudiar en 1882 fenómenos de flujo y reflujo en el mar. Su nombre se debe a que proviene del término griego *atriptos*, $\alpha\tau\rho\iota\pi\tau o\sigma$, que significa sin rozamiento y *thalassa*, $\tau\eta\alpha\lambda\alpha\sigma\sigma\alpha$, mar. También fue estudiada, conjuntamente con Haughton, en "On geometrical properties of the atriphtaloid", por John Sealy Edward Townsend (1868–1957) con el fin de modelizar la forma de la superficie del mar cuando recubre la esfera terráquea.

---

(31) Samuel Haughton: "On geometrical properties of the atriphtaloid", en *Proceedings of the Royal Irish Academy*, 1882.

La ecuación de la curva más importante de todas ellas, es la expresada anteriormente, en primer lugar.

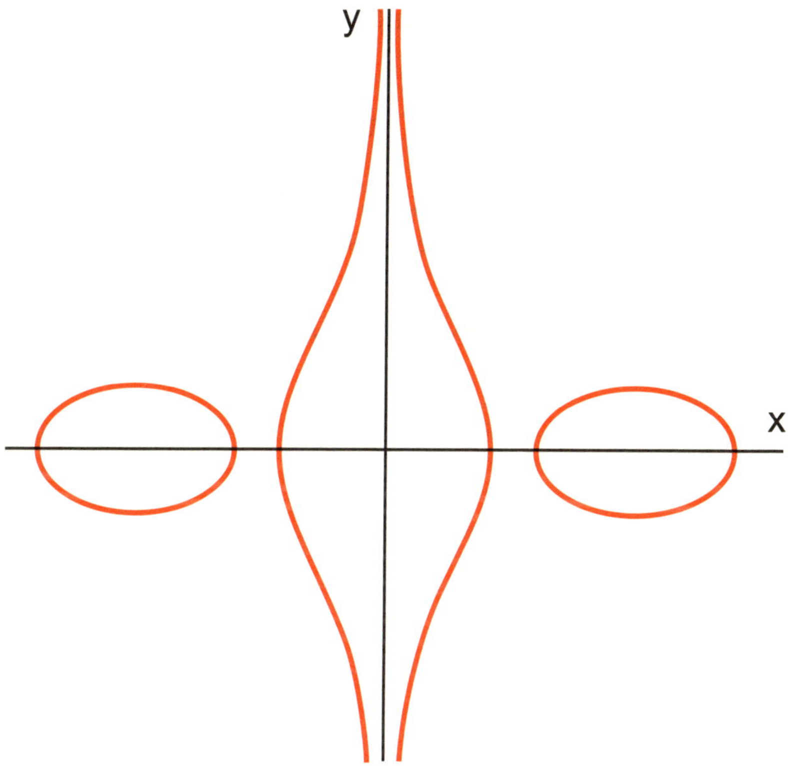

Gráfica para la fórmula primera y el caso de k = 9/10 y h = 2

Axoide

La axoide se forma de la siguiente manera: dadas dos curvas, sean las normales comunes a ambas curvas, limitadas en los puntos comunes de encuentro A_1 y A_2 con las dos curvas; el lugar geométrico de los puntos A, medios de A_1 y A_2 es la axoide.

Si $f(x_1, y_1) = 0$ y $f(x_2, y_2) = 0$, las ecuaciones cartesianas de las curvas dadas son:

$$x = \frac{x_1 + x_2}{2} \qquad y = \frac{y_1 + y_2}{2} \qquad (x_1 - x_2)dx + (y_1 - y_2)dy = 0$$

siendo (x_1, y_1) y (x_2, y_2) las coordenadas respectivamente de A_1 y A_2 y (x, y) las de A, la ecuación de la axoide se obtiene eliminando x_1, y_1, x_2 e y_2 en las cinco ecuaciones anteriores.

Las axoides tienen la propiedad de que sus evolutas son axoides también.

Baderna de Apolonio[32]

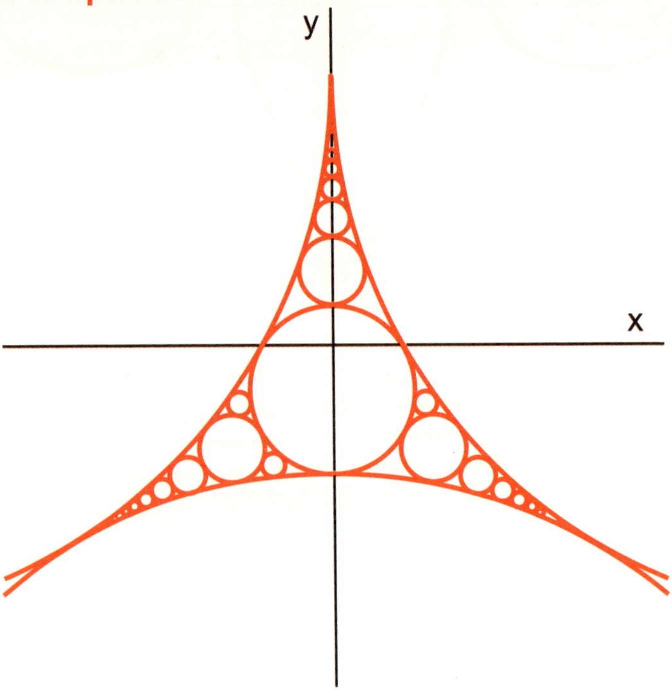

(32) Se entiende por baderna un cabo grueso, trenzado y muy flexible.

Figura plana que se forma con tres arcos de círculos iguales y tangentes dos a dos. Los tres arcos determinan un triángulo curvilíneo y circunscriben un círculo que a su vez determina otros tres triángulos curvilíneos.

Si continuamos el proceso de rellenar con círculos obtenemos una sucesión de infinitos círculos y triángulos curvilíneos cuyas áreas serán:

Si R es el radio de curvatura de los tres círculos tangentes dos a dos, el área de la baderna será: Área = área del triángulo que forman los tres centros de curvatura menos el área de los tres sectores circulares.

$$A = \frac{2R\sqrt{3R^2}}{2} - 3\frac{\pi R^2}{6} = \frac{\sqrt{3} - 3\pi}{2}R^2$$

Apolonio de Perga, conocido como "el gran geómetra", vivió aproximadamente entre los años 265 y 190 antes de nuestra Era. Además de estudiar las cónicas, dio nombre al problema de trazar una circunferencia tangente a otras tres dadas, problema que se generalizó en el espacio de tres dimensiones con la construcción de una esfera tangente a otras cuatro dadas. Además de las *Sobre las secciones cónicas*, Apolonio escribió dos obras que pervivieron mutiladas: *Contacto de las líneas rectas con el círculo* y *De los planos*.

Bicircular

Las cuárticas bicirculares tiene por ecuación[33]:

$$(x^2+y^2)^2+2(mx+ny)(x^2+y^2)+A_1x^2+B_1xy+C_1y^2+D_1x+E_1y+F_1=0$$

Curva plana de cuarto orden cuyos puntos dobles coinciden con los cíclicos del plano.

Se puede considerar engendrada por la proyección estereográfica de la curva que resulta de la intersección de una esfera con una superficie de segundo orden que no pase por el centro de proyección. También se puede considerar como la envolvente de una circunferencia móvil, que permanece ortogonal a otra fija, en la cual su centro describe una cónica también fija.

(33) Ver cuárticas en crestomatía.

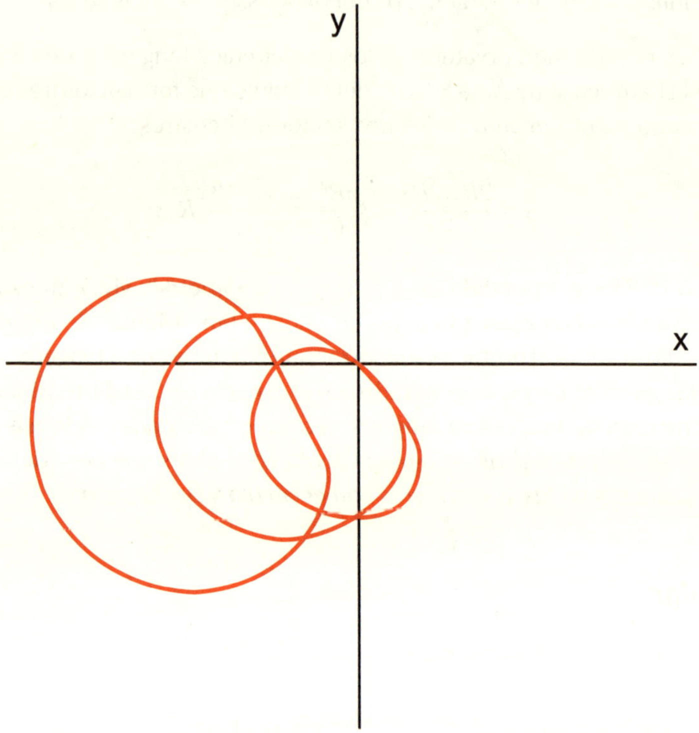

bicirculares

m = 2, n =1, A = 1, B = 2, C = 3, D = 4, E = 5, F = 6;

m = 1, n =1, A = 1, B = 2, C = 3, D = 4, E = 5, F = 0;

m = –1, n =1, A = 1, B = -2, C = 3, D = 4, E = 5, F = 0.

Bicornia

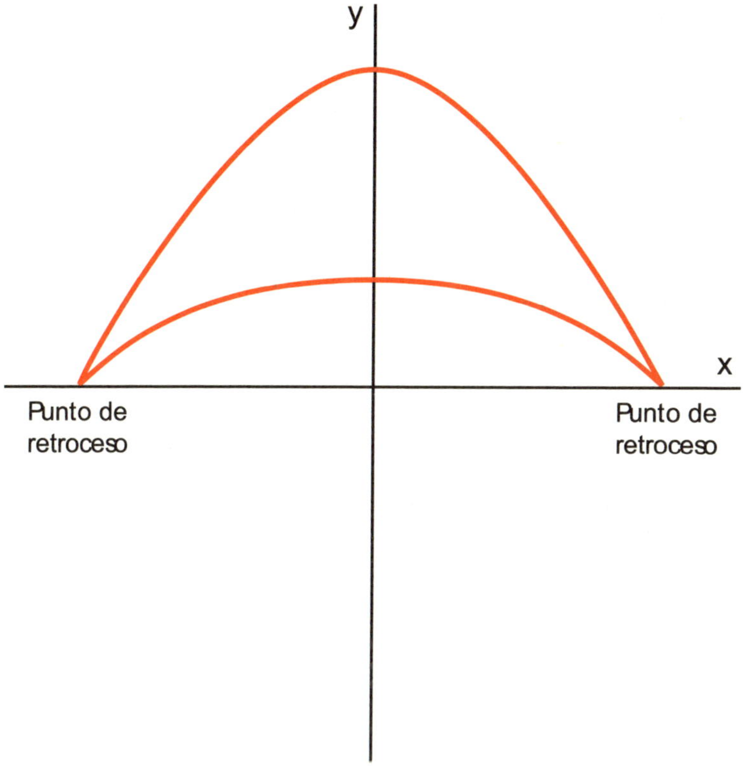

a = 2

Ecuación cartesiana: $y^2(a^2 - x^2) = (x^2 + 2ay - a^2)^2$, con $a > 0$.

O $$x^4 + x^2y^2 + 4ax^2y - 2a^2x^2 + 3a^2y^2 - 4a^3y + a^4 = 0$$

Ecuaciones paramétricas: $\begin{cases} x = a\cos t \\ y = \dfrac{a\,\mathrm{sen}^2 t}{2 + \mathrm{sen}\, t} \end{cases}$ con $a > 0$

O bien

$$x = \frac{2at}{1+t^2} \qquad y = \frac{a(1-t^2)^2}{(1+t^2)(1+3t^2)}$$

Otra expresión de la ecuación de la curva:

$$x^2(x^2+y^2) + 4ax^2y - 2a^2x^2 + 3a^2y^2 - 4a^3y + a^4 = 0$$

La bicornia es una cuártica unicursal que es simétrica respecto del eje de las y ($x = 0$). Es curva cerrada y continua, con dos puntos característicos, que corta al eje OY en $(0, a)$ y en $(0, \frac{a}{3})$, siendo las tangentes en esos puntos paralelas al eje OX.

Los puntos $(a, 0)$ y $(-a, 0)$ son puntos cúspide de primera especie. Por tanto si $x = +a$ o $x = -a$, en $y = 0$, los puntos correspondientes son de retroceso y las tangentes forman ángulos de 45° con los ejes ($x+y-a=0$; $x-y+a=0$, respectivamente).

Tiene dos puntos de inflexión cuyas abscisas son $\pm\frac{a}{3}\sqrt{5}$ y cuya ordenada es igual a $\frac{a}{3}$.

Presenta un punto aislado en el infinito. La curva se puede deducir de una cónica por medio de una transformación de Cremona.

Sean dos circunferencias C y C' de radio r, tangentes en el punto A, con sus centros situados en el eje de las OY y el centro de C en el eje OX. La curva es el lugar geométrico de las intersecciones de la ordenada de un punto B de C' con la polar del punto B con relación a C. Con esta descripción, Brocard[34] (1845-1922) denominó a dicha curva bicornia o sombrero bicornio. Según Charlotte Angas Scott (1858-1931) en *Modern Analytical Geometry*, pp. 219-232, la curva es el lugar geométrico de los siguientes puntos: sean C y C' dos circunferencias tangentes exteriores de radio igual a a. Sea M un punto de C'. Si se traza la recta MP paralela a la que une los centros de C y C', y se traza la polar AB de M respecto a C, el punto de intersección de AB y MP es un punto de la curva.

La bicornia[35] es un caso particular de una colección de curvas cuárticas estudiadas por Sylvester en 1864.

La bicornia estudiada por el inglés James Joseph Sylvester[36] (1814-1897) y por Arthur Cayley[37] (1821-1895), en 1867, es una cuártica diferente de la dada aquí, aunque tiene esencialmente la misma forma. Sylvester y Cayley

(34) Brocard, Pierre René Jean Baptiste Henri: *Courbes géométriques remarquables*. París: Vuillard, 1919.

(35) Aparece también en *Journal de Mathématiques Spéciales*, 1896, pp 250-251.

(36) James Joseph Sylvester: "On the expression of the curves generated by any given system whatever of linkwork under the form of an irreductible determinant". En: *Proceedings of the London Mathematical Society*, 1864. Vol. 6, n.º 78.

(37) Arthur Cayley: *The collected mathematical papers of Arthur Cayley*. Cambridge: Cambridge University Press, 1889-1897.

se interesaron por la curva cuando estudiaron los invariantes algebraicos. Cayley había estudiado una clasificación de curvas en *Remarques sur la notation des fonctions algébriques.*

En el *Educational Times* de 1896, la curva aparece con el nombre de *Cocket Hat*.

Bifolium de Longchamps

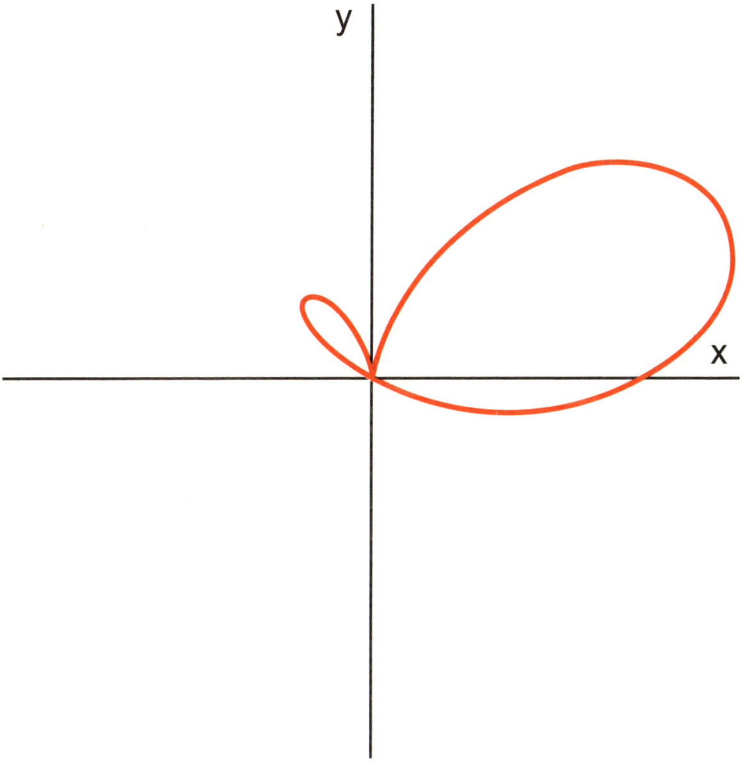

a = 2

Ecuación cartesiana: $\left(x^2+y^2\right)^2 = (ax+by)x^2$.

Ecuación polar: $\rho = (a \cos \theta + b\, sen\, \theta) \cos^2 \theta$.

Ecuaciones paramétricas: $\begin{cases} x = \dfrac{a+bt}{(1+t^2)^2} \\ y = \dfrac{t(a+bt)}{(1+t^2)^2} \end{cases}$

Esta curva debe su nombre a Longchamps, quien la estudió en 1886. Es el lugar geométrico de las proyecciones del vértice de un ángulo recto de un triángulo rectángulo e isósceles sobre los ejes de las parábolas tangentes a los tres lados de dicho triángulo[38]. La curva, que también recibe el nombre de bifolium doble, fue estudiada por Pierre René Jean Baptiste Henri Brocard (1845-1922) un año después que Longchamps, en *Journal de mathématiques spéciales. À l'usage des candidats aux écoles polytechniques*, 1887, p. 66.

Se puede construir a partir de un círculo C que pasa por el centro de coordenadas, por los puntos $A(0, a)$ y $B(1, 0)$, y una línea que también pasa por el centro y corte a C en P. Sea R la proyección de P en el eje de las X, y M la proyección de R en la recta OP. Entonces el bifolium es el lugar geométrico de los puntos M, cuando P recorre el círculo dado C. O bien, como indicaba Longchamps: sea $OABC$ un rectángulo de lados $OA = a$ y $OB = b$ sobre los ejes de coordenadas. Sea OD una recta que pasa por el centro O, siendo D el punto de corte de esa recta con la prolongación del lado AB. Por D se traza una perpendicular a dicha recta, que corta al lado BC en E. Por E se traza otra perpendicular a la recta DE que corta al lado AB en F. Y por F se traza otra perpendicular a FE que corta a la recta OD en M. Este M es un punto de la curva. Variando la recta OD se obtienen los puntos M de la curva.

Como ya explicamos en el caso de la apiena, a Gohierre de Longchamps (1842-1906) se deben numerosas curvas algebraicas, entre ellas este bifolium. Estudiadas en *Cours de mathématiques spéciales: Géométrie analytique* ... París: Delagrave, 1883-1885.

Bifolium oblicuo

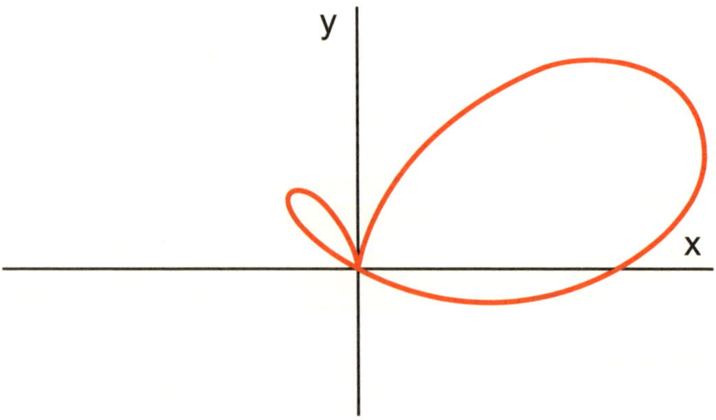

(38) Longchamps la describe así en su *Essai sur la Géométrie de la règle* (París, 1890).

Ecuación cartesiana: $(x^2+y^2)^2 = x^2(ax+by)$, con $a^2+b^2 > 0$. Esta fórmula en cartesianas refleja la similitud con el bifolium de Longchamps.

Ecuación en polares: $\rho = a \cos^3 \theta + b \text{ sen } \theta \cos^2 \theta$.

Curva cuártica cerrada, limitada y continua, en la que el eje de las y ($x = 0$) es un eje de simetría si $a=0$; y el eje de las x ($y = 0$) es un eje de simetría si $b = 0$. El centro de coordenadas es un punto degenerado triple y las rectas $x = 0$; $ax+by = 0$, son tangentes en dicho punto.

Si $b = 0$ resulta el folium; y si $a = 0$ un bifolium recto.

Bifolium recto, o doble folium

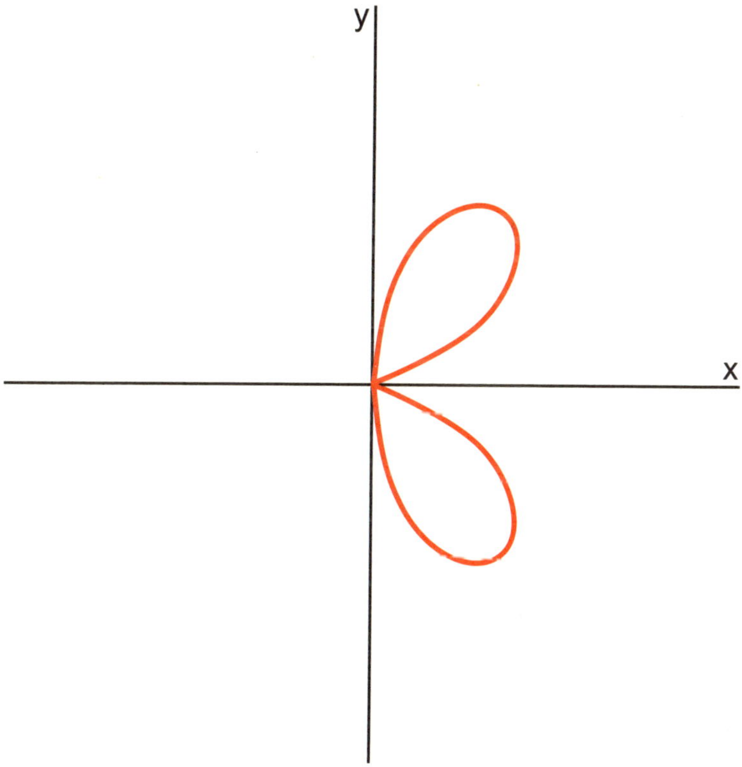

a = 2

Ecuación cartesiana: $(x^2+y^2)^2=4axy^2$, o $(x^2+y^2)^2+4axy^2 = 0$, con $a > 0$.

Ecuación polar: $\rho = 4a \cos\theta \text{ sen}^2 \theta$, o $\rho = -4a \cos\theta \text{ sen}^2 \theta$ y $a > 0$.

La forma general de los folium viene dada por la fórmula

$$(x^2+y^2)(y^2+x(x+b)) = 4axy^2$$

o en coordenadas polares:

$$r= -b\cos\theta+4a\cos\theta\,\mathrm{sen}^2\,\theta$$

La palabra *folium* proviene del latín y significa *forma de hoja*. Es una curva cerrada y continua, simétrica con respecto al eje de las x $(y = 0)$, en la que el centro de coordenadas es un punto singular, punto triple degenerado, en el cual los ejes de coordenadas son tangentes. El área limitada por los dos pétalos es igual a $\frac{\pi r^2}{4}$.

Hay tres formas especiales del folium, el folium simple, el doble folium y el trifolium. Éstos corresponden a los casos $b = 4a$, $b = 0$ y $b = a$ respectivamente en la fórmula de la forma general.

La gráfica representada aquí es el folium doble (en su orden correspondiente se aportan ejemplos para el folium simple y el trifolium).

El folium doble es la curva podaria de la tricúspide, en la que el punto de la podaria es el punto medio de uno de los tres lados curvos.

Braquistócrona

Es una curva descrita por una partícula que se mueve de un punto a otro bajo la acción de una fuerza de aceleración, que puede ser la gravedad, en el mínimo tiempo posible. Es una curva sobre la que puede deslizarse un punto material sin frotamiento y sin velocidad inicial, sometido a una aceleración constante, de suerte que el tiempo de recorrido sea mínimo, entre todas las curvas que unen dos puntos fijados A y $B(a, -b)$. Si $a > 0$, tal como vemos en la figura, la curva es un arco de cicloide. El punto de partida de la curva tiene un tangente vertical y si la pendiente b/a es inferior a $\frac{2}{\pi}$, la curva más rápida tiene una parte que crece, lo que tiende al límite si los puntos A y B, de partida y de llegada, están a la misma altura, y la curva se convierte en una recta con un tiempo de recorrido infinito.

El origen de la braquistócrona (del griego *brakhus*, $\beta\rho\alpha\kappa\eta\upsilon\sigma$, o *brakhisto*, $\beta\rho\alpha\kappa\eta\iota\sigma\tau o$, más corto, y *chrone*, $\chi\eta\rho o\nu\varepsilon$, o *chronos*, $\chi\eta\rho o\nu o\sigma$, tiempo) está íntimamente ligado al cálculo de variaciones y fue su primer mentor Johann Bernoulli, en 1696, quien la estudió y la nombró así. Johann Bernoulli (1667-1748) planteó el problema de encontrar tal curva a los matemáticos de la época, cuando la fuerza de la aceleración es debida a la gra-

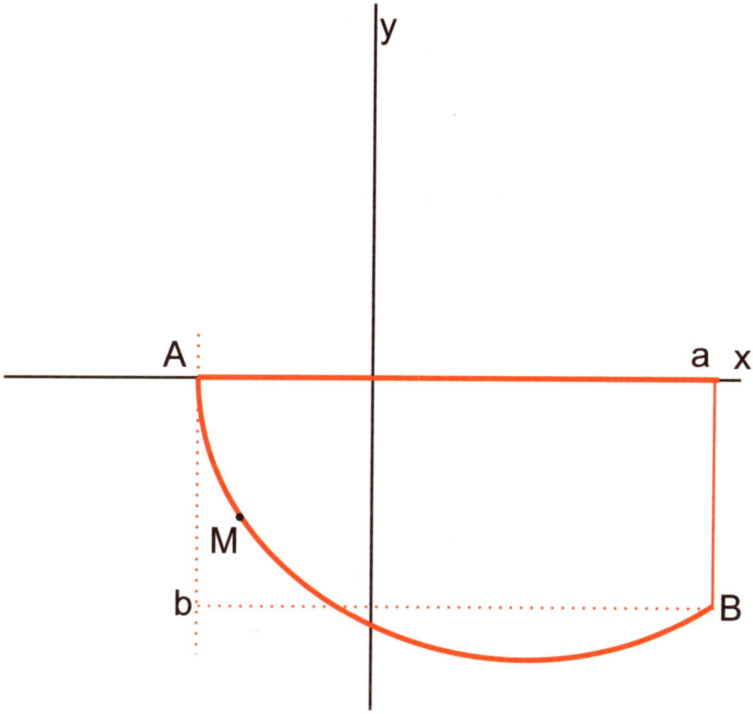

vedad. O sea, una curva que une dos puntos dados, tales que una partícula que resbala del punto más alto hacia el punto más bajo con arreglo a una ley física ideal (ninguna fricción, ni resistencia de aire, ni rozamiento, ni volumen, ...) con el tiempo más rápido entre todas las curvas posibles. Bernoulli propuso estudiar esta curva en las *Actas de Leipzig*[39] con el siguiente enunciado:

> *Problema novum ad cujus solutionem mathematici invitantur*
>
> "Datis un plano verticali duobus punctis A y B, assignare mobili M, viam AMB, per quam gravitate sua descendens, et moveri incipiens a puncto A, brevísimo tempore perveniant ad ultrum punctum B".
>
> "Dados dos puntos A y B situados en un plano vertical, entre todas las curvas situadas en el plano vertical, que unen los puntos A y B, determinar la que es recorrida en el menor tiempo posible por un punto móvil M, de masa puntual, sometido a la acción de la gravedad".

(39) Al principio las *Acta Eruditorum* se llamaron así.

Bernoulli dio una solución en mayo de 1697 en las *Actas*, dándole el nombre de *oligócrona*. Posteriormente, Isaac Newton (1642-1727) la clasificó como una cicloide, argumento que fue reconocido por Bernoulli con la frase: "Es fácil reconocer al león por sus garras". Posteriormente, la braquistócrona mereció el estudio de Nicolas Fatio de Duiller[40] (1664-1753) en su obra *Lineae brevissimi descensus investigatio geométrica duplex* (1699), obra en la que critica a Leibniz, quien había dado una solución al problema. Veintiún años después de haber propuesto el problema, Bernoulli, en las *Mémoires de l'Académie*, publicó dos soluciones del problema de la braquistócrona, demostrando la primera impresión de Newton de que la braquistócrona es una cicloide.

La curva fue estudiada posteriormente por Leonhard Euler (1707-1783), el cual dio otra solución en el 2.º tomo de su *Mecánica* (San Petesburgo, 1736), en la cual consideraba la fuerza exterior como la de un medio resistente y no la de la gravedad como había propuesto Bernoulli en un principio. Se trataba de generalizar el problema planteado por Bernoulli, cuando en vez de la fuerza de la gravedad, se aplicaba la móvil una fuerza externa dada.

Siméon Denis Poisson (1781-1840) demostró la solución del problema en su *Traité de Mécanique*. París: Vve. Courcier, 1711. Théodore Despeyrous[41] (1815-1883) en su *Cours de Mécanique* (tomo I, París: Hermann, 1884) y Pierre Ossian Bonnet (1819-1892), dieron solución también al problema de la braquistócrona.

En 1879 Karl Theodor Wilhelm Weierstrass[42] (1815-1897) desarrolló la que se conoce como *función de Weierstrass* ξ, base del cálculo de variaciones y elemento de gran utilidad para la particularización de los diferentes casos de la braquistócrona.

El cálculo de variaciones[43] permite hallar las diferencias entre los valores extremos y la media de una función. En realidad arranca del estudio local

---

(40) Nicolas Fatio de Duiller: *Lineae brevissimi descensus investigatio geométrica duplex*. Londres: Taylor, 1699.

(41) Théodore Despeyrous: *Cours de Mécanique*. París: Hermann, 1884.

(42) En *Annales de l'École Normale*. Ser. 2, 1879. Vol. 8, p. 195-202.

(43) El término variación fue introducido en matemáticas por Lagrange, con el fin de explicar pequeños desplazamientos de una variable independiente o de una funcional. Se comenzó usándolo para resolver problemas extremales con pequeños desplazamientos del argumento. Se entiende por variación del argumento $x_0 \in X$, a una curva $x(\upsilon, t)$ que pasa por x_0, en cierta proximidad de las restricciones. X es un espacio en el que está definida la funcional; V es un espacio de parámetros, entre ellos υ. x_0 toma el valor $t = 0$. Cuando υ recorre los parámetros de V, las variaciones recorren una familia de curvas que todas salen de x_0.

de máximos y mínimos de funciones de una o más variables, cuando la función se hace máxima o mínima. Estudia, a grandes rasgos, los máximos o mínimos de funciones diferenciables. Su significado etimológico, se opone a la uniformidad: máximos y mínimos opuestos a la uniformidad, es decir, a la media. Si un proceso es variable, las variaciones se miden por las diferencias entre el valor medio (o promedio) y los valores individuales extremos; o lo que es lo mismo, entre el valor medio y los extremales.

En física, geometría, sociología, economía y otras disciplinas, suelen presentarse con frecuencia problemas de máximos y mínimos de funciones. Así por ejemplo, el cálculo de optimización de resultados de producción o de balance de empresas, suele reducirse a problemas de maximizar o minimizar funciones; muchos problemas de topología y de arquitectura también se estudian con el método de maximizar o minimizar funciones; y así otros muchos ejemplos.

El cálculo de variaciones, tiene su origen en el estudio particular de la braquistócrona:

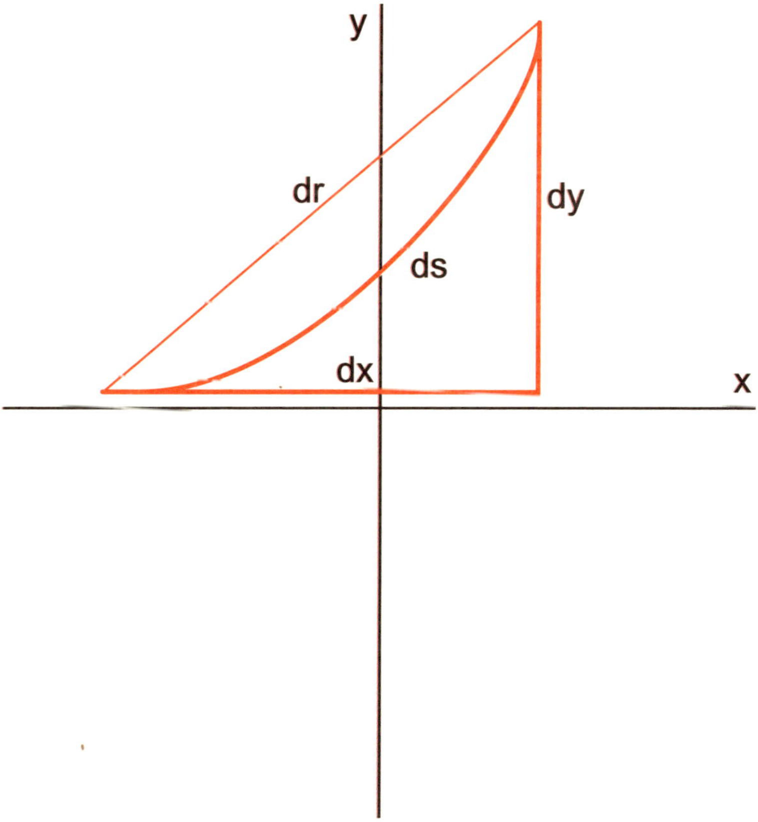

Sea una curva a lo largo de la cual una partícula se moverá desde un punto a otro, sin velocidad inicial y bajo la acción de una fuerza de aceleración constante en el mínimo tiempo posible.

Se trata de la curva que describe un móvil sometido a fuerzas exteriores, de tal manera que el tiempo empleado en recorrer la distancia que separa los dos extremos de la trayectoria sea mínimo, es decir, menor que el empleado en recorrer cualquier otro arco que una los extremos. Por tanto, es la curva que pasa por tres puntos, dos fijos A y B, y otro móvil M que se desplaza por efecto de una fuerza de aceleración que puede ser la de la gravedad entre A y B, describiendo una trayectoria curva. El punto móvil inicia su recorrido en A sin velocidad inicial. La braquistócrona es la curva Γ que describe el punto M, cuando hace mínimo el tiempo entre A y B.

Si la fuerza de aceleración es la de la gravedad, el problema se puede plantear como sigue: sean (x_0, y_0) las coordenadas de A, (x_1, y_1) las coordenadas de B, y (x, y) las coordenadas del punto móvil M. Suponiendo que la velocidad inicial es 0 y que el movimiento es uniformemente variado, es decir la aceleración es constante, y teniendo en cuenta que la variación de la velocidad la mide la aceleración, si la velocidad se relaciona con el tiempo, tenemos que la aceleración media $a_m = \frac{\Delta v}{\Delta t}$, dondc Δv es la variación de la velocidad en Δt, pasando al límite $a = \frac{dv}{ds}$ que es la aceleración instantánea. Como la velocidad es la variación del espacio con respecto al tiempo $v = \frac{ds}{dt}$, de ambas fórmulas resulta que $dv = a\,dt$, $ds = v\,dt$. Integrando ambas, resulta que $v = \int adt = at$, y $s = \int vdt = \int atdt = \frac{1}{2}at^2$. Si no tiene velocidad inicial, eliminando t resulta que $s = \frac{1}{2}a\left(\frac{v}{a}\right)^2$ y simplificando y despejando v resulta: $v = \sqrt{2as}$. Pues bien, si la aceleración es la de la gravedad, g, y la distancia s es $(y_0 - y)$, resulta que $v = \sqrt{2g(y - y_0)}$.

Dado que $dr = \sqrt{(dx)^2 + (dy)^2}$, el valor del arco es la integral $l = \int_{x_0}^{x_1} \sqrt{1 + y'^2}dx$ y como $\vec{v} = \frac{d\vec{r}}{dt}$; $dt = \frac{d\vec{r}}{v}$, por tanto

$$t = \int_{x_0}^{x_1} \frac{d\vec{r}}{\vec{v}} = \int_{x_0}^{x_1} \frac{ds}{\sqrt{2g(y - y_0)}} = \int_{x_0}^{x_1} \frac{\sqrt{1 + y'^2}}{\sqrt{2g(y - y_0)}}dx$$

donde el numerador del integrando es una integral de línea de ds, que es el arco recorrido por la partícula móvil que depende de x e y, o mejor de y, porque x es función de y.

Por tanto, el problema de la braquistócrona consiste en encontrar una función $f(x)$ que pasando por los puntos dados y tomando los valores dados de antemano $y_0 = f(x_0)$; $y_1 = f(x_1)$, haga mínima, la integral

$$I = \int_{x_0}^{x_1} F(x, y, y')dx$$

donde F es una función conocida en sus tres argumentos. Los valores x_0, x_1 son dos valores dados de antemano para los cuales la función $f(x)$ toma los valores $y_0 = f(x_0)$; $y_1 = f(x_1)$ y nuestro objetivo es hallar la función $f(x)$ que haga la integral mínima. Suponemos la función $f(x)$ de clase 1, es decir, continua y con derivada también continua para todo valor de x del intervalo (x_0, y_0). En consecuencia, la curva que llamamos C, tiene tangente en todos sus puntos del intervalo.

La función integrando $F(x, y, y')$ depende de tres variables y la suponemos continua y con derivadas parciales continuas hasta el orden 3.º en una región conexa y finita del plano que llamaremos R. Este recinto del plano debe incluir a la curva C, o lo que es lo mismo, R contiene a los puntos de coordenadas $[x, f(x)]$ al recorrer la curva el intervalo (x_0, x_1). Por tanto podemos escribir la integral como

$$I_C = \int_{x_0}^{x_1} F(x, f(x), f'(x))dx = \int_C F(x, y, y')dx$$

integral que es finita y determinada y que se halla a lo largo del arco C entre A y B.

Se trata de encontrar de todas las curvas C_ε entre A y B que son próximas a C la que hace mínima la integral. O lo que es lo mismo, dado un $\sigma > 0$, exista un $\tau > 0$ tal que para $|\varepsilon| < \tau$, se cumpla en todo el intervalo (x_0, x_1) que $|f(x, \varepsilon) - f(x)| < \sigma$. Además $f(x_0, \varepsilon) = f(x_0) = y_0$; $f(x_1, \varepsilon) = f(x_1) = y_1$. La diferencia $|f(x, \varepsilon) - f(x) < \sigma|$ se denomina *variación* y se escribe como $\delta f(x)$.

Ahora la integral queda como $I_{C_\varepsilon} = \int_{x_0}^{x_1} F(x, f(x, \varepsilon), f'_x(x, \varepsilon))dx$. Por tanto el problema queda reducido a encontrar una función $f(x)$ que haga la diferencia $\Delta I = I_{C_\varepsilon} - I_C$ positiva, es decir haga un mínimo para cualquier $\delta f(x)$ que no sea nula[44]. Las condiciones necesarias y suficientes fueron estudiadas por

(44) No es claro que siempre haya una función $f(x)$ que verifique $\Delta I = I_{C_\varepsilon} - I_C$. En ocasiones esta función no existe y ésta es una de las diferencias entre los cálculos de máximos y mínimos y el cálculo de variaciones. Pues en el caso de funciones continuas en un cerrado $[a, b]$, por el teorema de Weierstrass, sabemos que la función alcanza un máximo y un mínimo en dicho intervalo.

Leonhard Euler[45] (1707-1783) en 1736 y Joseph Louis Lagrange[46] (1736-1813) también en el siglo XVIII.

Resolviendo la integral $t = \int_{x_0}^{x_1} \frac{ds}{\sqrt{2g(y-y_0)}}$, puesto que $s = f(y), ds = f'(y)dy$ y haciendo el cambio $y = y_0 \cos u$; $dy = -y_0 \operatorname{sen} u du$, resulta

$$t = \int_{x_0}^{x_1} \frac{f'(y)dy}{\sqrt{2g(y-y_0)}} = \int_0^{\frac{\pi}{2}} \frac{f'(y_0 \cos u) y_0 \operatorname{sen} u \, du}{2\sqrt{gy_0} \operatorname{sen} \frac{1}{2}u}$$

siendo 0 y $\frac{\pi}{2}$ los nuevos límites de integración correspondientes a x_0, x_1. Simplificando la integral y considerando $x_0 = 0$, y el otro extremo de integración es $\pi/2$, obtenemos $t = \frac{\sqrt{y_0}}{\sqrt{g}} \int_0^{\frac{\pi}{2}} \varphi'(y_0 \cos u) \cos \frac{1}{2}u \, du$. Ahora bien, para que el tiempo empleado por el móvil sea el mismo, es necesario que sea independiente de y_0, o lo que es lo mismo que su derivada con relación a y_0 sea 0. Derivamos t con relación a

$$y_0 \int_0^{\frac{\pi}{2}} \left[\sqrt{y_0} f''(y_0 \cos u) \cos u + \frac{1}{2\sqrt{y_0}} \varphi'(y_0 \cos u) \right] \cos \frac{1}{2}u \, du = 0$$

Para que esta integral sea 0, cualquiera que sea el valor de y_0 es necesario que $\sqrt{y_0} f''(y_0 \cos u) \cos u + \frac{1}{2\sqrt{y_0}} \varphi'(y_0 \cos u) = 0$, o bien que

$$2y_0 f''(y_0 \cos u) \cos u + f'(y_0 \cos u) = 0$$

Y deshaciendo los cambios $2y\frac{d^2s}{dy^2} + \frac{ds}{dy} = 0$; y por tanto $\frac{d^2s}{dy^2} : \frac{ds}{dy} = -\frac{1}{2y}$; o bien $\frac{\frac{d^2s}{dy^2} \cdot dy}{ds} = \frac{dy}{2y}$. Integrando se obtiene $\frac{ds}{dy} = \frac{k}{\sqrt{y}}$ y elevando al cuadrado dy y sustituyendo $ds = \sqrt{(dx)^2 + (dy)^2}$ resulta $\frac{dx^2 + dy^2}{dy} = \frac{k^2}{y}$, o bien $1 + \left(\frac{dx}{dy}\right)^2 = \frac{k^2}{y}$. Ahora, resolviendo la ecuación diferencial con respecto a dx resulta

$$x = \int \sqrt{\frac{k^2}{y} - 1} \, dy$$

(45) Leonhard Euler: *Leonhard Euler, Opera Omnia*. Leipzig: Teubner, 1911.

(46) Joseph Louis Lagrange: en *Oeuvres de Joseph Louis Lagrange publiées par I. A. Serret.*

y si hacemos $x = -zy$, y $v = k^2 - y$, resulta

$$z = \int \sqrt{\frac{v}{k^2 - v}}dv = \int \frac{v\,dv}{\sqrt{k^2v - v^2}} = -\sqrt{k^2v - v^2} + \frac{k^2}{2}\text{ arc sen }\frac{y - \frac{k^2}{2}}{\frac{k^2}{2}} + C$$

y sustituyendo y' por $y - \frac{k^2}{2}$ tenemos que $v = -\sqrt{\frac{k^4}{4} - y^2} + \frac{k^2}{2}\text{ arc sen }\frac{2y'}{k^2} + C$, y sustituyendo y por y' y x por z, $x = -\sqrt{\frac{k^4}{4} - y^2} + \frac{k^2}{2}\text{ arc sen }\frac{2y}{k^2} + C$, que es la ecuación de una cicloide que tiene de radio de su círculo generador $\frac{k^2}{2}$.

Otra forma de plantear el problema: dados dos puntos A y B en un plano vertical, hay que encontrar una curva en ese plano tal que el tiempo empleado por un móvil en recorrer el arco AB sea mínimo.

Hacemos coincidir el centro de coordenadas con el punto más bajo B. El tiempo empleado por el móvil en recorrer el arco AB viene dado por $t = \int_0^{y_0} \frac{ds}{\sqrt{2g(y_0 - y)}}$, expresión que contiene x, y, s, x_0, y_0, y s_0 con el mismo significado que anteriormente. Ahora recurriendo al cálculo de variaciones, buscamos una variación de t que será de la forma

$$\delta t = \int_0^{y_0} \frac{\delta ds}{\sqrt{2g(y_0 - y)}} = \int_0^{y_0} \frac{\delta(1 + x'^2)^{\frac{1}{2}}dy}{\sqrt{2g(y_0 - y)}}$$

siendo $x' = \frac{dx}{dy}$. Expresión que se puede escribir como

$$\delta t = \int_0^{y_0} \frac{x'\delta x' dy}{\sqrt{2g(1 + x'^2)(y_0 - y)}}$$

Integrando esta expresión por partes resulta $\delta t = \int_0^{y_0} \delta x \frac{d}{dy} \frac{x'dy}{\sqrt{2g(1 + x'^2)(y_0 - y)}}$ y ahora igualando a 0 el coeficiente de δx, se tiene que $\frac{d}{dy} \frac{x'dy}{\sqrt{2g(1 + x'^2)(y_0 - y)}} = 0$, e integrando $\frac{x'dy}{\sqrt{2g(1 + x'^2)(y_0 - y)}} = k$, siendo k una constante. Eliminando denominadores y sustituyendo x por su valor se halla

$$\left(\frac{dx}{dy}\right)^2 = 2gk^2\left(1 + \left(\frac{dx}{dy}\right)^2\right)(y_0 - y) \quad \text{y por tanto} \quad dx = \pm\, dy\sqrt{\frac{2gk^2(y_0 - y)}{1 - 2gk^2(y_0 - y)}}$$

Integrando esta expresión, haciendo un cambio de variable $y_0 - y = y_1$ y representando la expresión $\frac{1}{2gk^2} = 2r$, se obtiene $dx = \pm dy_1 \sqrt{\frac{y_1}{2r - y_1}} = \frac{y_1 dy_1}{\sqrt{2ry_1 - y_1^2}}$, fórmula que integrada da $x = \pm \sqrt{2ry_1 - y_1^2} + r \text{ arc sen } \frac{y_1 - r}{r} + C$, que es la ecuación de una cicloide.

La propuesta hecha por Johann Bernoulli (1667-1748) fue de la siguiente forma: sea U la resultante del conjunto de fuerzas que actúan sobre el móvil; m la masa del móvil; v su velocidad en un instante cualquiera; y h una constante de fuerzas vivas. Entonces $\frac{mv^2}{2} = U(x, y, z) + h$. Y como la velocidad instantánea viene dada por $v = \frac{ds}{dt}$, resulta que $v = \sqrt{2U+2h}\frac{1}{\sqrt{m}}$, y $\frac{ds}{dt} = \frac{1}{\sqrt{m}}\sqrt{2U - 2h}$, y por tanto $dt = \sqrt{m}\frac{1}{\sqrt{2U+2h}}ds$. Integrando ésta, resulta $t = \sqrt{m}\int \frac{ds}{\sqrt{2U+2h}}$. En consecuencia la curva braquistócrona viene dada por $\int_A^B \frac{ds}{\sqrt{2U+2h}}$. Es decir, la braquistócrona es aquella curva para la que $\int_A^B \frac{ds}{\sqrt{2U+2h}}$ es mínimo entre todos los puntos que pasan por A y B.

Si llamamos $\varphi = \frac{1}{\sqrt{2U+2h}}$, las ecuaciones diferenciales de la curva serán:

$$\frac{d}{ds}\left(\varphi\frac{dx}{ds}\right) - \frac{\partial\varphi}{\partial x} = 0 \qquad \frac{d}{ds}\left(\varphi\frac{dy}{ds}\right) - \frac{\partial\varphi}{\partial y} = 0 \qquad \frac{d}{ds}\left(\varphi\frac{dy}{ds}\right) - \frac{\partial\varphi}{\partial z} = 0$$

Comparando las ecuaciones anteriores con las del equilibrio de un hilo, se puede deducir el siguiente resultado: la curva braquistócrona es la curva de equilibrio de un hilo en el que la tensión es φ, siendo las componentes de la fuerza exterior las que vienen dadas por $-\frac{\partial\varphi}{\partial x}, -\frac{\partial\varphi}{\partial y}, -\frac{\partial\varphi}{\partial z}$.

A partir de este resultado, Leonhard Euler (1707-1783) enunció el siguiente teorema: en el movimiento de braquistócrona la reacción normal tiene la dirección de la normal principal y es igual y opuesta al doble de la componente normal de la fuerza. La fuerza que actúa sobre el móvil y que deriva de U es igual a la fuerza que actúa sobre el elemento de hilo multiplicado por $\left(\sqrt{2(U+h)}\right)^3$. Como la componente normal de la fuerza que actúa sobre el hilo es $\frac{\varphi}{\rho}$, siendo ρ el radio de curvatura, entonces la componente normal de la fuerza en el movimiento de la braquistócrona es

$$-\frac{\varphi}{\rho}\left(\frac{1}{\sqrt{2(U+h)}}\right)^3 = -\frac{2(U+h)}{\rho}$$

Y aplicando la ecuación del movimiento de un punto sobre una curva

$$-\frac{2(U+h)}{\rho}+R=\frac{mv^2}{\rho}$$

en donde R es la componente de la reacción sobre la normal principal y dado que la ecuación de las fuerzas vivas es $R=\frac{4(U+h)}{\rho}$, resulta que es el duplo de la componente normal de la fuerza. Además R es el valor de la reacción normal por ser nula la proyección de la binormal a la trayectoria de la braquistócrona, dado que es nula la proyección de la binormal de la fuerza que actúa sobre el hilo.

Un caso particular es el de la braquistócrona ordinaria, esto es, aquella en la que el móvil está sometido a la fuerza de la gravedad. Este caso fue propuesto por Johann Bernoulli (1667-1748) y resuelto por Gottfried Wilhelm Leibniz[47] (1646-1716), Johann Bernoulli, L'Hôpital[48] (1661-1704) en 1696, y Newton (1642-1727): la curva que resulta es una cicloide de base horizontal. Sea z el eje de ordenadas $U=mgz$ y por tanto $\varphi=\frac{1}{\sqrt{2mgz+2h}}$. Entonces las ecuaciones diferenciales de la curva, puesto que $\frac{\partial\varphi}{\partial x}=0$; $\frac{\partial\varphi}{\partial y}=0$, resultan $\varphi\frac{dx}{ds}=C_1(\cos t)$; $\varphi\frac{dy}{ds}=C_2(\cos t)$. Dividiendo ordenadamente nos da la ecuación del plano vertical: $y=\frac{C_2}{C_1}x+C_3$. Si tomamos este plano como plano xz, la primera de las ecuaciones diferenciales de la curva resulta: $\frac{1}{\sqrt{2mgz+2h}}\frac{dx}{ds}=C_1$. Ahora, si tenemos en cuenta que $ds^2=dx^2+dz^2$ y haciendo $2mgC_1=C'$; $h=mgh'$, resulta $dx=dz\sqrt{\frac{C'(z+h')}{1-C'(z+h')}}$, que es la ecuación diferencial de una cicloide cuyo círculo generador tiene de radio $\frac{1}{2C'}$ y cuya base horizontal está a una altura h' del eje de las X.

Aunque el problema de la braquistócrona fue propuesto por Johann Bernoulli, además de él, Leibniz, Newton, L'Hôpital y Euler, entre otros, se ocuparon también de su análisis. Estudiaron el caso particular cuando el móvil está sometido a la acción de la gravedad, en cuyo caso la braquistócrona resulta ser una cicloide de base horizontal. Como $U=mgz$, siendo g la aceleración

---

(47) Gottfried Wilhelm Leibniz: *Sämtliche Schriften und Briefe*. Reihe 7: Mathematische Schriften/hrsg. Vom Leibniz-Archiv der Niedersächsischen Landesbibliothek Hannover. Berlín: Akademie Verlag, 2003.

(48) Guillaume François Antoine Marquis de L'Hôpital: *Analyse des Infiniment Petits pour l'intelligence des Lignes Courbes.* París: Imprimerie Royale, 1696.

de la gravedad, entonces $\varphi = \dfrac{1}{\sqrt{2mgz+2h}}$ y las ecuaciones diferenciales resultantes dado que $\dfrac{\partial\varphi}{\partial x} = \dfrac{\partial\varphi}{\partial y} = 0$ serán: $\varphi\dfrac{dx}{ds} = k = C_1$; $\varphi\dfrac{dy}{ds} = k' = C_2$; donde k, k', son constantes. Si las dividimos resulta $y = \dfrac{C_2}{C_1}x + C_3$ que es la ecuación del plano vertical si z es el eje de ordenadas asimismo. Si tomamos este plano como el plano xz la ecuación de C_1 viene dada por $\dfrac{1}{\sqrt{2mgz+2h}}\dfrac{dx}{ds} = C_1$. Como $ds^2 = dx^2 + dz^2$, resulta que

$$dx = dz\sqrt{\frac{2mgC_1\left(z+\frac{h}{mg}\right)}{1-2mgC_1\left(z+\frac{h}{mg}\right)}}$$

que es la ecuación diferencial de una cicloide en la que el radio del círculo generador es $\dfrac{1}{4mgC_1}$ y la base horizontal está sobre el eje de las x a la distancia $\dfrac{h}{mg}$. Es un tipo de cicloide por la propiedad que tiene de ser la de más rápido descenso de un punto abandonado a la acción de la gravedad.

Euler propuso un segundo resultado: el caso de una fuerza central proporcional a la distancia, es decir el móvil está sometido a una fuerza central proporcional a la distancia. Si la base de la curva tiene por centro el de la fuerza, la curva que resulta es una epicicloide. Y el círculo generador es interior o exterior a la base, según que la fuerza sea atractiva o repulsiva. Si el móvil está sometido a una fuerza exterior, la componente normal a la curva de dicha fuerza es igual en magnitud y sentido a la fuerza centrífuga y la presión ejercida por el móvil a dicha curva es el doble de la componente normal de la fuerza exterior.

Si construimos una curva de tal forma que A, punto inicial, sea un punto de retroceso y por base de la curva la horizontal del plano vertical que pasa por el punto inicial y el punto final B, resulta una cicloide. Si A y B son los puntos por los que se pretende trazar la cicloide cuya base CD es conocida. Supongamos que la cicloide construida tiene por origen O, que es el punto de la recta $C'D'$ y por parámetro el radio r del círculo generador. Trazamos por O una cuerda paralela a AB y trazamos cuerdas paralelas a la misma hasta que tracemos la tangente a la curva, la ordenada $B'D'$ decrece y por tanto la relación $\dfrac{A'B'}{A'C'}$ disminuye continuamente. Cuando A' coincide con O es infinita y en el punto de tangencia es cero. Por tanto habrá un punto intermedio de la cuerda tal que $\dfrac{A'B'}{A'C'} = \dfrac{AB}{AC}$.

Si las curvas que resuelven el problema son normales a las curvas o superficies límites, el lugar geométrico de los puntos recorridos por varios móviles siguiendo simultáneamente diversas braquistócronas que parten de un mismo instante sin velocidad inicial de una superficie límite, constituye una superficie normal a todas ellas. Es decir, si los puntos de partida y de llegada del móvil, en vez de estar determinados o fijos, se fijan sobre dos o más curvas dadas, es cuando la braquistócrona es una porción de cicloide de base horizontal.

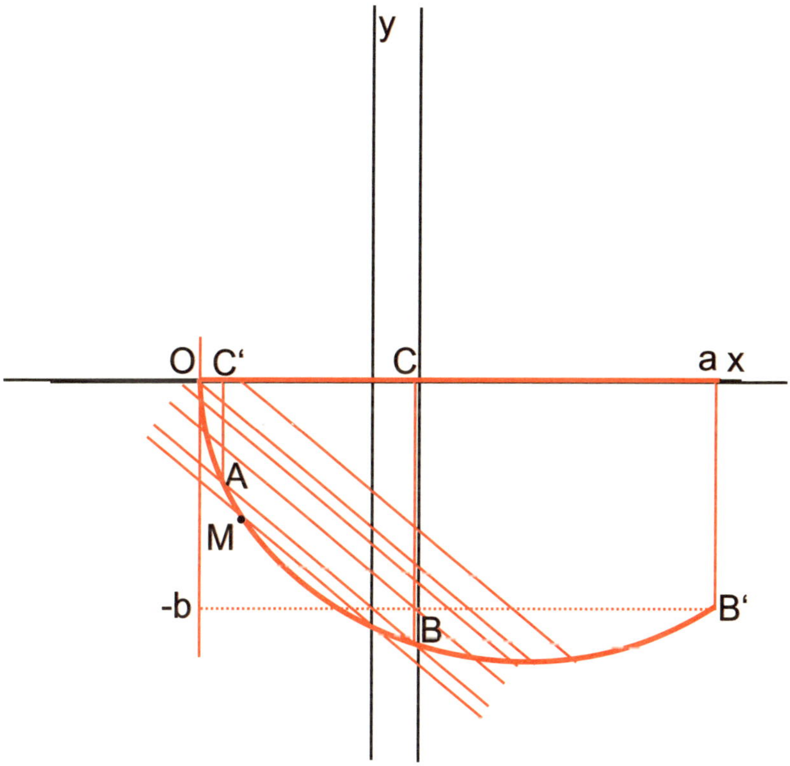

Jacques Charles François Sturm (1803-1855) en su *Cours d'analyse de l'École polytechnique* (París: Gauthier-Villars, 1873), haciendo mínima la integral

$$t=\int_{x_0}^{x_1}\frac{d\vec{r}}{\vec{v}}=\int_{x_0}^{x_1}\frac{\sqrt{1+y'^2}}{\sqrt{2g(y-y_0)}}dx$$

obtuvo la ecuación $y=\frac{1}{2}a \text{ arc cos}\left(\frac{a-2x}{a}\right)-\sqrt{ax-x^2}$.

Por tanto, en el espacio euclídeo[49], es un arco de cicloide en el que A es un punto de retroceso. La base del arco de cicloide es horizontal y el origen es el punto de partida del móvil. El valor a es igual al diámetro del círculo generador.

Leonhard Euler (1707-1783) resolvió también el problema de una braquistócrona cuya longitud viene dada y, junto con Lagrange (1736-1813), planteó el problema de la braquistócrona cuando se trata de un grave en un medio resistente. Por la ecuación de las fuerzas vivas, si consideramos $R(v)$ como la fuerza resistente, se puede expresar la condición $d\frac{v^2}{2}=gdz-R(v)ds$. Entonces el tiempo de descenso será $t=\int_{x_0}^{x_1}\frac{ds}{v}$. Las curvas que minimizan esta integral cumpliendo la ecuación diferencial anterior, resuelven el problema.

Si la fuerza que actúa sobre el móvil se dirige constantemente hacia un centro fijo, y su intensidad depende sólo de la distancia del móvil al centro, la braquistócrona en su origen es tangente al radio vector (que lleva la dirección de la recta que une dicho punto con el centro fijo). En este caso si $f(r) = 2nr$, siendo r la distancia del móvil al centro, entonces la braquistócrona es una *epicicloide*.

Julien Napoléon Haton de la Goupillière (1833-1927), en 1883, estudió la braquistócrona en el caso de una fuerza resistente y de rozamiento[50].

La braquistócrona fue estudiada así mismo, por Roger, en el *Journal de Liouville* (1848, tomo XIII, p. 41) y por Jean Gaston Darboux (1842-1917) en su *Leçons sur la théorie générale des Surfaces*. París: Gauthier-Villars, 1894.

Bruja de Agnesi

Ecuación cartesiana: $y(x^2+a^2)=a^3$, con $a>0$; o bien $y(x^2+4a^2)=8a^3$,

o bien $y(b^2+x^2)=ab^2$, $a>0$, $b>0$; o bien $xy^2=a^2(b-x)$, $a>0$, $b>0$.

Ecuaciones paramétricas: $\begin{cases} x = at \\ y = \dfrac{a}{1+t^2} \end{cases}$

---

(49) Se entiende por espacio euclídeo un espacio afín (espacio vectorial con un sistema de referencia en el plano de dos ejes) dotado de una norma o medida.

(50) Julien Napoleón Haton de la Goupillière: "Recherche de la brachistochrone d'un corps pesant en regard aux résitances passives". París: Impr. Nationale, 1880. Aparece en las *Mémoires de l'Académie des Sciences*, Tomos XXVII y XXVIII.

O bien $\begin{cases} x = 2a \tan t \\ y = 2a \cos t \end{cases}$ con $\frac{-\pi}{2} < t < \frac{\pi}{2}$, o bien $\begin{cases} x = 2a \cot q \\ y = a(1 - \cos 2q) \end{cases}$

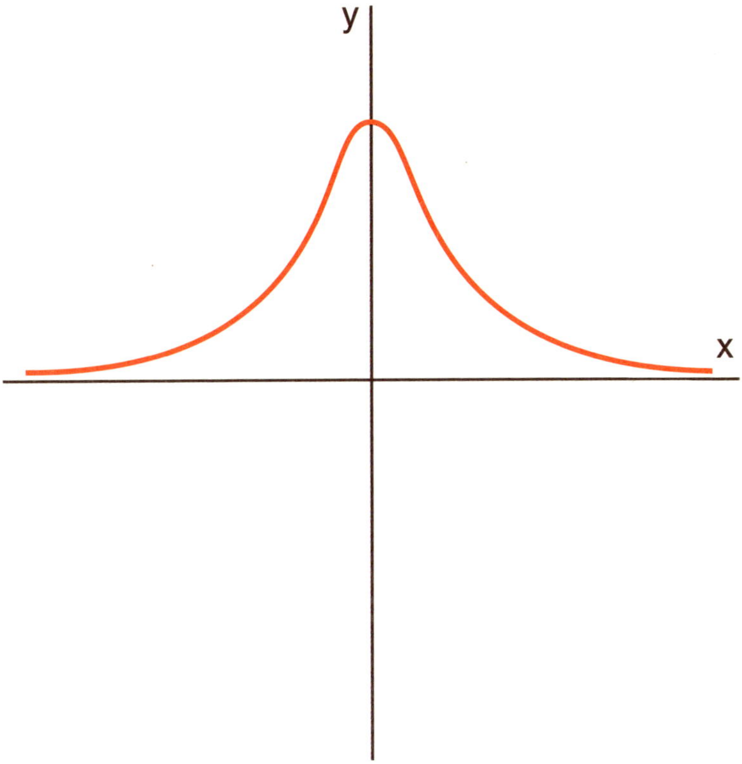

La curva de Agnesi, o *versiera*, curva racional de tercer orden, es una cúbica ilimitada y continua, asintótica con el eje OX y por tanto, su longitud es infinita. El área limitada por la curva y el eje de abscisas es finita y vale[51] $S = \int_{-\infty}^{+\infty} \frac{a^3}{x^2+a^2} dx = \pi a^2$. Los puntos de inflexión están en $\left(\pm \frac{a}{\sqrt{3}}, \frac{3a}{4}\right)$. El punto $(0, a)$ es un máximo de la curva. La recta $y = 0$ es una asíntota de la curva. La curva es simétrica respecto al eje de la y $(x=0)$. Si $a = b$, se trata de una versiera; si $a=2b$, es una seudoversiera.

(51) Como el grado del numerador menos el grado del denominador es $2 - 0 = 2 \geq 2$, la integral es convergente; y como el integrando es par:

$$\int_{-\infty}^{+\infty} \frac{a^3}{x^2+a^2} dx = 2a^3 \int_0^{+\infty} \frac{dx}{x^2+a^2} = 2a^3 \lim_{n \to +\infty} \int_0^n \frac{dx}{x^2+a^2} = 2a^3 \lim_{n \to +\infty} \left[\frac{1}{a} \text{arc tan} \frac{x}{a}\right]_0^n = \pi a^2$$

Es conocida como cúbica de Agnesi[52], pues fue estudiada por María Gaetana Agnesi (1718-1799), en 1748, en su libro *Istituzioni Analitiche ad uso della gioventù italiana*. Milán: [s.n.], 1748.

La curva la habían estudiado antes Pierre de Fermat[53] (1601-1665) y Guido Grandi[54] (1671-1742) en 1703.

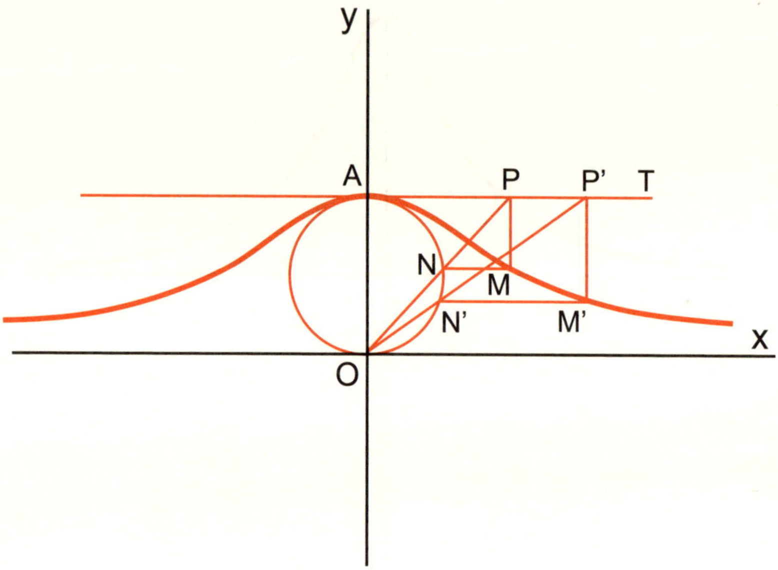

La generación que propone Agnesi para su curva es la siguiente: dados dos ejes ortogonales *OX* y *OY*, se traza una circunferencia tangente en el punto *O* al eje *OX* y cuyo diámetro se sitúa en el eje *OY*. Por el extremo del diámetro de la circunferencia se traza una paralela al eje *OX*. Una recta que corte a la circunferencia en el punto *N* y a la paralela al eje *OX* en el punto *P* traza la curva. La curva está entre las rectas $y = 0$ e $y=a$. Y se puede considerar

(52) En contra de lo que pueda parecer, Agnesi no consiguió primero la función y luego la curva. El origen estuvo en hallar "el lugar geométrico de los puntos del plano, cuya abscisa se determina trazando la paralela al eje *OX* por el punto de corte de la recta secante a una circunferencia de centro $(O, a/2)$ y diámetro $OA = a$, lo que en el gráfico es *B*; y cuya ordenada se obtiene trazando una paralela al eje *YO* por el punto de corte de la secante citada con la tangente a la circunferencia en el punto A''.

(53) Pierre de Fermat: *Oeuvres de Fermat*. Publiées par les soins MM. de Paul Tannery et Charles Henry sous les auspices du Ministère de l'instruction publique. París: Gauthier - Villars, 1891-.

(54) Guido Grandi: *Guidonis Grandi Quadratura circulii et hyperbolae geometrice exhibita*. Pisa: [s.n.], 1703.

como los puntos M del plano, definidos como sigue: dibujado un círculo C con centro en el punto $(0, a/2)$, se dibuja una recta horizontal T pasando por $(0, a)$ y otra recta desde O cortando a C en el punto N y a la recta $y = a$, en P. Entonces M tiene la coordenada x de P y la coordenada y de N. El punto M describe la curva cuando gira la recta OP con respecto al centro. La paralela al eje OY desde P y al eje OX desde N se cortan en un punto M. Es decir, la cúbica de Agnesi es el lugar geométrico de los puntos de intersección de la recta horizontal desde N y una recta vertical pasando por P.

La tangente de la bruja de Agnesi en el punto con parámetro p es:

$$(p^2+1)^2y+2px = a(3p^2+1)$$

Al variar la recta bisectriz, el punto M describe la curva de Agnesi y si llamamos a al radio de la circunferencia la ecuación de la curva será:

$$1)\ \ y = \frac{a^3}{x^2+a^2}$$

$$2)\ \ yx^2+ya^2 = a^3 \qquad yx^2 = a^2(a-y)$$

Se sabe que María Gaetana Agnesi la escribió:

$$\mathrm{y \ = \ a * sqrt(a * x - x * x)/x}$$

porque consideró el eje OX como el eje de ordenadas y el eje OY como el eje de abscisas. Haciendo un cambio de referencia de los ejes, se tendrá la forma moderna de la ecuación cartesiana más arriba expresada en 2), o bien en 1).

Versiera es una palabra derivada del verbo latino vertere, que significa girar, pero también es la forma abreviada del vocablo latino *aversiera*, cuyo significado se puede asociar con la *esposa del diablo*. En la traducción al inglés del texto de Agnesi, se confundió la *versiera* con la palabra bruja, y la curva vino a ser nombrada como la *bruja de Agnesi*[55].

(55) La compositora de música canadiense Elma Molinero compuso un trabajo musical para clarinete titulado *La bruja de Agnesi*.

Cabeza de bala

Ecuación cartesiana: $a^2y^2 - b^2x^2 = x^2y^2$, con $a > 0$ y $b > 0$.

Ecuaciones paramétricas: $\begin{cases} x = a\cos t \\ y = b\cot t \end{cases}$

Curva ilimitada y continua, con simetría central en el punto (0, 0) y con ejes de simetría en los ejes de coordenadas. Las rectas $x = \pm a$ son dos asíntotas verticales y las rectas $bx \pm ay = 0$ son tangentes en el punto (0, 0) que es un nodo. Si $a = b$ entonces es una cabeza de bala equilátera.

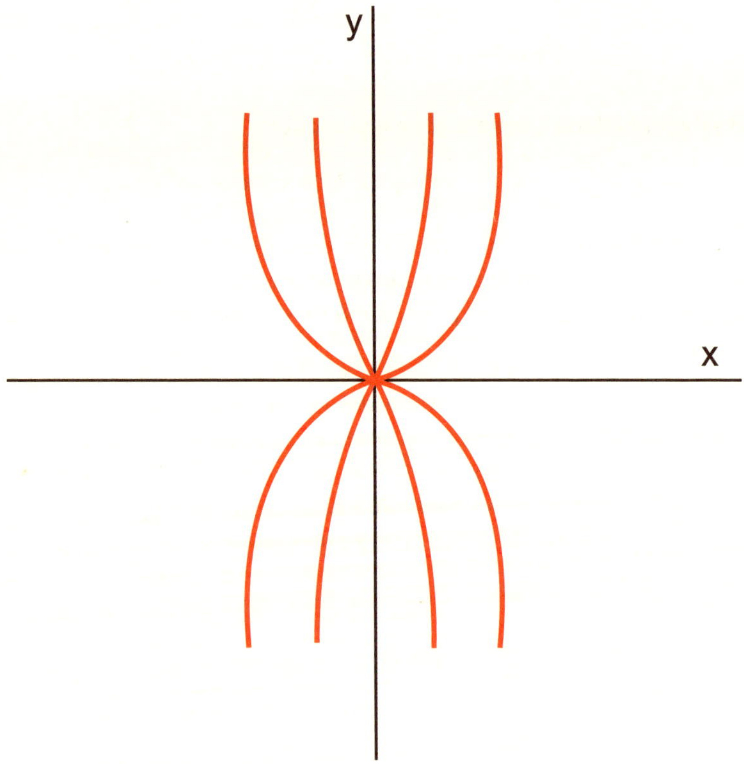

Capricornoide

Ecuación cartesiana: $b^2x^2(x^2+y^2)=a^2(by-x^2-y^2)^2$, con $a>0$ y $b>0$.

Ecuación en coordenadas polares:

$$\rho=\frac{ba\ \mathrm{sen}\,\theta}{a+b\ \cos\theta}\quad \text{con } a>0 \text{ y } b>0$$

Es una cuártica limitada para b mayor o igual que a; e ilimitada para b menor que a. Si $b>a$, tiene dos asíntotas con ecuaciones:

$$y=\pm\frac{\sqrt{b^2-a^2}}{a}x+b$$

Si $b<a$ la curva es cerrada. Es simétrica con respecto al eje de la y ($x=0$). Tiene dos puntos singulares, un nodo y nodo degenerado: el centro de coordenadas es un nodo degenerado siendo tangente en ese punto el eje de abscisas; y el punto $(0, b)$ es también un nodo, siendo tangentes en el mismo las rectas $\pm bx+ay-ab=0$.

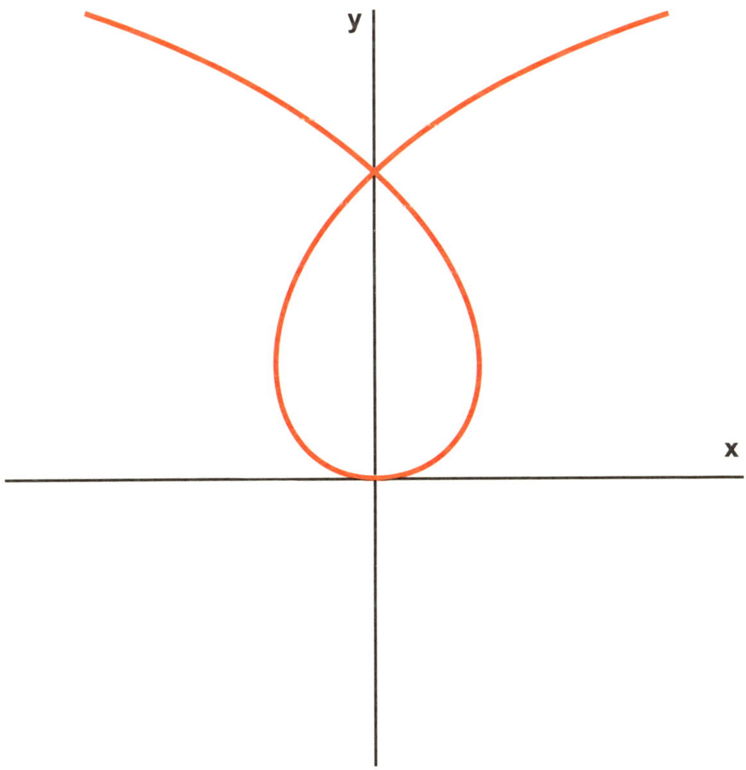

Cardioide

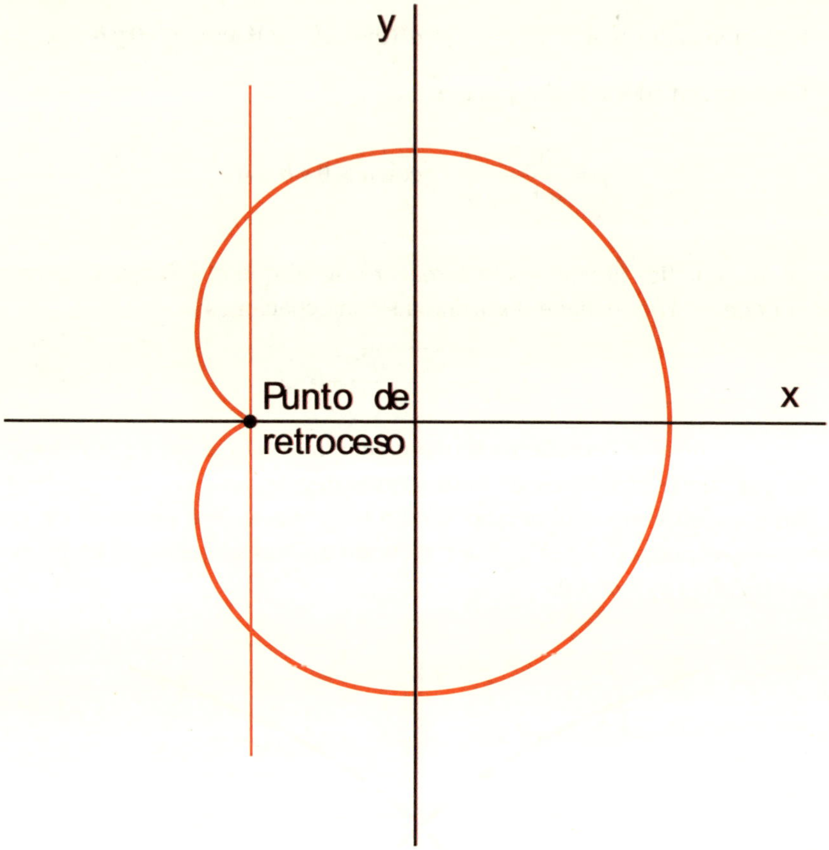

a = 2

Ecuación cartesiana: $(x^2+y^2-2ax)^2=4a^2(x^2+y^2)$ o bien $(x^2+y^2-y)^2 = x^2+y^2$, con $a > 0$.

Ecuación polar: $\rho = 2a(1+\cos\theta)$

o

$$\rho=2a(1-\cos\theta) \quad \text{con} \quad (\pi-\theta)\frac{3}{2} = (2\pi-\varphi) \quad \text{y} \quad \frac{1}{2}(\pi-\theta) = (\pi-\psi)$$

siendo φ y ψ, el ángulo de inclinación de la tangente y el ángulo del radio vector con la tangente respectivamente. O también $\rho = 4a\cos^2\frac{\theta}{2}$.

Ecuaciones paramétricas: $\begin{cases} x = a(2\cos t - \cos 2t) \\ y = a(2\,\text{sen}\, t - \text{sen}\, 2t) \end{cases}$ con $0 < t \leq 2\pi$

o bien

$$\begin{cases} x = 2a(1+\cos t)\cos t \\ y = 2a(1+\cos t)\,\mathrm{sen}\, t \end{cases} \quad \text{con } 0 < t \leq 2\pi$$

Estas son las fórmulas que describen una cardioide cuando la distancia entre el vértice y el punto opuesto es $4a$, siendo a el factor de escala o norma.

Si se deslizara a lo largo del eje de las y, las ecuaciones polares serían: $\rho = (1 - \cos\theta)\,2a$; $\theta\frac{3}{2} = \varphi$; $\frac{1}{2}\theta = \psi$, siendo φ y ψ, el ángulo de inclinación de la tangente y el ángulo del radio vector con la tangente respectivamente.

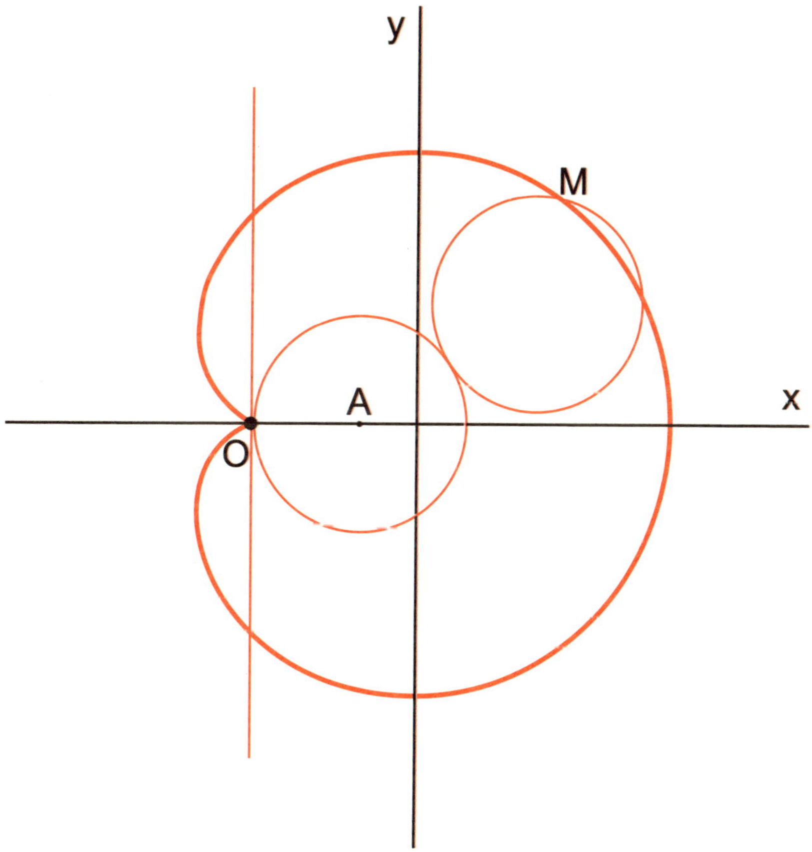

La cardioide es el nombre de una curva que fue denominada así, en primer lugar, por Francesco de Castillon (1704-1791) en un trabajo en *Philosophical Transactions of the Royal Society* en 1741, titulado *De curva cardioide*. En 1674 había sido estudiada por el astrónomo danés Ole Christensen Roemer

(1644-1710), en una de sus investigaciones para encontrar la mejor forma de la rueda dentada, publicada en las *Philosophical Transactions* en 1674. Pero el nombre fue utilizado como tal por De Castillon y éste fue el primero en utilizar sus aplicaciones técnicas. Parece que J. Koersma la había estudiado en 1689 y 1691. También aparece en el diccionario matemático de Jacques Ozaman[56] (1640, 1717) publicado en Ámsterdam y en el que se la denominaba "cicloide geométrica".

El nombre se debe a su parecido con un corazón: de la palabra griega *kardia*, corazón, y *eidos*, forma. Evidentemente, el nombre significa forma de corazón y por eso, a veces, se le nombra como curva del corazón. Es una curva que representa el lugar geométrico de los puntos que se forman al rodar sin deslizamiento una circunferencia alrededor de otra circunferencia de igual radio. Es decir, está formada por el movimiento de un punto M de una circunferencia C_1 que rueda sin deslizamiento sobre otra igual C, o bien de una circunferencia C_2 que rueda sobre otra C de diámetro la mitad, envolviéndola. En 1750, Gabriel Cramer[57] (1704-1752) descubrió esta generación de la curva con dos circunferencias, una de radio la mitad que la otra. Antes que él, el abad Vaumesle,[58] en 1678, la había descrito, en el caso de una circunferencia que rueda sobre otra con radio igual, en una carta a Christiaan Huygens[59] (1629-1695). La cardioide es un caso particular de epicicloide. Se trata de una epicicloide con un punto de retroceso, engendrada por un punto de una circunferencia de radio a que rueda exteriormente sin deslizarse sobre un círculo de igual radio. Es una curva de cuarto orden y tercera clase.

Su longitud había sido encontrada por Philippe de La Hire[60] (1640-1718) en 1708, y por esa razón, se le concedió el privilegio de nombrarle descubridor de la misma. En sus anotaciones, da sobre la longitud de la curva, un valor de $16a$.

Es un caso particular también del limaçon de Pascal (Étienne Pascal)[61], descrito por un punto cualquiera solidariamente unido a la circunferencia

---

(56) Jacques Ozaman: *Dictionnaire mathématique ou idée générale des mathématiques*. Amsterdam: Huguetan, 1691.

(57) Gabriel Cramer: *Introduction à l'analyse des lignes courbes algébriques*. Ginebra: Frères Cramer, 1750.

(58) Vaumesle: *Oeuvres complètes de Christiaan Huygens*. La Haya: Nijhoff, 1888.

(59) En: *Acta Eruditorum*,1691. En la misma publicación, aparecen referencias a la cardioide de Gottfried Wilhelm Leibniz (1646-1716).

(60) Philippe de La Hire: "Des conchöides en général". En *Mémoires de l'Académie des Sciences*, 1708.

(61) Blaise Pascal, Étienne Pascal: en *Oeuvres de Blaise Pascal*/[publi. par l'abbé Charles Bossut], 1779. Vol. IV y V.

móvil, y por tanto, su estudio fue anterior al de De Castillon o al de Philippe de la Hire, aunque estos fueron los que la nombraron y consideraron sus propiedades. Étienne Pascal (1588-1651), padre de Blaise Pascal (1623-1662), había estudiado y nombrado una familia de curvas de este tipo.

La cardioide puede ser definida como la traza de un punto que rueda alrededor de un círculo fijo del mismo radio, sin deslizamiento. O la traza de un punto sobre un círculo de radio $2a$, sobre el que rueda en el interior un círculo fijo de radio a. El segundo círculo es llamado de generación doble. La figura de la página siguiente muestra las dos formas de dibujarlo en coordinación.

Sea A el centro del círculo fijo de radio a. Sea B el centro del círculo rodante con radio a. Sea P un punto fijo arbitrario sobre el círculo B. Se supone que P es el punto trazado. Sea D el punto de contacto de los dos círculos. Sea N un punto sobre el círculo rodante que es colineal con ADB. Sea K un punto sobre el círculo A y colineal con DP. Teoremas: PDK es la normal en P; PN es la tangente en P. Un círculo pasando por P y K y centrado en el punto C que está sobre el círculo fijo A, trazará por fuera la misma cardioide con el punto de traza P girándolo sobre el círculo fijo con centro en A. Este círculo tendrá de radio $2a$.

Es una curva limitada, cerrada y continua, simétrica respecto al eje de las x $(y = 0)$, siendo esta recta tangente en el centro de coordenadas. En dicho punto hay un punto singular llamado cúspide. Los puntos $(0, 0)$ y $(-4a, 0)$ son puntos de intersección de la curva con el eje de las x. Hay exactamente tres tangentes paralelas a la cardioide con cualquier gradiente dado. Asimismo las tangentes a los extremos de cualquier cuerda que pase por el punto del vértice tienen ángulos rectos. La longitud de cualquier cuerda por el punto del vértice es $4a$ y el área de la cardioide es $6\pi a^2$.

La cardioide es la inversa de la parábola con relación a su foco. De ahí que se considere un limaçon de Pascal, o concoide del círculo, cuando $b = 2a$ (a es el radio del círculo)[62]. Esta relación se comprueba estudiando la ecuación polar, toda vez que su transformada por radios vectores recíprocos respecto del punto O es una parábola. Si O es el punto de retroceso de la cardioide, la ecuación polar, con referencia de polo O, es $\rho = sa - 2a \cos \alpha$. Así mismo, es la podaria de un círculo cuando el punto de la podaria no está en dicho círculo. Esto es, la cardioide es la podaria de un punto P respecto a una circunferencia, si el punto P está dentro de la misma. Y es la catacáustica del círculo.

(62) Ver limaçon de Pascal.

La curva podaria de la cardioide, cuando el vértice es el punto de la podaria, resulta la séxtica de Cayley. La fórmula de la podaria es: $r^3 = 4ap^2$ o $9(r^2 - a^2)=8p^2$

$$\begin{cases} s^2+9\sigma^2 = 64a^2 \\ s = 8a\left(1 - \cos\frac{\psi}{3}\right) \quad \text{con } 0 \le \psi \le 3\pi \\ s = 8a\left(\cos\frac{\varphi}{3}\right) \end{cases}$$

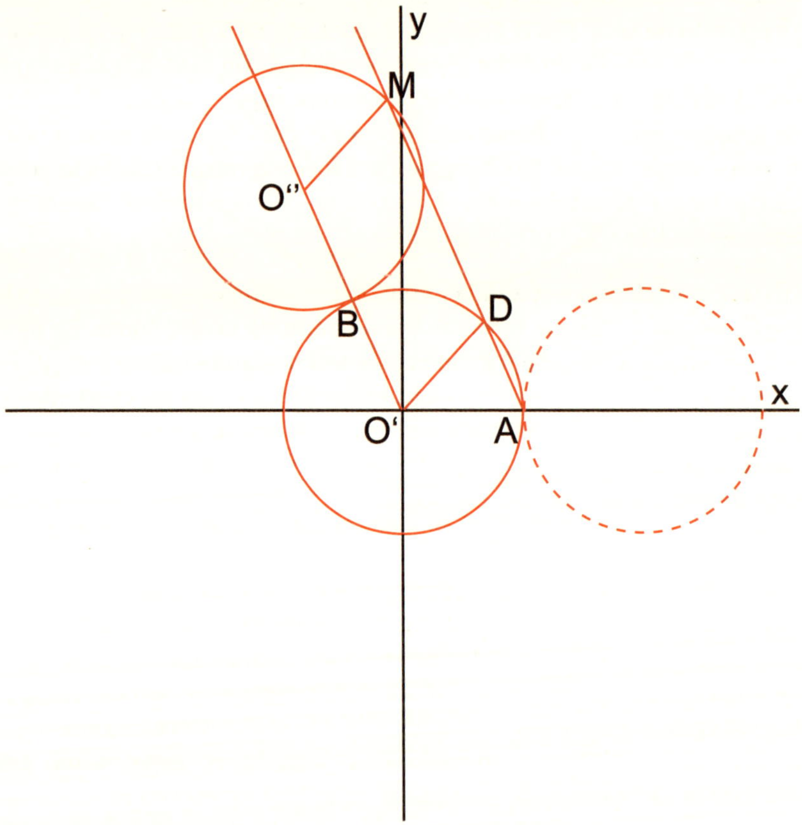

Cuando se hace rodar una circunferencia por el exterior de otra de igual radio (O'A la fija y O''B la móvil), al principio las dos tangentes en A. Si luego son tangentes en B, el punto A de la móvil se desplaza a M y el arco $\widehat{BM}=\widehat{BDA}$. Por tanto AO'O''M es un trapecio isósceles. Si trazamos OD, el cuadrilátero O'DMO'' es un paralelogramo y DM = O''O' = 2a. El punto A es de retroceso y M los puntos de la cardioide.

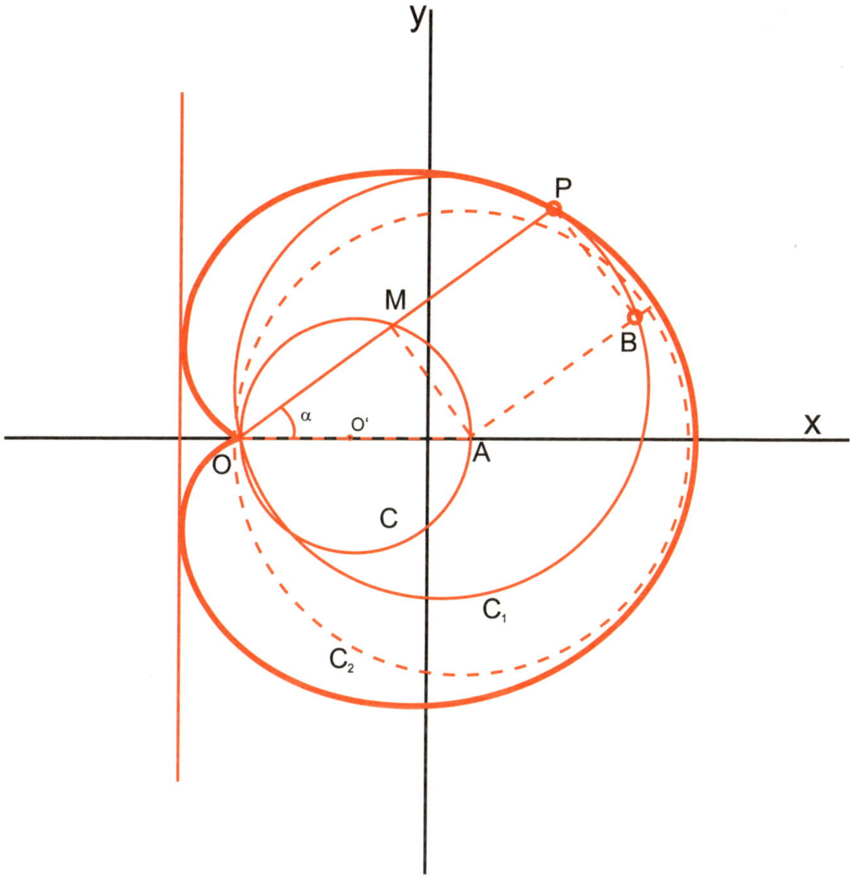

La catacáustica de una cardioide, cuando como punto radiante se toma el vértice, es una nefroide.

El área es $6\pi a^2$ y la superficie de revolución engendrada es $\frac{128}{5}\pi a^2$.

También se puede construir de la siguiente forma: sea C una circunferencia y O un punto de ella. Por O se trazan secantes y sobre ellas, a partir del punto M en que cortan a la circunferencia se toman los segmentos MP iguales a la cuerda OM. El lugar geométrico de los puntos P así definidos es la cardioide.

Tal como podemos ver en la figura, como $OM = MP = AB$ siendo PB igual y paralelo a MA y este segmento perpendicular a AB, se comprueba que la cardioide es la podaria del círculo C_2 de centro A y radio OA, respecto del punto O de dicho círculo. De tal forma, que la cardioide se puede construir como la envolvente de las cuerdas de un círculo entre dos puntos P y Q, que recorren el círculo en la misma dirección, uno con velocidad doble que el otro. Esta construcción se conoce como *transformación de Cremona*.

De la ecuación polar se pueden obtener el valor del arco y del radio de curvatura:

$$S = 8a \operatorname{sen} \frac{\theta}{2} \qquad R = \frac{8a}{3} \cos \frac{\theta}{2}$$

Por tanto la ecuación intrínseca de la cardioide es $S^2+9R^2 = (8a)^2$.

Ernesto Cesàro[63] (1859-1906), en 1896, denominó cardioides estrelladas a las curvas de ecuación intrínseca $S^2+(2n+1)^2R^2=b^2$. La cardioide tiene una tangente doble en $-a/2$ del origen. La ecuación de una tangente cualquiera en un punto que viene dado por el parámetro t viene dado por la ecuación proveniente de las ecuaciones unicursales o paramétricas:

$$\begin{cases} x = \dfrac{4a(1-t^2)}{(1+t^2)^2} \\ y = \dfrac{8at}{(1+t^2)^2} \end{cases}$$

por tanto la ecuación de la tangente será: $(3t^2-1)x+t(t^2-3)y+4a=0$. De esta ecuación de tercer grado en t se deduce que por un punto (x, y) pasan en general tres tangentes, y por tanto la curva es de tercera clase.

La cardioide se utiliza para la fabricación de balancines y el trazado de levas.

Cáscara de Durero

Ecuación cartesiana: $(x^2+xy+ax-b^2)^2=(b^2-x^2)(x-y+a)^2$.

Estas curvas aparecen en 1525, en el trabajo de Durero *Vnderweysung der messung mit dem zirckel vnd richtscheyt* (Núremberg, [s.n.] 1525).

Durero llama a la curva "ein muschellini" porque se asemeja a la manera de una concoide. Puesto que no es una concoide verdadera, la hemos llamado cáscara de Durero (muschellini = concoide = cáscara).

Esta curva se inició con los trabajos de Durero sobre la perspectiva. Construyó la curva de la manera siguiente: dibujó unas rectas QRP y $P'QR$ de longitud 16 unidades con Q situado en $(q, 0)$ y R en $(r, 0)$, donde $q+r=13$. El lugar geométrico de P y P' es la curva. Durero sólo encontró uno de las dos ramas de la curva.

---

(63) Ernesto Cesàro: *Lezioni di Geometria Intrinsica*. Nápoles: [el autor], 1896.

La envolvente de las líneas *QRP* y *P'QR* es una parábola y la curva es por consiguiente una glissette de un punto en un segmento corredizo entre una parábola y una de sus tangentes.

Hay varios casos especiales interesantes:

En la fórmula cartesiana dada más arriba, si $b=0$: la curva se vuelve dos líneas rectas coincidentes $x^2 = 0$.

Si $a = 0$: la curva se vuelve el par de rectas $x=\frac{b}{\sqrt{2}}$, $x = \frac{-b}{\sqrt{2}}$ junto con el círculo $x^2+y^2 = b^2$.

Si $a = b/2$: la curva tiene un vértice en $(-2a, a)$.

La cáscara de Durero es similar a la concoide de Durero, estando esta última con los ejes cambiados. Ver concoide de Durero.

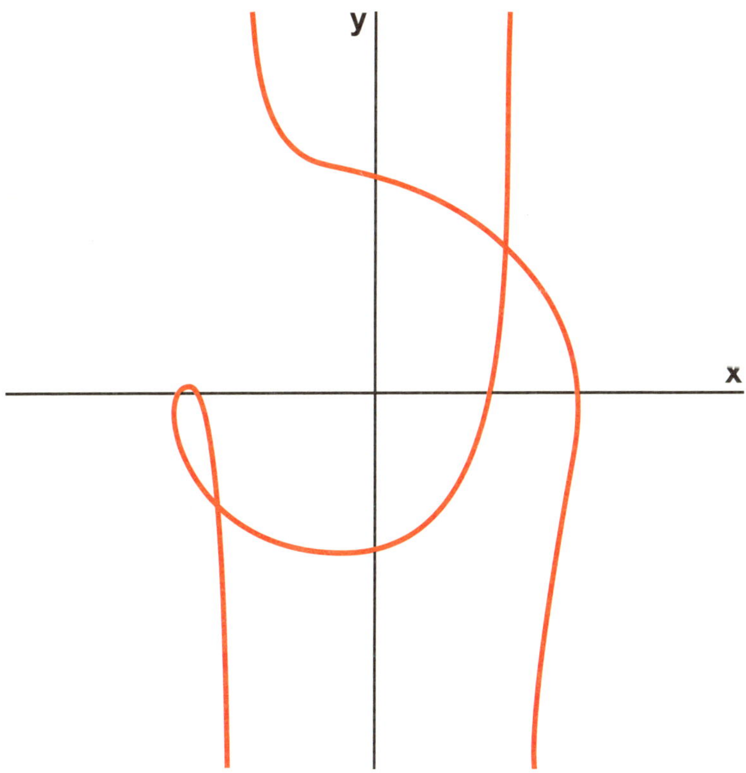

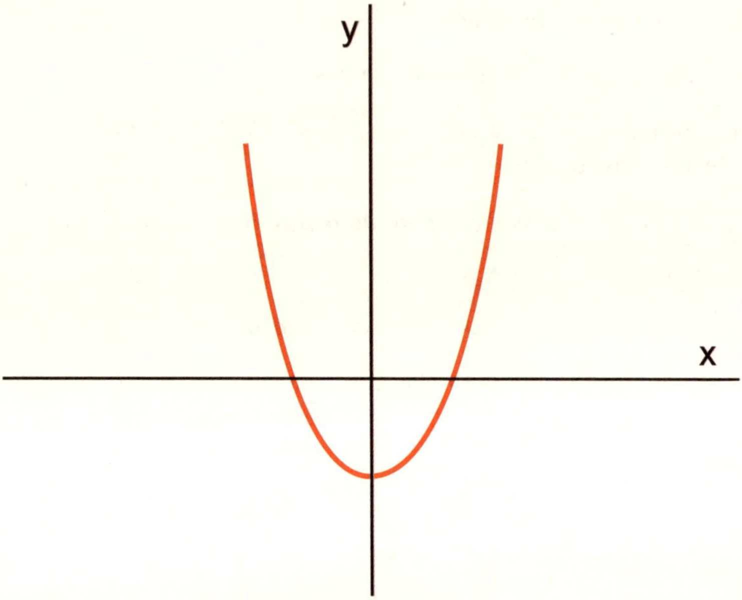

Ecuación cartesiana[64]: $y = a\ \cosh(x/a)$, con $a > 0$.

Ecuaciones paramétricas cartesianas: $\begin{cases} x = a \ln t \\ y = \dfrac{a}{2}\left(t + \dfrac{1}{t}\right) \end{cases}$ con $t > 0$

O bien

$$\begin{cases} x = a \ln\left(\dfrac{1 + \operatorname{sen} t}{\cos t}\right) \\ y = \dfrac{a}{\cos t} \end{cases} \quad \text{con } -\frac{\pi}{2} < t < \frac{\pi}{2}$$

La catenaria o curva funicular, tiene la forma de una cadena absolutamente flexible suspendida por sus extremos cuando se somete a la acción de la gravedad. O lo que es lo mismo, cuando un cable o cadena es suspendido por sus dos extremos y sometido a una fuerza gravitacional uniforme, adquiere por su propio peso la forma de una catenaria. Es una curva trascendente, continua e ilimitada, simétrica con respecto al eje de las y ($x = 0$) y que tiene

(64) *Cosh* refiere al coseno hiperbólico. Es una función de la forma: $\cosh x = \dfrac{e^x + e^{-x}}{2}$. A estas funciones racionales y exponenciales se les dio un nombre análogo a las funciones trigonométricas por la gran cantidad de afinidades entre ellas.

como base al eje de las x ($y=0$). El punto (a, 0) es el vértice. Cerca de los dos extremos de suspensión, la catenaria es casi una curva vertical; la inclinación disminuye en la medida que nos acercamos al punto más bajo de la curva. Estas son diferencias, a simple vista, entre la catenaria y las parábolas.

El nombre de catenaria evoca el antiguo nombre de cadeneta, *catena* en latín. Galileo Galilei[65] (1564-1642) la había estudiado antes, como caso particular de un hilo flexible y homogéneo, suspendido por sus dos extremos y colocado en un campo de gravitación uniforme. Galileo pensó que se trataba de un arco de parábola. Jungius en 1669 aportó una prueba contraria a la tesis de Galileo. Su ecuación correcta fue obtenida por Gottfried Wilhelm Leibniz[66] (1646-

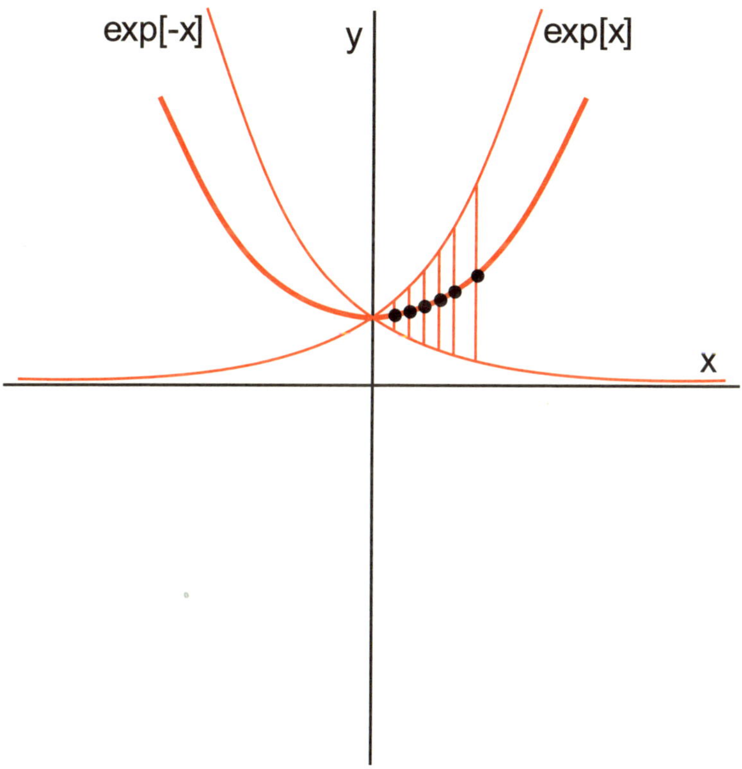

(65) Galileo Galilei: *Discorsi e demostrazioni matematiche intorno à due nuove scienze attinenti alla mecanica et i movimenti locali (...).* Leiden: appresso gli Elsevirii, 1638.

(66) Gottfried Wilhelm Leibniz: "The String Whose Curve Is Described by Bending Under Its Own Weight, and the Remarkable Resources That Can Be Discovered from It by However Many Proportional Means and Logarithms". En: *Acta Eruditorum*, 1691. Vol. junio.

1716), Christiaan Huygens[67] (1629-1695) y Johann Bernoulli[68] (1667-1748) en 1691, demostrando con ello que no estaba acertado Galileo. Respondían a un desafío[69] lanzado por Jacob Bernoulli[70] (1654-1705) para encontrar la ecuación de la "curva cadena", cuando éste último lanzó la nueva definición.

Huygens fue el primero en usar el término catenaria en una carta a Leibniz en 1690 y David Gregory[71] (1661-1708) escribió un tratado sobre la catenaria: *Scheda de curva catenaria sive Funicularia*[72] (1697). Joachim Jungius[73] (1587-1657), en 1627, fue el primero en considerar que la catenaria no era una parábola y refutó la propuesta de Galileo según la cual la curva formada por una cadena colgante bajo el efecto de la gravedad debía ser una parábola. Se usaba, en particular, para la construcción de cúpulas.

La catenaria es el lugar geométrico de los puntos generados por el foco de una parábola rodando sin deslizamiento a lo largo de una línea recta. Es un caso particular de curva de Ribaucour y de alisoide.

La catenaria tiene por evoluta la tractriz, en la que la asíntota es la base de la catenaria. También es el lugar geométrico del punto medio del segmento de la línea vertical entre las curvas e^x y e^{-x}. Así mismo es la cáustica por reflexión de la exponencial $y=a\,e^{\frac{x}{a}}$ cuando los rayos son paralelos al eje de las y $(x = 0)$. Leonhard Euler[74] (1707-1783) demostró en 1744 que una catenaria que gira sobre su asíntota genera ella sola una superficie mínima de revolución.

Un caso especial de catenaria es la llamada catenaria de igual resistencia, cuya fórmula viene dada por la expresión:

$$e^{\frac{y}{a}}\left|\cos\frac{x}{a}\right| = 1, \quad \text{con } a > 0$$

---

(67) Christiaan Huygens: En: "Letter to Leibniz", *Acta Eruditorum*, noviembre, 1690.

(68) Johann Bernoulli: "Solutions to the Problem of the Catenary, or Funicular Curve". En: *Acta Eruditorum*, 1691. p. 274.

(69) El problema fue propuesto por Jacob Bernoulli en "Additamentum ad problema funicularium" (*Acta Eruditorum*, junio, 1691).

(70) Jacob Bernoulli: "Lineae cycloidales, Evolutae, Anti-Evolutae, Causticae, Anti-Causticae, Peri-Causticae, Earum usus & simplex ratio ad se invicem. Spira mirabilis. Aliaque." En: *Acta Eruditorum*, 1692. Vol. mayo, pp. 207-213.

(71) David Gregory: "Scheda de Curva Catenaria sive Funicularia" (1697). En: *Philosophical Transactions of the Royal Society*, 1690. Vol. August.

(72) Existe una referencia anterior en *Philosophical Transactions*, 1690. Vol. August.

(73) Joachim Jungius: *Geometria empirica.* Rostochii: Typis Haeredu Richelianorum, 1627.

(74) Leonhard Euler: "Methodus inveniendi lineas curvas maximiminimive proprieda-de gaudentes" (*Opera mathematica*, vol. 24). Lausana: Bousquet, 1744.

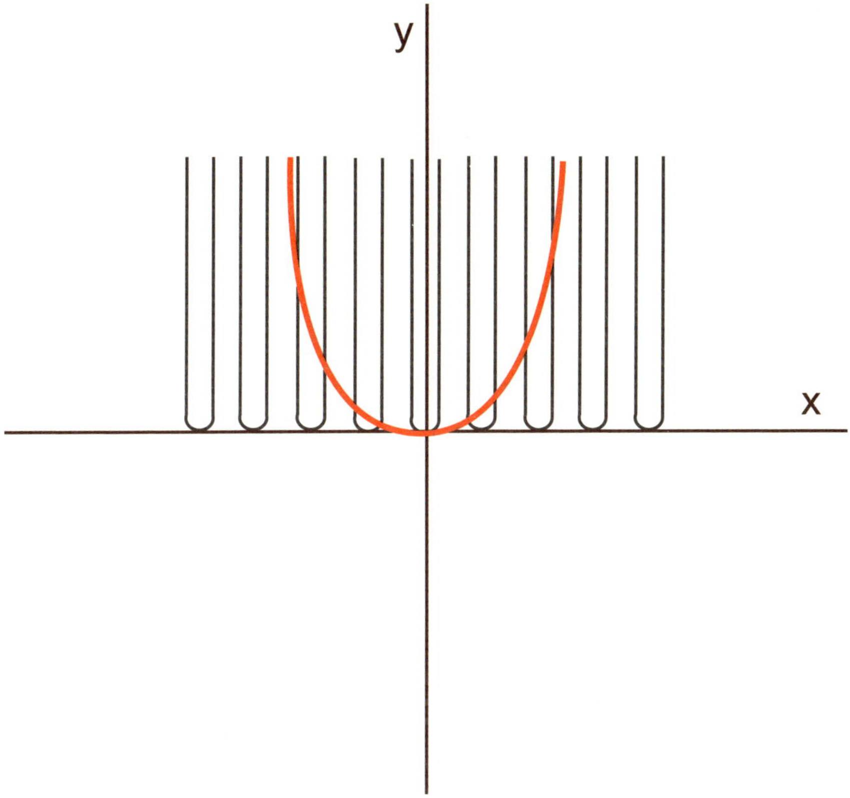

a = 1/2 o a = 2

La catenaria de igual resistencia tiene infinitas asíntotas verticales con la fórmula $x=(2k+1)\frac{\pi a}{2}$ y k un número racional. Las rectas $x=q\frac{\pi a}{2}$, con q racional, son ejes de simetría. Son curvas discontinuas con infinitas ramas y con vértices en los puntos característicos $(p\pi a, 0)$ con p un número racional.

Las catenarias tienen numerosas aplicaciones en la física y la construcción. Una vela rectangular de un velero atada a dos barras horizontales hinchada por el viento perpendicular a las barras tiene forma de catenaria[75]. Los soportes de las catenarias ferroviarias tienen un perfil intermedio entre la parábola y la catenaria ya que por su propio peso no puede ser suspendida. Los arcos al revés de la construcción de techumbres de edificios de Gaudi, son catenarias.

(75) A veces, por esa razón, se la denomina también *velero*, apodo que le dio Jacques Bernoulli.

Cicloide

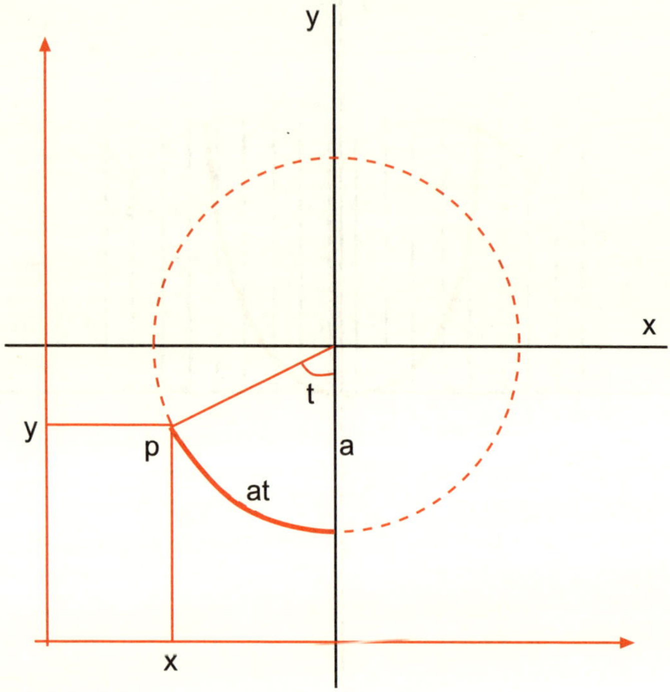

Ecuación cartesiana:

$$x = a \operatorname{arc\,cos} \frac{a-y}{h} - \sqrt{(h+a-y)(h-a+y)}, \text{ con } a > 0 \quad \text{y} \quad h > 0.$$

Ecuaciones paramétricas cartesianas: $\begin{cases} x = at - h \operatorname{sen} t \\ y = a - h \cos t \end{cases}$

La cicloide es el lugar geométrico de los puntos de distancia h del centro de un círculo de radio a que rueda a lo largo de una línea recta sin resbalar, es decir, de forma que cada segmento de la recta es igual al arco correspondiente. Si $h < a$ es una cicloide recortada, mientras si $h > a$ que es una cicloide prolongada o cicloide alargada. La curva del dibujo tiene $a=h$ y corresponde a la cicloide común.

La cicloide es por tanto la curva que genera la trayectoria de un punto situado en una circunferencia de radio a que gira sobre una recta sin deslizamiento[76].

---

(76) Una cicloide se puede observar haciendo girar la rueda de una bicicleta hacia la que se dirige un foco de luz en un lugar oscuro.

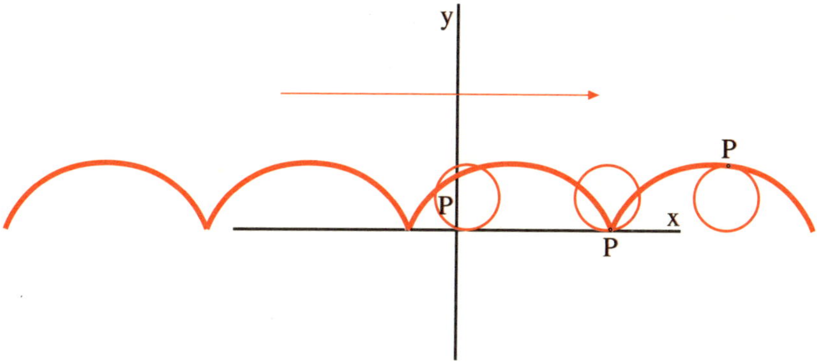

Para expresar las ecuaciones de la cicloide en forma paramétrica relacionamos las coordenadas de un punto (x, y) en función del tiempo t: $x=u(t)$, $y=v(t)$. Si PQ es el arco de cicloide que describe un punto de la circunferencia al rodar de P a Q, t el ángulo que forman los dos radios que pasan por P y Q y a el radio de la circunferencia, resulta que la longitud del arco es igual at, que también es la distancia desde el origen a Q. La representación paramétrica de la curva será:

$$u(t) = a(t - \operatorname{sen} t)$$
$$v(t) = a(1 - \cos t)$$

Si el punto que rueda estuviera en el interior del círculo de radio a, la cicloide resultante no tocaría el eje de las x (figura de la cicloide reducida). Y si fuera mayor estaríamos en el caso de la cicloide alargada que forma bucles cortando al eje de las x (figura de la cicloide alargada).

Como la derivada de la función $u(t)$ es positiva, $u'(t) = a(1 - \cos t) \geq 0$, la función $u(t)$ es creciente y por tanto para todo valor de $x = u(t)$ existe un único valor de t y por tanto $t = u^{-1}(x)$.

El área de un arco de la cicloide es $3\pi a^2$ y la longitud es igual a $8a$, si $a = h$.

La cicloide fue estudiada primero por Nicolás de Cusa[77] (1401-1464), en 1450, cuando intentaba encontrar el área de un círculo por integración.

(77) Nicolás de Cusa: *De quadratura circuli*. 1450. Y en *[Operum volumen secundum quo continentur] dialogus de ignoto, dialogus de annunciatione, excitationum libri X., coniectura de nouissimis diebus, septem epistolae, reparatio calendarii, correctio tabularum Alphonsi, de transmutationibus geometricis, de arithmeticis complementis, complementum theologicum, de perfectione mathematica*. París: [s.n.], 1514.

Marin Mersenne (1588-1648) dio la primera definición propia de la cicloide y expresó algunas propiedades elementales, tales como que las longitudes de la base de la cicloide igualan la circunferencia del círculo rodante. Mersenne intentó encontrar el área bajo la curva por integración pero no acertó. Como consecuencia de ello propuso, en 1615, la cuestión a otros matemáticos[78].

La curva fue nombrada así por Galileo Galilei[79] (1564-1642) en 1599. En 1639 le escribió a Evangelista Torricelli (1608-1647) sobre la cicloide, después de haber estudiado sus propiedades durante 40 años. Galileo intentó encontrar el área al comparar su área con la del círculo generador. Después de no encontrar un método matemático para ello, acudió a pesar pedazos de metal cortados en forma de cicloide. Encontró que la proporción de los pesos eran aproximadamente 3 a 1, pero intuyó que no era exactamente 3, de forma que supuso erróneamente que la proporción no era racional.

El problema del área lo propuso Mersenne a Gilles Personne de Roberval (1602-1675) en 1628 y, aunque en un primer momento no lo consiguió, el problema fue resuelto por Roberval en 1634. Roberval[80], orgulloso de su resultado, le escribió el resultado a Descartes. Descartes contestó que el resultado "era una belleza de la que no me había dado cuenta antes, excepto el que causaría no poca dificultad a cualquier geómetra algo experimentado."

Descartes propuso a Roberval encontrar un método para dibujar una tangente a la cicloide. Roberval hizo intentos sin conseguirlo, pero en la disputa teórica se incluyó Pierre de Fermat, que sí acertó.

Entre otros matemáticos que hicieron estudios sobre la cicloide, el propio Evangelista Torricelli, trabajando sobre ella de forma independiente, descubrió el área de la cicloide. Y Vincenzo Viviani (1622-1703), también de manera particular, encontró un método para construir una tangente a la curva.

En 1658, Blaise Pascal (1623-1662), después de experimentar un largo periodo de *hechizamiento* consagrado a la religión, precisamente cuando abandonó los estudios matemáticos, comenzó a pensar en problemas matemáticos de nuevo, entre ellos el estudio de curvas. Fue entonces, según cuentan los interesados en los panegíricos sobre la leyenda de su vida, cuando despertaba por la noche incapaz de dormir por el dolor, cuando resolvió el

---

(78) Marin Mersenne: *Correspondance du P. Marin Mersenne religieux minime*. París: Beauchesne, 1932-1988. También existen cartas sobre el tema de Descartes a Mersenne.

(79) Galileo Galilei: *Discorsi e demostrazioni matematiche intorno à due nuove szienze attinenti alla mecanica et i movimenti locali...* Leiden: appresso gli Elsevirii, 1639.

(80) Gilles Personne de Roberval: "De trochoide". En *Mémoires de l'Académie des Sciences*, 1634. Vol. VI, pp. 361-368.

problema del área de cualquier segmento de la cicloide y el centro de gravedad de cualquier segmento. También resolvió los problemas del volumen y del área de la superficie del sólido de revolución, formados por la cicloide al rodar sobre el eje *OX*.

Pascal publicó un manifiesto en forma de reto (no bajo su propio nombre sino bajo el nombre de Amos Dettonville) ofreciendo dos premios por las soluciones a estos problemas. John Wallis (1616-1703) y Lalouère, se decidieron a participar en el concurso, pero la solución de Lalouère fue equivocada y Wallis no acertó tampoco. De Slüse (1622-1685), Michelangelo Ricci (1619-1682), Huygens (1629-1695), Christopher Wren (1632-1723) y Fermat (1601-1665), todos ellos comunicaron su descubrimiento a Pascal, sin entrar en la competición. La contribución de Christopher Wren era la más notable, precisamente porque encontró la longitud del arco, que era $8a$.

Pascal publicó sus propias soluciones a los problemas del desafío, junto con un extenso comentario del resultado que Wren había encontrado.

La cicloide tiene la propiedad de que un punto *P* que se desliza sobre una cicloide desarrolla un movimiento armónico simple y el período del movimiento es independiente del inicio del punto. Es decir, si se deja caer sin velocidad inicial una bola a lo largo de una cicloide invertida por la acción de la gravedad, el tiempo que tarda en llegar al punto más bajo de la cicloide es independiente de la altura desde la que se dejó caer la bola. Ésta es la propiedad de la tautócrona y fue descubierta por Huygens en 1673 (*Horologium oscillatorium*) y utilizada, junto al hecho de que la evolvente de una cicloide es otra cicloide igual, para la construcción del péndulo cicloidal[81]. Éste construyó el primer reloj de péndulo con un ingenio para asegurar que el péndulo fuera isócrono, haciendo que el péndulo se balanceara en un arco de cicloide. Sin embargo, este método presentaba demasiados problemas mecánicos para la realización práctica.

Girard Desargues (1593-1662) propuso la cicloidal dentada por ruedas en movimiento, en los años 1630.

En 1696 Johann Bernoulli en las *Acta Eruditorum*, se preguntó sobre qué curva satisface la propiedad de la braquistócrona. Supo la propiedad de la braquistócrona de la cicloide y publicó su solución en 1697. La solución fue presentada también por Leibniz (1646-1716), Newton (1642-1727), Jacob Ber-

(81) El péndulo cicloidal tiene la propiedad de que el periodo de oscilación es independiente de la amplitud.

noulli (1654-1705) y L'Hôpital (1661-1704). Era uno de los primeros problemas del cálculo variacional y su investigación fue el arranque para el desarrollo del cálculo de variaciones.

Es una curva tautócrona, braquistócrona e isócrona. La cicloide admite infinidad de puntos de retroceso sobre la recta sobre la cual rueda.

La cicloide es la catacáustica de un círculo cuando los rayos de luz vienen de un punto de la circunferencia. Esto fue demostrado por Jacob Bernoulli y Johann Bernoulli en 1692.

La cáustica de la cicloide, cuando los rayos son paralelos al eje *OY* es una cicloide con el doble de arcos.

Ambas, la evoluta y la involuta de una cicloide, son una cicloide idéntica. De hecho la evoluta fue estudiada por Huygens y debido a su trabajo sobre las cicloides, desarrolló una teoría general de evolutas de curvas.

Las cicloides pueden formar familias. Es una familia de curvas engendradas por un punto del plano de un círculo que gira sin deslizamiento sobre una recta o sobre otro círculo. Todas ellas son ruletas y algunas se denominan hipocicloides, epicicloides, cicloides alargadas o reducidas, epitrocoides, hipotrocoides, etc. La cicloide se empleó para la construcción de relojes pendulares.

Cicloide alargada

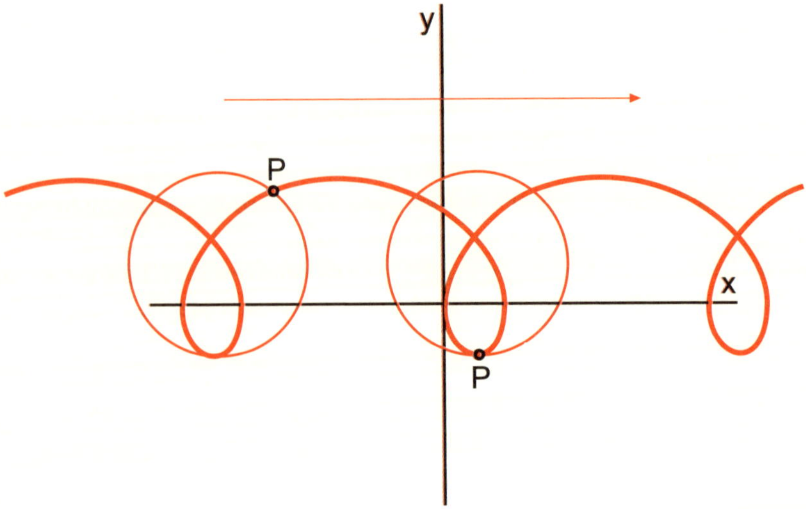

Ecuación cartesiana:

$$x = a \,\text{arc cos}\, \frac{a-y}{h} - \sqrt{(h+a-y)(h-a+y)},\ \text{con}\ h > a > 0.$$

Ecuaciones paramétricas cartesianas: $\begin{cases} x = at - h \,\text{sen}\, t \\ y = a - h \cos t \end{cases}$

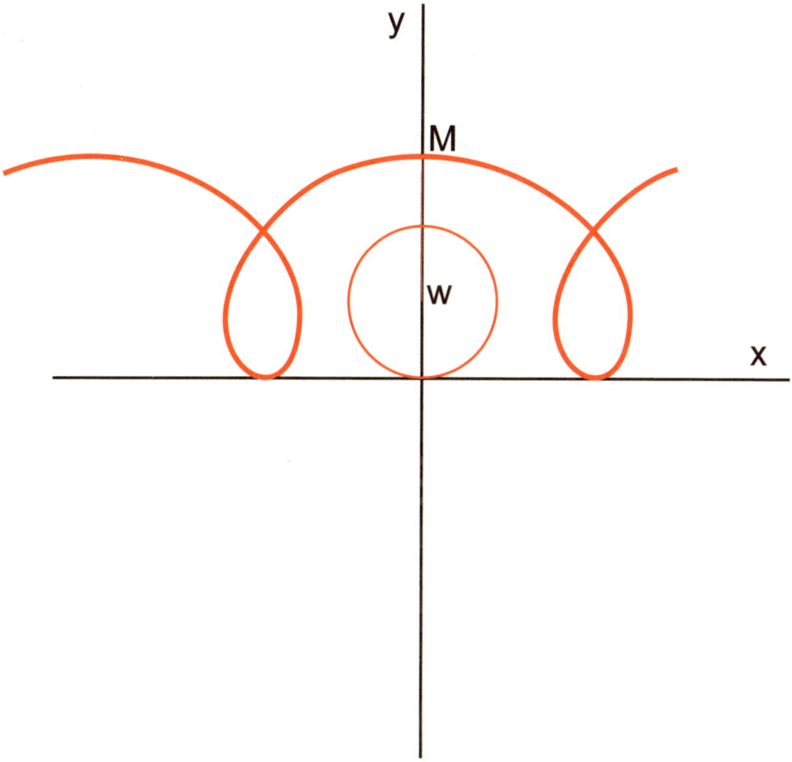

La cicloide alargada está engendrada por un punto P situado sobre un círculo de centro O y radio $0 < r < OP$, rodando sin deslizarse sobre una recta. Como consecuencia de ello, el punto P es exterior al círculo. Es una curva infinita y continua que tiene por ejes de simetría las rectas $x = ka\pi$, con k un número entero. Los puntos $(2\pi pa, y_0)$ con p un número entero, son nodos y las rectas

$$y - y_0 = \pm h \,\text{sen}\, t_0 \left(\frac{x - 2\pi pa}{y_0} \right)$$

son tangentes en los nodos, siendo $y_0 = a - h \cos t_0$ y t_0 solución positiva de la ecuación $h \,\text{sen}\, t_0 = a\, t_0$.

Cicloide reducida

Ecuación cartesiana:

$$x = a \operatorname{arc} \cos \frac{a-y}{h} - \sqrt{(h+a-y)(h-a+y)}, \text{ con } a > h > 0.$$

Ecuaciones paramétricas cartesianas: $\begin{cases} x = at - h \operatorname{sen} t \\ y = a - h \cos t \end{cases}$

Esta curva está engendrada por un punto móvil P del plano, de un círculo de centro O y radio $r > OP$, que rueda sin deslizarse sobre una recta. Como consecuencia de ello, el punto P es interior al círculo. Como ejemplo de una cicloide reducida podemos observar que el pedal de una bicicleta al girar con la biela, describe esta curva.

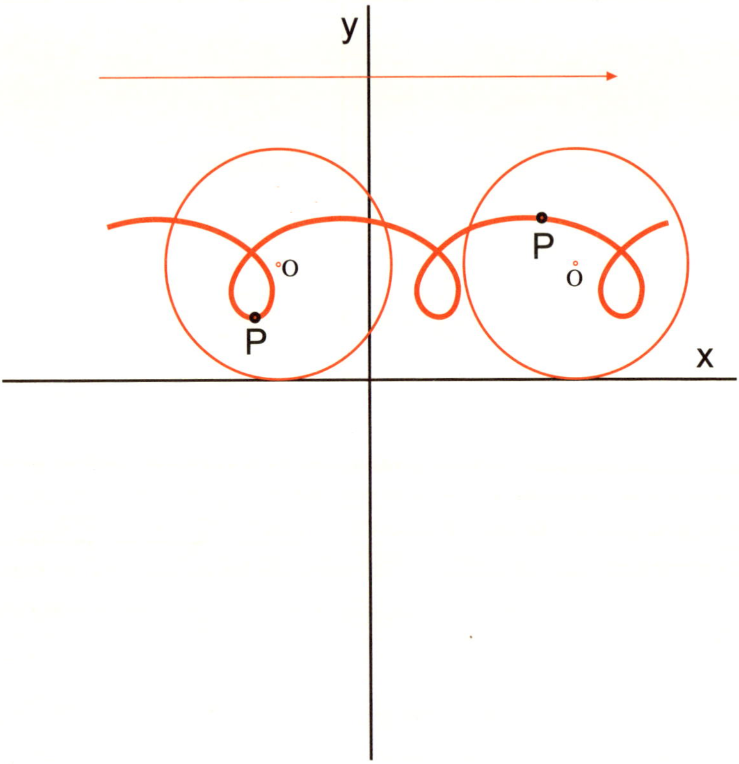

Cicloide secundaria de Ricci

Ecuaciones paramétricas: $\begin{cases} x = Rt - r\,\text{sen}\,t \\ y = r - r\cos t \end{cases}$ con $R > 0$, $r > 0$.

Curva ilimitada y continua con infinitos ejes de simetría definidos por las rectas $x = k\pi R$, con k números enteros. Los puntos $(2\pi mR, r - r\cos t_0)$ cuando m es un número entero y $R > r$. El valor t_0 es la mínima solución positiva de la ecuación $Rt = r\,\text{sen}\,t$.

Si $R = r$ se trata de una cicloide normal.

La curva fue descubierta por Michelangelo Ricci (1619-1682), en 1664. Aparece en una carta de Ricci a Torricelli.

Círculo

Ecuación cartesiana: $x^2 + y^2 = r^2$.

O bien, si el centro está en (a, b)

$$(x - a)^2 + (y - b)^2 = r^2$$

O paramétricas: $\begin{cases} x = r\cos t \\ y = r\,\text{sen}\,t \end{cases}$ en el primer caso.

O bien $\begin{cases} x = a + r\cos t \\ y = b + r\,\text{sen}\,t \end{cases}$ en el segundo.

Ecuación polar: $\rho = r$. O bien $(\rho - a\cos\theta - b\,\text{sen}\,\theta)^2 = r^2 - (a\,\text{sen}\,\theta - b\cos\theta)^2$ si el centro está en (a, b).

Es el lugar de los puntos equidistantes de un punto fijo llamado centro. La distancia al centro desde cualquier punto del borde se llama radio. El doble del radio recibe el nombre de diámetro, $d = 2r$. El perímetro C del círculo se denomina circunferencia y su valor es $C = \pi d = 2\pi r$. El ángulo que subtiende al círculo completo con vértice en el centro es igual a 360° o 2π radianes.

El círculo es asimismo una sección cónica obtenida por la intersección de un plano sobre un cono, siendo el plano perpendicular al eje de simetría del cono. También se puede considerar como un caso degenerado de elipse cuando los ejes semimayor y semimenor son iguales. Es una cónica circular de excentricidad nula. También es la curva isoóptica de un segmento AB, es decir, el lugar de los puntos desde los cuales el ángulo de las rectas que pasan por A y por B es constante (círculo que pasa por A y B).

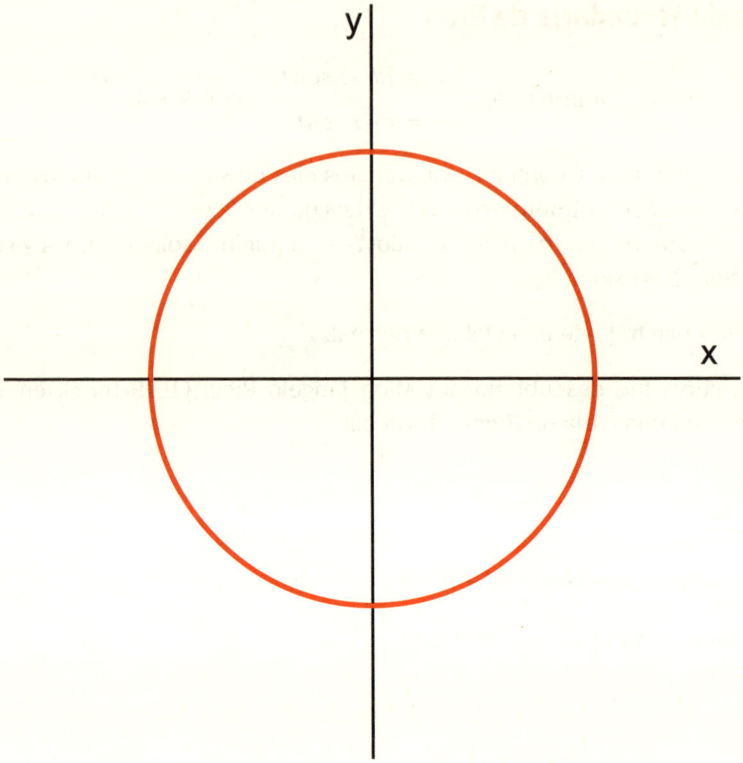

La generalización del círculo en un espacio de tres dimensiones es la esfera y para un espacio de n dimensiones con n mayor o igual a 4, es una hiperesfera.

El estudio del círculo se remonta en el tiempo más allá del recuerdo en la historia. Los pueblos orientales y en particular los chinos utilizaron círculos para usos prácticos hace varios miles de años. Así por ejemplo la invención de la rueda es un descubrimiento fundamental sobre la base de las propiedades de un círculo.

Los griegos consideraron a los egipcios como los inventores de la geometría. El escriba Ahmés, autor del papiro de Rhind, hace aproximadamente 4500 años, ya dio una regla para determinar el área de un círculo haciendo corresponder a $\pi = 256/81$, o aproximadamente 3,16 veces el diámetro.

Los primeros teoremas que tratan de círculos se atribuyen a Tales, alrededor del año 650 a.n.E. El Libro III de los *Elementos* de Euclides[82] (430

(82) Euclides: *Euclidis Opera omnia*/ed. I. L. Heiberg et H. Menge. Leipzig. Teubner,

a.n.E.-360) trata de las propiedades de los círculos y desarrolla problemas de cómo inscribir polígonos dentro de un círculo.

Uno de los problemas de mayor interés para los matemáticos griegos era el hallazgo de un cuadrado con el mismo área que un círculo dado. Recordemos que varias de las curvas famosas de esta lista fueron primero estudiadas en un intento por resolver este problema. El primer matemático, del que tengamos referencia, en estudiar este problema fue Anaxágoras en el 450 a.n.E.. Arquímedes de Siracusa[83] (287-212 a.n.E.) en el 225 a.n.E. escribió un tratado sobre el círculo titulado *Sobre la medida del círculo.*

El problema del hallazgo del área de un círculo llevó a la integración a través del método de exhaución de Eudoxo (406-355 a.n.E.). Para el círculo, Eudoxo da como fórmula del área πa^2y la longitud de la curva es $2\pi a$, siendo a el radio.

Se entiende por círculo de centro (a, b) y radio $r > 0$, al lugar geométrico de los puntos (x, y) del plano cuya distancia al centro (a, b) es constante e igual a r. La distancia de un punto genérico del círculo al centro vendrá dado por la fórmula $r = \sqrt{(x-a)^2+(y-b)^2}$, o bien $r^2 = (x-a)^2+(y-b)^2$ en coordenadas cartesianas. En coordenadas polares presenta la forma particular y simple $\rho=a$, para un círculo de radio a centrado en el origen. Y $\rho = 2a\cos\theta$ si es un círculo de radio a centrado en el punto $(a, 0)$. Y $\rho=2a\,\mathrm{sen}\,\theta$ si es un círculo de radio a centrado en $(0, a)$. En coordenadas podarias, cuando el punto de la podaria es el centro, la ecuación es $pa = r^2$. El centro (a, b) es un centro de simetría y los ejes perpendiculares que pasan por dicho punto son ejes de simetría.

Apolonio de Perga (265-190 a.n.E.), aproximadamente en el 240 a.n.E., demostró efectivamente que la ecuación bipolar[84] $r = kr'$ representa un sistema de círculos coaxiales, cuando k varía[85]. En términos de la ecuación bipolar,

---

1883-1916. (Serie: Bibliotheca scriptorum Graecorum et Romanorum Teubneriana). Se conserva el manuscrito de 1480 con la copia (traducción del árabe al latín por Abelardo de Bath) en la Univ. Glasgow Sp Coll MS Gen. 1115. La primera edición conocida es la de Venecia de 1482.

(83) Arquímedes de Siracusa: *Sobre la medida del círculo*. Leipzig: Teubner, 1910-. *Archimedis opera omnia: cum commentariis Eutocii/e codice Florentino recensuit, Latine vertit notisque illustravit J. L. Heiberg*. Leipzig: Teubner, 1980-. (Serie: Bibliotheca scriptorum Graecorum et Romanorum Teubneriana).

(84) Ver definición de coordenadas bipolares en la crestomatía.

(85) Apolonio de Perga (Apollonius Pergaeus): *Apollonii Pergaei quae Graece exstant cum commentariis antiquis* / edidit et Latine interpretatus est I. L. Heiberg: Teubner, 1891-1893.

$mr^2+nr'^2=c^2$ representa un círculo cuyo centro divide el segmento entre los dos puntos fijos del sistema, en la proporción n a m.

En coordenadas cartesianas, la ecuación del círculo de radio a centrado en (x_0, y_0) es: $(x-a)^2+(y-b)^2=r^2$, o bien $x^2+y^2-2ax-2by+a^2+b^2-r^2=0$.

En consecuencia la ecuación de una circunferencia la podemos escribir de forma abreviada: $x^2+y^2+Ax+By+C=0$, donde $A=-2a$; $B=-2b$; $C=a^2+b^2-r^2$. Luego

$$a=-\frac{A}{2};\quad b=-\frac{B}{2}$$

y por tanto el centro será $\left(-\frac{A}{2},-\frac{B}{2}\right)$ y el radio $r=\frac{\sqrt{A^2+B^2-4C}}{2}$.

La ecuación del círculo que pasa por los puntos (x_1, y_1), (x_2, y_2), extremos del diámetro, es: $(x-x_1)(x-x_2)+(y-y_1)(y-y_2)=0$.

La ecuación del círculo que pasa por tres puntos (x_1, y_1), (x_2, y_2), (x_3, y_3) es

$$\begin{vmatrix} x^2+y^2 & x & y & 1 \\ x_1^2+y_1^2 & x_1 & y_1 & 1 \\ x_2^2+y_2^2 & x_2 & y_2 & 1 \\ x_3^2+y_3^2 & x_3 & y_3 & 1 \end{vmatrix}=0$$

El centro y el radio del círculo se pueden identificar asignando coeficientes a la curva cuadrática $ax^2+bxy+cy^2+dx+ey+f=0$, cuando $a=c$ y $b=0$ completando al cuadrado da:

$$a\left(x+\frac{d}{2a}\right)^2+a\left(y+\frac{e}{2a}\right)^2+f-\frac{d^2+e^2}{4a}=0$$

El centro viene dado por el punto $(-d/2a, -e/2a)$. Y el radio es

$$r=\sqrt{\frac{d^2+e^2}{4a^2}-\frac{f}{a}}$$

cuando

$$a=\begin{vmatrix} x_1 & y_1 & 1 \\ x_2 & y_2 & 1 \\ x_3 & y_3 & 1 \end{vmatrix};\qquad d=-\begin{vmatrix} x_1^2+y_1^2 & y_1 & 1 \\ x_2^2+y_2^2 & y_2 & 1 \\ x_3^2+y_3^2 & y_3 & 1 \end{vmatrix};$$

$$e=\begin{vmatrix} x_1^2+y_1^2 & x_1 & 1 \\ x_2^2+y_2^2 & x_2 & 1 \\ x_3^2+y_3^2 & x_3 & 1 \end{vmatrix};\qquad f=-\begin{vmatrix} x_1^2+y_1^2 & x_1 & y_1 \\ x_2^2+y_2^2 & x_2 & y_2 \\ x_3^2+y_3^2 & x_3 & y_3 \end{vmatrix}$$

Las ecuaciones paramétricas para un círculo de radio r son:

$$\begin{cases} x = r\cos t \\ y = r\,\mathrm{sen}\, t \end{cases}$$

Si un cuerpo se mueve uniformemente alrededor del círculo:

$$\begin{cases} x' = -r\,\mathrm{sen}\, t \\ y' = r\cos t \end{cases} \quad \text{y} \quad \begin{cases} x'' = -r\cos t \\ y'' = -r\,\mathrm{sen}\, t \end{cases}$$

Las coordenadas del vector tangente al círculo son $(-\mathrm{sen}\, t, \cos t)$. El círculo de radio unidad también puede ser parametrizado por las funciones:

$$\begin{cases} x = \dfrac{1-t^2}{1+t^2} \\ y = \dfrac{2t}{1+t^2} \end{cases}$$

La podaria de un círculo es una cardioide si el punto de la podaria está sobre la circunferencia; y es una curva limaçon (caracol), si el punto no está en la circunferencia.

La cáustica de un círculo con el punto radiante en la circunferencia (muchas tangentes) es una cardioide, mientras que si los rayos son paralelos entonces la cáustica es una nefroide.

La inversa de un círculo es otro círculo concéntrico y la evoluta es el mismo círculo.

La longitud de un arco s, la curvatura k y el ángulo tangencial ψ del círculo, tienen de ecuaciones:

$$s(t) = \int ds = \int \sqrt{x'^2+y'^2}\,dt = at$$

$$k(t) = \frac{x'y'' - y'x''}{(x'^2+y'^2)^{\frac{3}{2}}} = \frac{1}{a}$$

$$\psi(t) = \int k(t)\,dt = \frac{t}{a}$$

La ecuación de Cesàro (1859-1906) es $k=1/a$.

Círculo de Euler o de Feuerbach

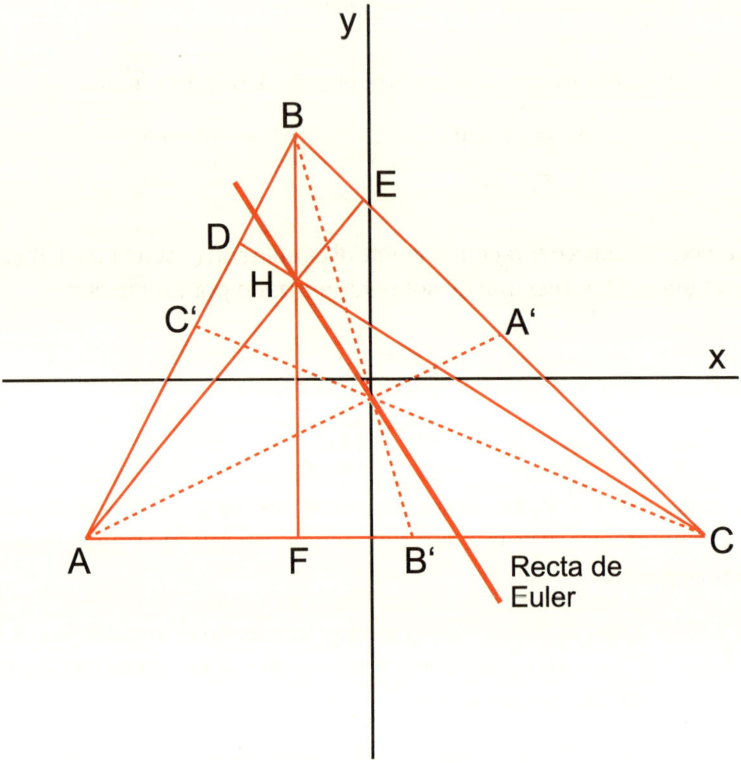

Con veintidós años Karl Wilhelm Feuerbach[86] (1800-1834) publicó *Propiedades de algunos puntos notables del triángulo y de diversas rectas y figuras determinadas por ellos. Un tratado analítico-geométrico*, trabajo en el que incluye el famoso teorema de Feuerbach sobre el círculo de 9 puntos, según el cual toda circunferencia que pase por los puntos medios de un triángulo *ABC* es tangente a la circunferencia inscrita en el triángulo y a las tres circunferencias exinscritas al mismo. Feuerbach demostró analíticamente que la distancia entre el centro de la circunferencia inscrita al triángulo y el de la que se conoce como la de los 9 puntos, es igual a la diferencia entre los radios, lo que le permitió comprobar que eran tangentes. Feuerbach[87] continuaba los

(86) Karl Wilhelm Feuerbach: *Eigenschaften einiger merkwürdiger Punkte des geradlinigen Dreiecks und mehrerer durch sie bestimmten Linien und Figuren*. Núremberg: Riegel & Wiessner.

(87) En 1827, Feuerbach introdujo el concepto de coordenadas homogéneas.

estudios geométricos de Euler sobre el triángulo. Leonhard Euler[88] (1707-1783), demostró, en 1765, por métodos analítico-geométricos, que el circuncentro, el ortocentro y el baricentro de un triángulo están en una misma recta, conocida como *recta de Euler*.

El teorema se puede expresar de manera más general como el lugar geométrico de los centros de una cónica que pasa por los tres vértices del triángulo *ABC* y un punto del plano *P*. El lugar de los centros de las cónicas que pasan por *A*, *B*, *C* y *P* es una cónica que pasa por los puntos medios de los seis segmentos que determinan esos cuatro puntos y por los tres puntos de corte de las rectas *AP* y *BC*; *CP* y *AB*; *BP* y *CA*. Esa cónica es el *círculo de Euler* o de *Feuerbach* cuando *P* es el ortocentro del triángulo. El punto de tangencia entre el círculo inscrito en el triángulo y el círculo de nueve puntos, se conoce como *punto de Feuerbach*.

Se conoce como *círculo de Euler* al que pasa por nueve puntos notables de un triángulo.

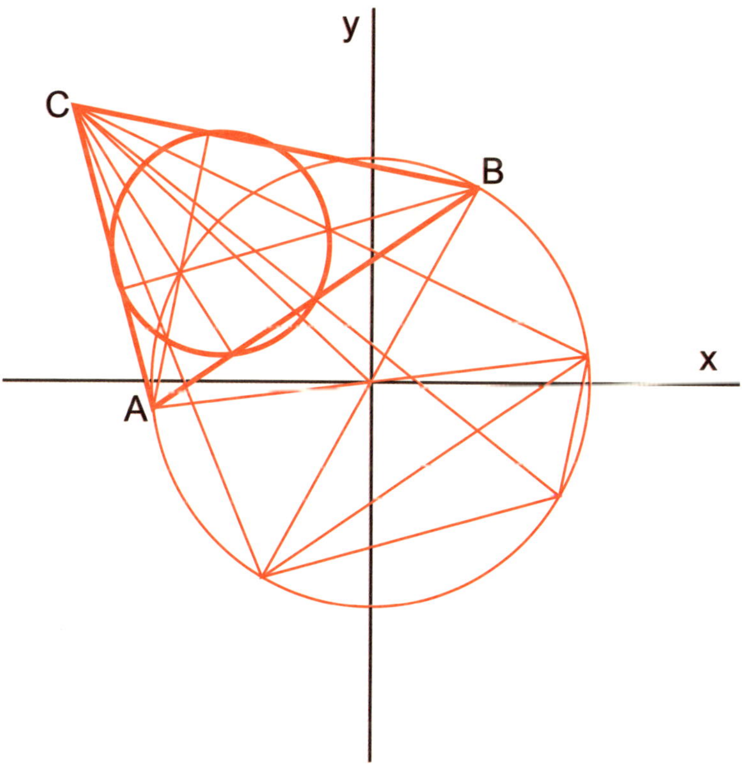

(88) Leonhard Euler: *Leonhard Euler, Opera Omnia*. Leipzig: Teubner, 1911.

Sea el triángulo *ABC*; los pies de las alturas, los pies de las medianas y los puntos medio de los segmentos que unen los vértices con el punto donde se cortan las alturas (ortocentro del triángulo) forman los nueve puntos por los que pasa el triángulo de Euler. En la figura primera, al ortocentro lo denominamos *H* y por tanto los puntos son los pies de las tres medianas (C', B', A'), los pies de las tres alturas (F, E, D) y los puntos medios de los segmentos AH, BH, CH. El centro de la circunferencia está sobre la llamada recta de Euler y es el punto medio del segmento *OH*, donde el punto *O* es el centro de la circunferencia circunscrita (lugar donde se cortan las tres mediatrices de los lados) al triángulo.

El círculo de nueve puntos, también llamado el círculo de Euler o círculo de Feuerbach, es *el* que pasa por *los pies de las perpendiculares* H_B, H_C y H_A (figura inferior), que son las alturas desde los vértices del *triángulo de referencia ABC* en los lados opuestos a ellos. Euler demostró en 1765 que también pasa con los puntos *medianos* M_A, M_B y M_C de los lados de *ABC*. Por *el teorema de Feuerbach*, el círculo de nueve puntos también pasa por los puntos medianos E_A, E_B y E_C, de los segmentos que unen las cimas y el ortocentro *H*. Estos puntos se conocen comúnmente como *los puntos de Euler*.

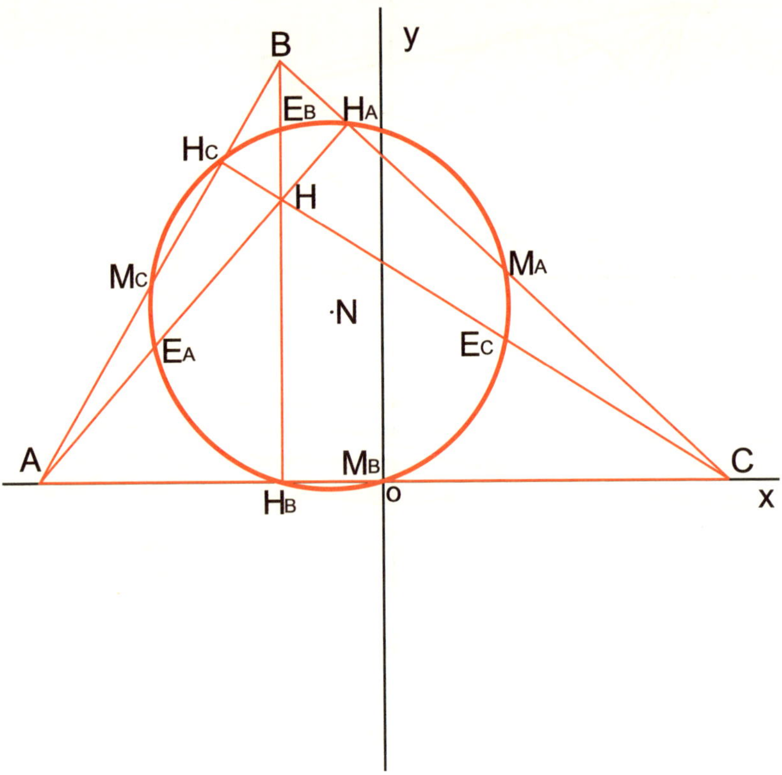

Círculo de Soddy

Sean tres círculos O_1, O_2, O_3, coplanarios y tangentes dos a dos exteriormente, tal como muestra la figura. Frédéric Soddy (1877-1956) demostró por medio de un teorema que lleva su nombre, que en tales condiciones, existe al menos otro círculo con la propiedad de ser tangente a los tres primeros. En general existen dos soluciones.

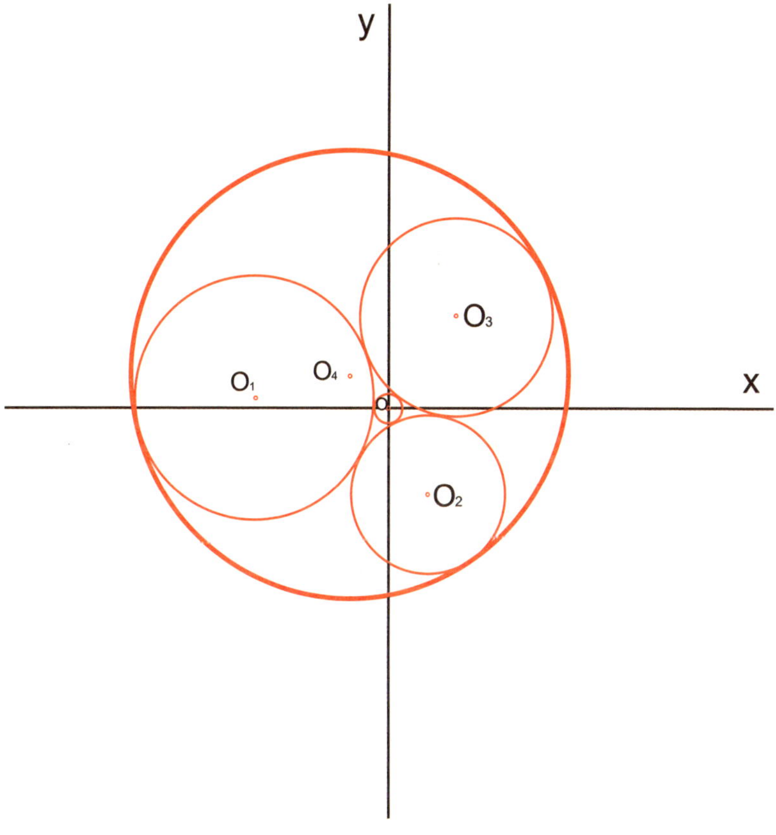

Si los radios de los cuatro círculos O_1, O_2, O_3 y O_4 son respectivamente r, r', r'', r''', entonces se verifica la siguiente relación:

$$\left(\frac{1}{r}\right)^2+\left(\frac{1}{r'}\right)^2+\left(\frac{1}{r''}\right)^2+\left(\frac{1}{r'''}\right)^2=\frac{1}{2}\left(\frac{1}{r}+\frac{1}{r'}+\frac{1}{r''}+\frac{1}{r'''}\right)^2$$

Círculo de Terquem

Olry Terquem (1782-1862) demostró en un teorema que lleva su nombre, que por los pies de tres cevianas[89] concurrentes de un triángulo acutángulo *ABC* pasa un círculo que determina otros tres puntos en los lados del triángulo que son los pies de otras tres cevianas concurrentes. Dicho círculo se denomina *círculo de Terquem* y los seis puntos situados sobre el círculo se denominan *puntos de Terquem*.

En el dibujo adjunto, las cevianas correspondientes son las alturas y las medianas.

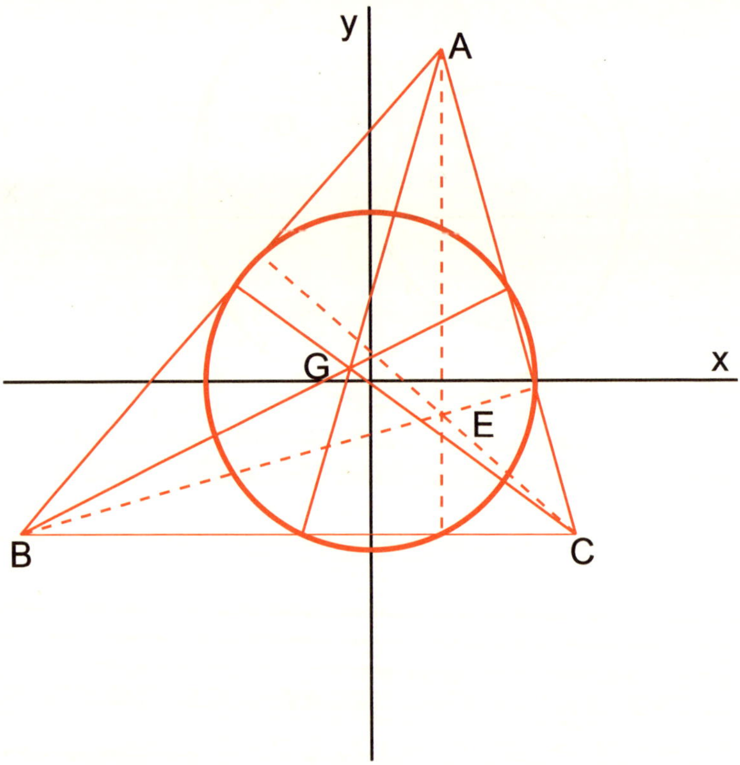

(89) Una ceviana es una recta que pasa por el vértice de un triángulo. Si son esas rectas, alturas, medianas o bisectrices, se denominan cevianas particulares.

Círculo de Tucker

Sean dos triángulos *ABC* y *A'B'C'* cuyos lados son paralelos dos a dos. Los respectivos lados, o sus prolongaciones, se cortan en seis puntos que pertenecen a un mismo círculo, llamado círculo de Tucker.

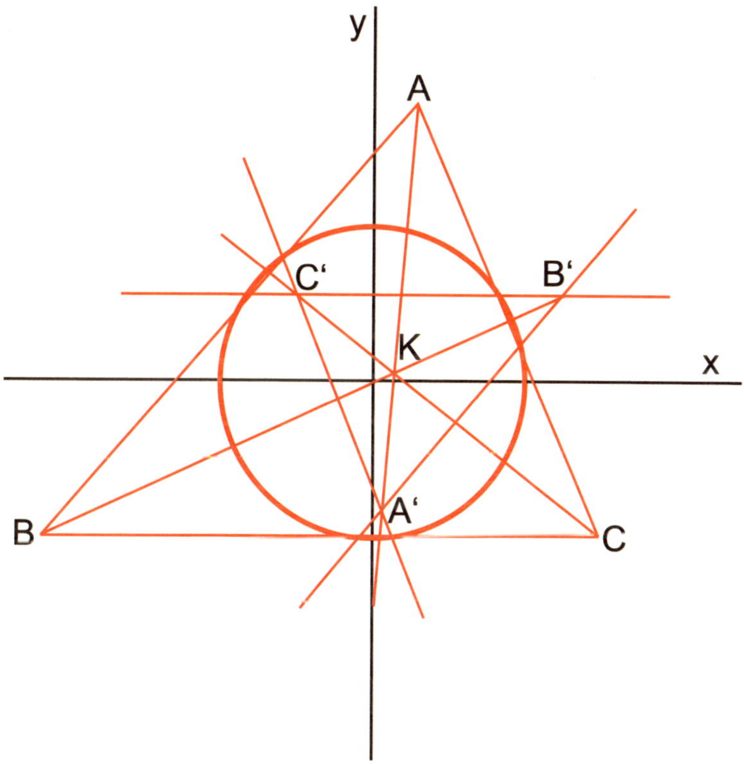

Círculos de Apolonio

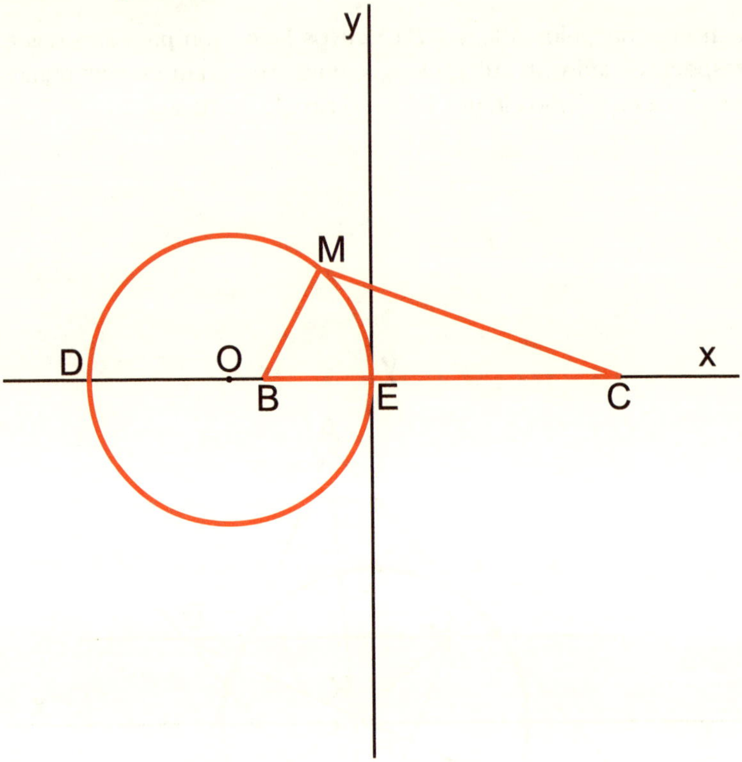

Si B y C son dos puntos del plano, el lugar geométrico de los puntos M del plano cuya relación $\frac{MB}{MC}$ es una constante positiva ($k > 0$), es un círculo cuyo centro se sitúa sobre la recta BC, llamada recta de Apolonio.

Los puntos de intersección D y E de la recta BC con el círculo cumplen la propiedad

$$\frac{DB}{DC} = \frac{EB}{EC} = k$$

Los puntos B, C, D y E forman proporción armónica.

Apolonio de Perga[90] (siglo III a.C.) había estudiado con Aristeo y Menecmo, y recopiló los saberes de los geómetras griegos sobre curvas cónicas en su obra *Sobre las secciones cónicas* y en *Contacto de las líneas rectas con*

(90) Apolonio de Perga (Apollonius, Pergaeus): *Apollonii Pergaei quae Graece exstant cum commentariis antiquis/edidit et Latine interpretatus est I. L. Heiberg.* Leipzig: Teubner, 1891-1893. (Serie: Bibliotheca scriptorum Graecorum et Romanorum Teubneriana).

el círculo. Fue uno de los primeros en separar la matemática de la filosofía, como una especialización, y en lograr aplicaciones prácticas de ella, particularmente, como en el caso que nos ocupa, hacia la cartografía. El problema de Apolonio consiste en construir en un plano una circunferencia tangente a tres circunferencias dadas. La forma de resolverlo consiste en utilizar el método de inversión. Cada una de las ocho circunferencias posibles que se pueden tangenciar se denominan *círculos de Apolonio*.

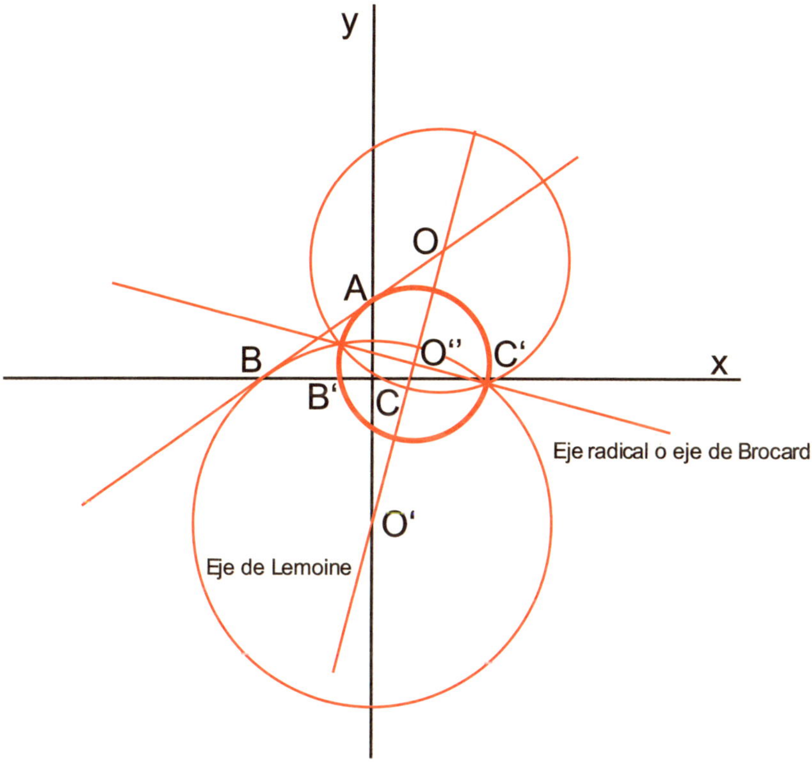

Eje de Lemoine Δ; Eje radical o Eje de Brocard Δ′

Se conoce como círculo de Apolonio relativo al círculo A, al círculo de diámetro $B'C'$, en el que los puntos B' y C' son las intersecciones de las bisectrices interior y exterior del ángulo $\widehat{BAC}$ con la recta BC. Este círculo pasa por A.

Análogamente se definen los círculos de Apolonio relativos a B y a C. Los centros de los tres círculos están alineados sobre el eje de Lemoine Δ′.

Círculos de Torricelli

Los círculos de Torricelli referidos a un triángulo *ABC*, son los círculos circunscritos a tres triángulos equiláteros construidos sobre cada uno de los lados del triángulo *ABC*. Evangelista Torricelli (1608-1647) probó que los tres círculos tienen un punto en común y en el caso de un triángulo acutángulo, ese punto común recibe el nombre de *punto de Torricelli*. En la imagen, el punto *T* es el punto de Torricelli.

Según el teorema de V. Schruttka, cuando el triángulo es acutángulo, el punto de Torricelli es único, y además la suma de las distancias a los vértices es minimal y los segmentos que unen el punto con los tres vértices *A*, *B* y *C*, forman ángulos de 120°.

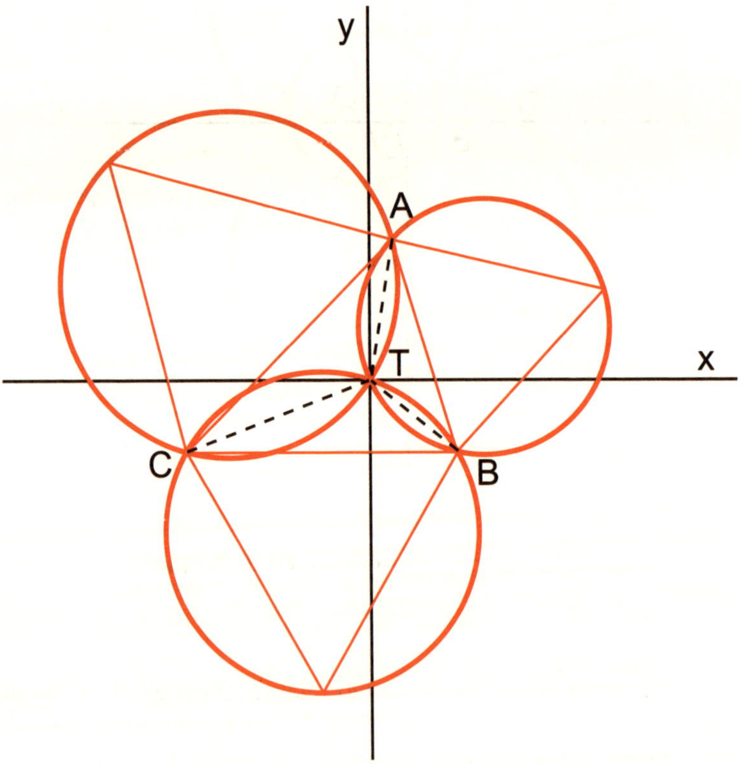

Cisoide

Sean las curvas C_1 y C_2 con ecuaciones en coordenadas polares $\rho_1 = f_1(\theta)$ y $\rho_2 = f_2(\theta)$. La cisoide generada por C_1 y C_2, es la curva C que tiene por ecuación $\rho = f_1(\theta) - f_2(\theta)$. La cisoide recta tiene por ecuación general cartesiana:

$$y^2(a-x) = x^2(x+2r-a) \qquad \text{con } a > 0 \text{ y } r > 0 \text{ y } a = 2r$$

Si $a = r$ se trata de una estrofoide; si $a < 2r$ es una cicloide alargada; si $a > 2r$ es una cicloide reducida.

Si denominamos a las curvas C_1 y C_2 y O al punto fijo, tal que una recta desde O corta a C_1 en P y a C_2 en Q, el lugar de los puntos M tal que $OM = PQ$ formará la cisoide. Si C_1 es un círculo y C_2 es tangente a C_1 y M es el punto situado en el extremo del diámetro de C_1 opuesto al de tangencia, entonces es una cisoide de Diocles.

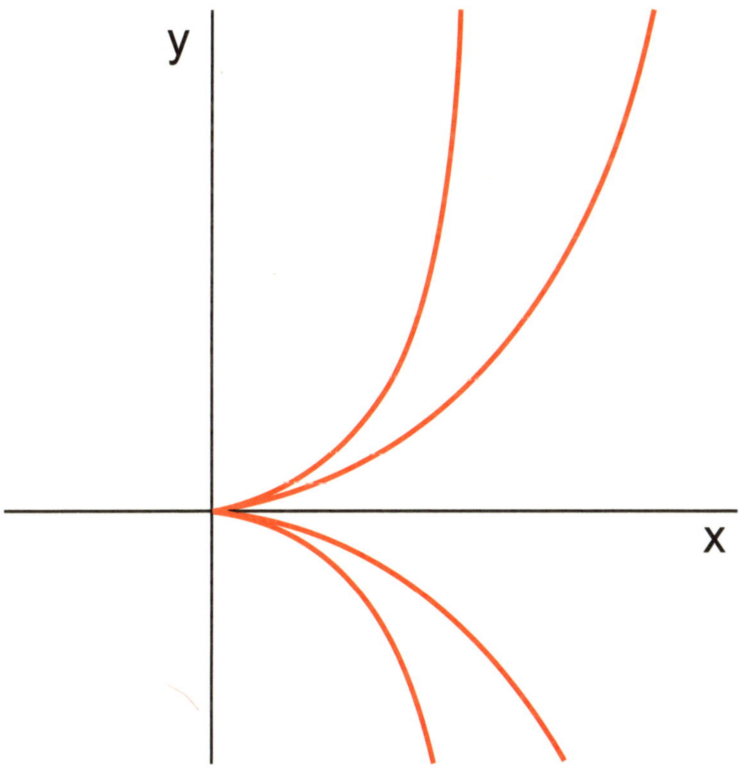

Cisoide alargada[91]

Ecuación cartesiana: $y^2(a - x) = x^2(x + 2r - a)$, con $r > 0$ y $a > 2r$.

La curva tiene asíntota en $x = a$ y el eje de las x ($y = 0$) es un eje de simetría. Si $a > 2r$ el origen de coordenadas es un punto aislado.

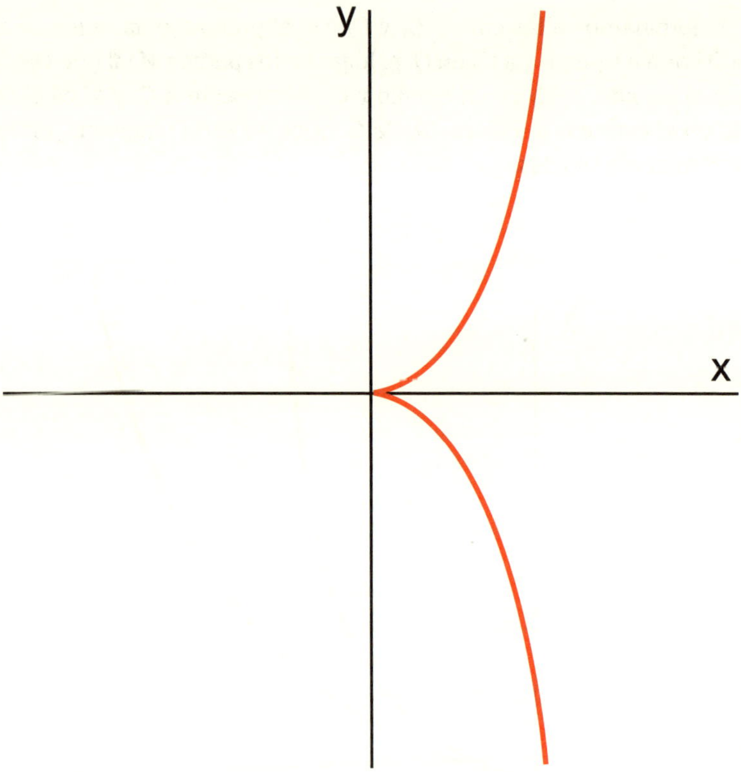

Gráfica para a = 2,25 y r = 1

(91) Ver cisoides en crestomatía.

Cisoides de cuarto orden

(Ver cisoides de orden cuarto).

Cisoides de curvas de segundo orden

Ecuación cartesiana: $(x-k)(y^2-qx^2)+2px^2=0$, cuando la curva generatriz es de la forma $y^2=2px+qx^2$. Si $q<0$, elipse; si $q=0$, parábola; si $q>0$, hipérbola; y recta si $x=k$.

Ecuación polar:

$$\rho=\frac{k}{\cos\theta}-\frac{2p\cos\theta}{\operatorname{sen}^2\theta-q\cos^2\theta}$$

Ecuaciones paramétricas cartesianas:

$$\begin{cases} x = k+\dfrac{2p}{q-t^2} \\ y = kt+\dfrac{2pt}{q-t^2} \end{cases} \quad \text{con } p>0 \text{ y } k \text{ distinto de cero}$$

Si es el caso de la elipse, se trata de curvas continuas si $0<k\leq\frac{-2p}{q}$, que tienen una asíntota vertical en $x=k$ y son simétricas respecto del eje de las $x\,(y=0)$. Para $q+\frac{2p}{k}>0$, el origen es un nodo y las rectas $y=\pm x\sqrt{q+\frac{2p}{k}}$ son tangentes en el mismo. Si $qk+2p=0$ es un punto cúspide y el eje de las $x\,(y=0)$ es tangente en dicho punto. Si $k<0$ o $q+\frac{2p}{k}<0$ es un punto aislado.

Si es el caso de la parábola, la curva es continua, solo en el caso de $k>0$. La recta $x=k$ es una asíntota vertical y el eje de abscisas es un eje de simetría. El centro es un nodo cuando $k>0$ y las rectas $y=\pm x\sqrt{\frac{2p}{k}}$ son tangentes en el mismo.

Si es el caso de la hipérbola, la curva no es continua; el eje de las $x\,(y=0)$ es un eje de simetría; la recta $x=k$ es un asíntota vertical; y las rectas $y=\pm\sqrt{q}\left(x+\frac{p}{\sqrt{q}}\right)$ son asíntotas inclinadas. Igual que en la elipse, si $k<0$, para $q+\frac{2p}{k}>0$, el origen es un nodo y las rectas $y=\pm x\sqrt{q+\frac{2p}{k}}$ son tangentes en el mismo. Si $qk+2p=0$ es un punto cúspide y el eje de las $x\,(y=0)$ es tangente en dicho punto. O si $q+\frac{2p}{k}<0$ es un punto aislado. Si $k>0$, el origen es un nodo y las rectas $y=\pm x\sqrt{q+\frac{2p}{k}}$ son tangentes en el mismo.

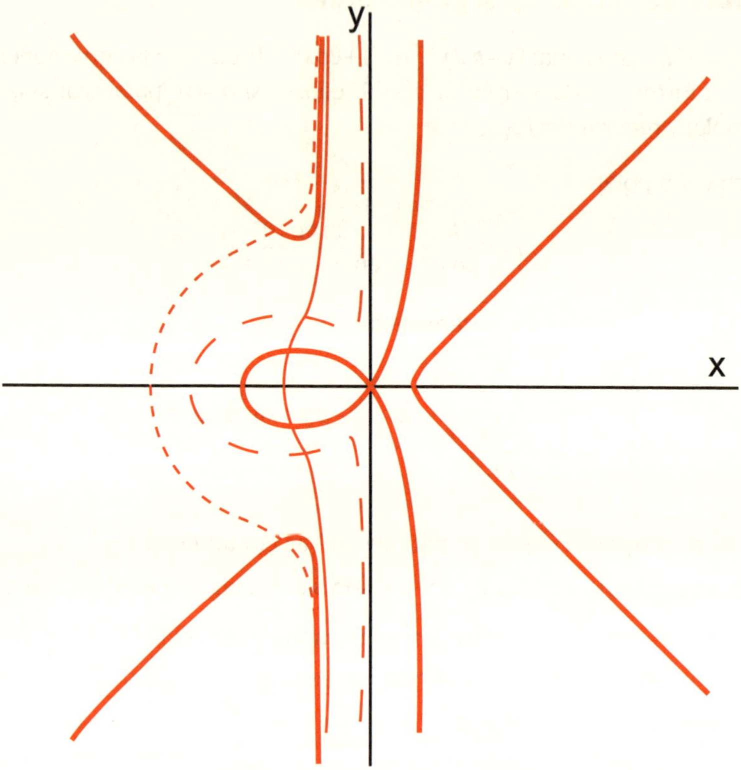

Caso 1: q = –1/2, p = 1, k = 1; q = –1/2, p = 1, k = –1/5
Caso 3: q = 1, p = 1, k = –1; q = 1/2, p = 2, k = –1;
q = 1, p = 1, k = 1

Como casos especiales de cisoides de orden cuarto, citaremos el folium cartesiano y la trisectriz de Longchamps.

Cisoide de Diocles

Ecuación cartesiana: $x\,(x^2+y^2) = 2ay^2$, con $a > 0$. O bien $y^2 = \dfrac{x^3}{2a - x}$.

Ecuación polar: $\rho = 2a \tan\theta \; sen\,\theta$ o bien $\rho = 2a(\sec\theta - \cos\theta)$, siendo a el radio de la circunferencia y θ el ángulo del eje que gira con respecto al eje positivo de las x.

Ecuaciones paramétricas: $\begin{cases} x = \dfrac{2at^2}{1+t^2} \\ y = \dfrac{2at^3}{1+t^2} \end{cases}$

O bien $\begin{cases} x = \dfrac{2a}{1+t^2} \\ y = \dfrac{2a}{t(1+t^2)} \end{cases}$

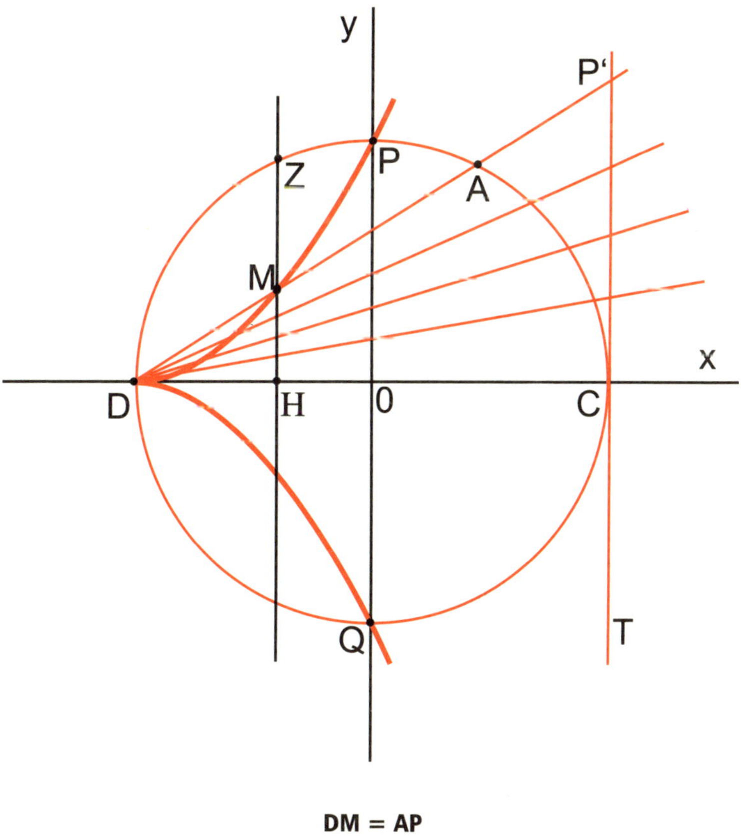

DM = AP

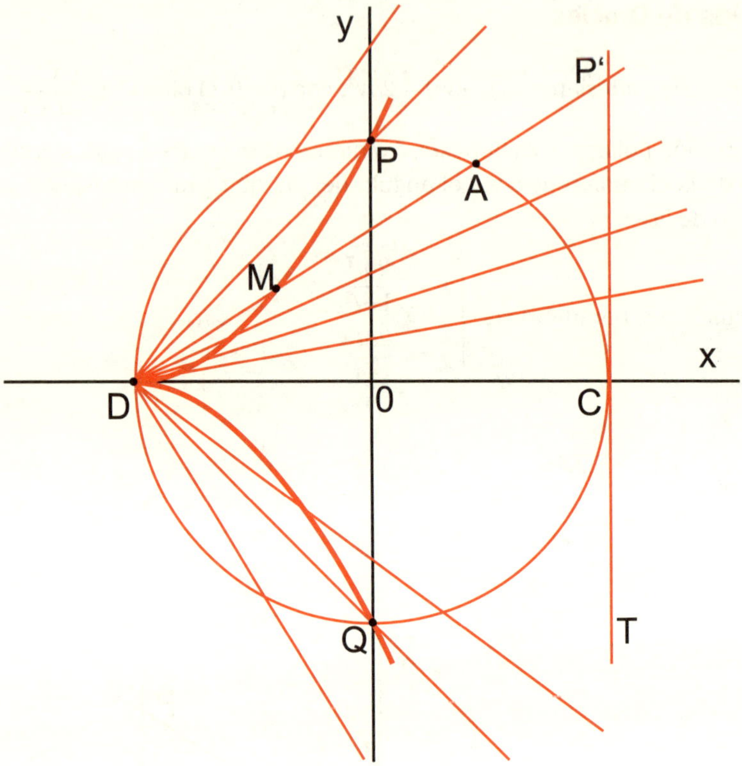

DM = AP

La cisoide de Diocles es la ruleta generada por el vértice de una parábola rodando sobre una parábola igual. Es una cúbica unicursal continua e ilimitada con un eje de simetría y un punto de retroceso. La recta $x = 2a$ es una asíntota vertical y el eje $y = 0$ es un eje de simetría. El centro de coordenadas es un vértice, o punto cuspidal, y el eje de las x es una tangente en dicho punto. El área entre la curva y su asíntota es $3\pi a^2$. Dentro de las curvas cisoides es un caso particular de cisoide oblicua.

Si los puntos P' y Q están en la cisoide de manera que $P'Q$ subtiende un ángulo recto a O entonces el lugar geométrico de intersección de las tangentes a P' y Q queda en el círculo con diámetro $(a/2, 0)$, $(2a, 0)$.

Tal como se comprueba en el dibujo anterior, la cisoide se puede generar a partir de una tangente en C a un círculo de radio a y del punto D diametralmente opuesto al punto de contacto de la tangente con el círculo. Toda recta que pase por D, y no sea paralela a la tangente, corta al círculo en un punto A y a la tangente la corta en un punto P. Cuando el punto A recorre el círculo, los

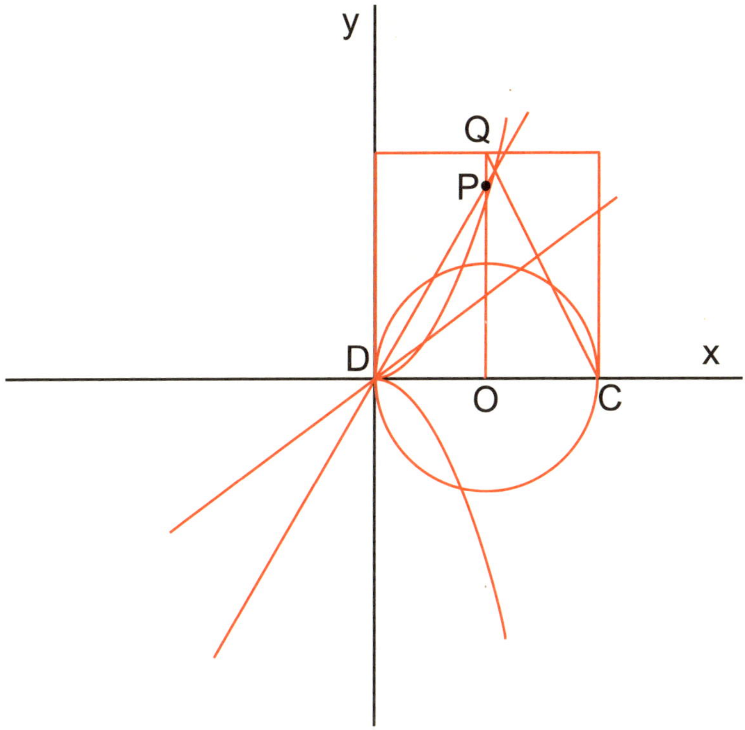

puntos M, tales que $DA=PM$, describen una cisoide de Diocles, con el punto D como punto de retroceso y el diámetro DC como eje de simetría (figura primera).

En general, dadas dos curvas C_1 y C_2 y un punto fijo O, las cisoides se generan trazando rectas desde O que cortan a C_1 en Q y a C_2 en R. Son el lugar geométrico de los puntos M tal que $OM=QR$.

La curva podaria de la cisoide, cuando el punto de la podaria está en el eje más allá de la asíntota, a distancia cuatro veces del vértice de la asíntota, es una cardioide. Por el contrario, la podaria de una parábola con relación a su vértice es una cisoide de Diocles.

Si se toma como centro de inversión el vértice de la cisoide, la cisoide se invierte en una parábola.

La cáustica de la cisoide cuando se toma el punto radiante como $(8a, 0)$ es una cardioide.

Esta curva, cuyo significado del término es forma de hiedra, fue ideada por Diocles (240-180 a.n.E.), aproximadamente en el año 180 a.n.E., en rela-

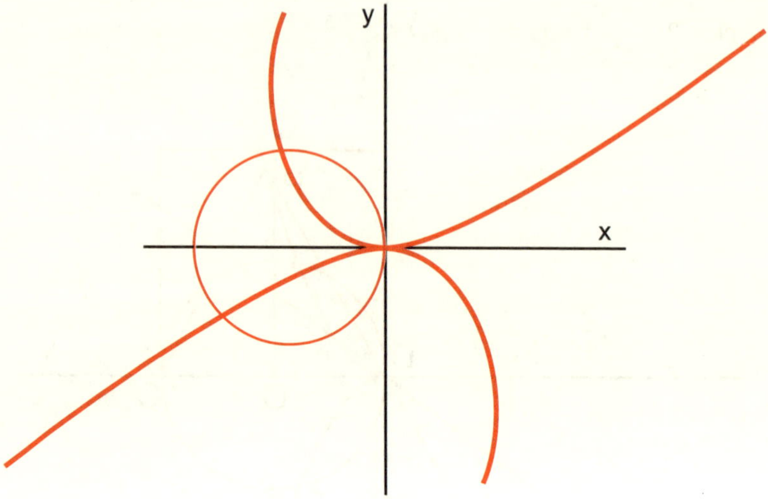

ción con los intentos de resolver el problema de duplicar el cubo por métodos geométricos. Permite calcular la $\sqrt[3]{2}$, tal como vemos en la página anterior: en el cuadrado de lado $DC = 2$, construimos el segmento OQ en la mitad del lado DC, de forma que CQ corta a la cisoide en un punto que uniéndolo con el D, obtenemos el punto P. El segmento $DP = \sqrt[3]{2}$, cuestión que se demuestra sencillamente.

El nombre aparece por primera vez en un trabajo de Gémino (10 a.n.E.-60). Pierre de Fermat[92] (1601-1665) y Gilles Personne de Roberval[93] (1602-1675) construyeron la tangente para su generación en 1634. Huygens (1629-1695) y John Wallis[94] (1616-1703) encontraron, en 1659, que el área entre la curva y su asíntota era igual a $3\pi a^2$.

Isaac Newton (1642-1727) desarrolló un método de dibujo para la cisoide de Diocles, usando dos segmentos de longitud igual y ángulos rectos. Si se mueven de manera que una línea siempre pase por un punto fijo y el extremo del otro segmento se deslice a lo largo de una línea recta, entonces los puntos medios del deslizamiento del segmento de la línea deslizada trazan una cisoide de Diocles.

---

(92) Pierre de Fermat: *De tangentibus linearum curvarum*. 1634.

(93) Gilles Personne de Roberval: *Escritos del Collège Royale*, 1634. Y *Observations sur la composition des mouvements et sur le moyen de trouver les touchantes des lignes courbes*. París: Académie des Sciences, 1693.

(94) John Wallis: *De Cysoide et corporibus inde genitis et de Curvarum tum superficierum (...)* Londres, 1659.

Diocles (240-180 a.n.E.) fue contemporáneo de Nicomedes (280-210 a.n.E.). Estudió la cisoide en relación con su afán por resolver el problema de hallar la longitud del lado de un cubo cuyo volumen fuera dos veces el de un cubo dado (duplicación del cubo). También estudió el problema de Arquímedes de cortar una esfera por un plano de tal manera que los volúmenes de las dos partes tengan una proporción dada. La atribución de la cisoide a Diocles se comprueba en los comentarios de Arquímedes de Siracusa (287-212 a.n.E.), en su libro *La esfera y el cilindro*. En ellos Arquímedes afirma que la cisoide fue creada por Diocles y a él se atribuye.

Cisoide de orden cuarto

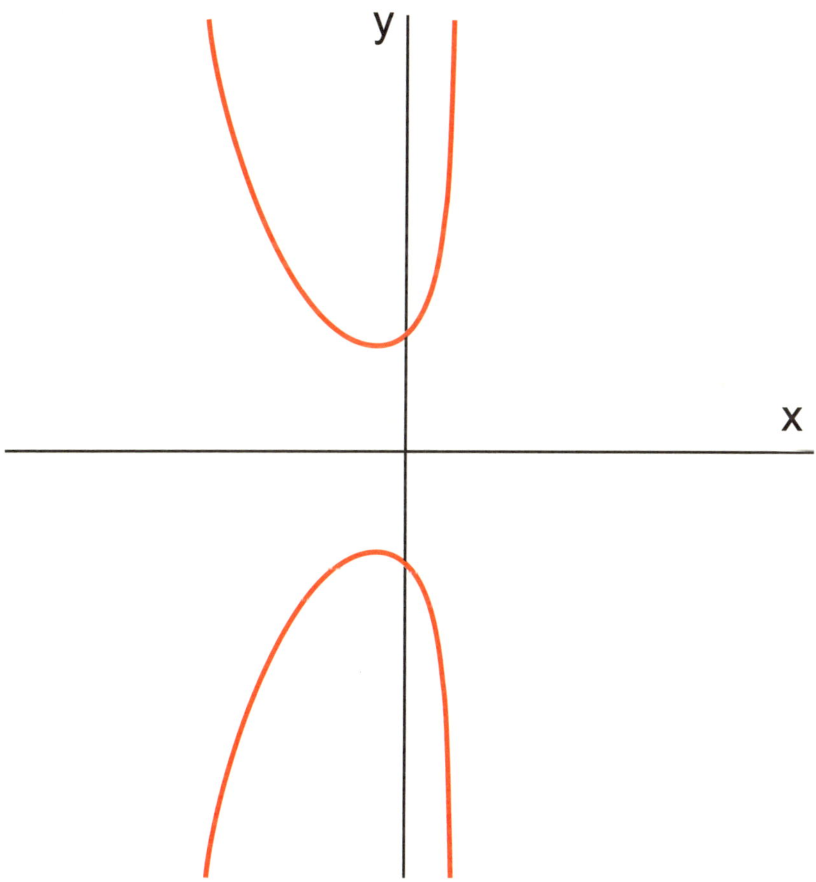

Ecuación cartesiana: $y^2(k^2 - (a+x)^2)=(x^2+k^2 - a^2)^2$, con $a > 0$, $k > 0$ y a diferente de k.

Es una cuártica con dos ramas simétricas con respecto al eje de las x ($y = 0$) que tiene por asíntotas verticales las rectas $x+a \pm k = 0$. Si $a > k$ los puntos $(-\sqrt{a^2 - k^2}, 0)$ son nodos y las rectas

$$y = \pm (x + \sqrt{a^2 - k^2}) \sqrt{\frac{2(a^2 - k^2)}{a - \sqrt{a^2 - k^2}}}$$ son tangentes en dichos nodos.

Cisoide oblicua

Ecuación cartesiana: $(x^2+y^2)(x \cos \alpha + y \operatorname{sen} \alpha) = 2ay^2$, donde α es el ángulo (BN, BO) de la figura de la página siguiente, $a > 0$ y $0 \leq \alpha < \frac{\pi}{2}$.

O bien $x(x^2+y^2) = 2a(x \operatorname{sen} \alpha + y \cos \alpha)^2$.

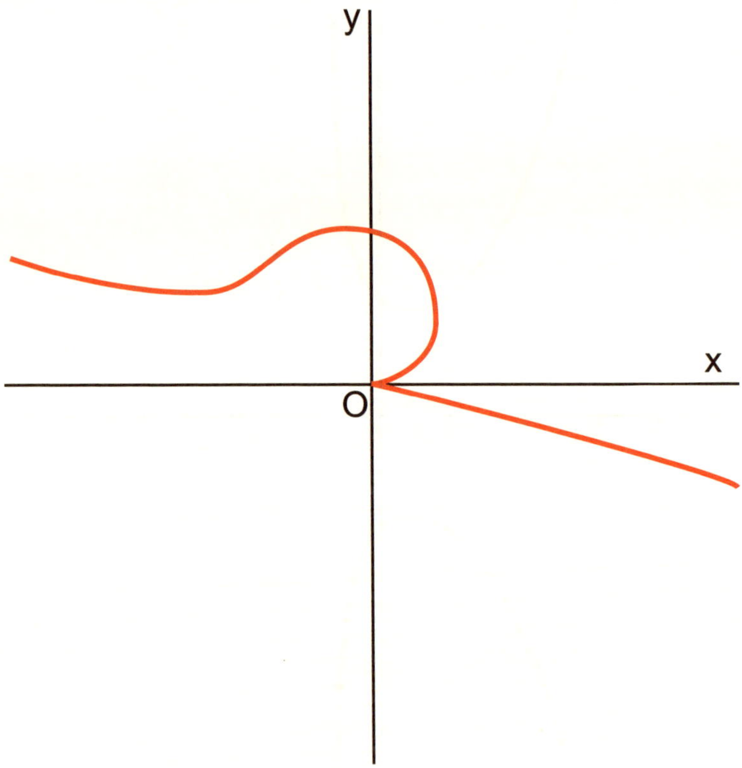

a = –2

Ecuación en coordenadas polares: $\rho = \dfrac{2a \operatorname{sen}^2 \theta}{\cos(\theta - \alpha)}$

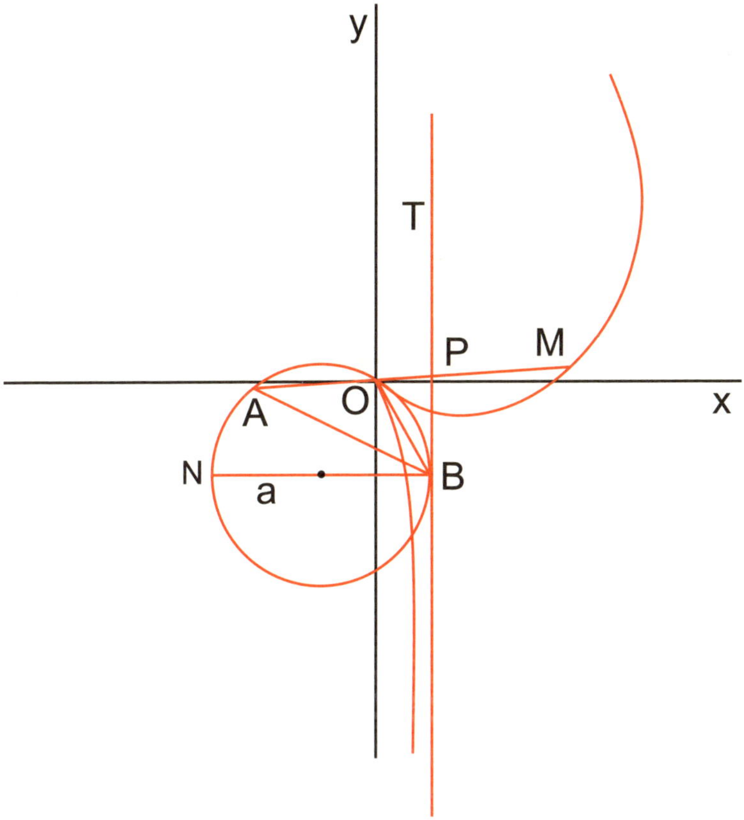

Ecuaciones paramétricas: $\begin{cases} x = \dfrac{2at}{(1+t^2)(\operatorname{sen}\alpha + t\cos\alpha} \\ y = \dfrac{2a}{(1+t^2)(\operatorname{sen}\alpha + t\cos\alpha)} \end{cases}$

La cisoide oblicua es una cúbica circular unicursal con un punto de retroceso o cúspide, el (0, 0) en el que es tangente a la recta $y = 0$. La curva se engendra a partir de una tangente T en el punto B, a un círculo de radio a y de un punto O de la circunferencia. Toda recta que pasa por O y no sea paralela a T, corta a la circunferencia en A y a la tangente en P. Cuando A describe la circunferencia, el punto M tal que $OM = AB$ describe una cisoide de la que O es el punto de retroceso.

Es una curva ilimitada y continua con una asíntota inclinada, la recta $x\cos\alpha + y \operatorname{sen}\alpha - 2a^2\cos^2\alpha = 0$ y un vértice en el punto $(2a, 2a\cot\alpha)$.

La podaria de una parábola con relación al punto O es una cisoide oblicua con O punto de retroceso.

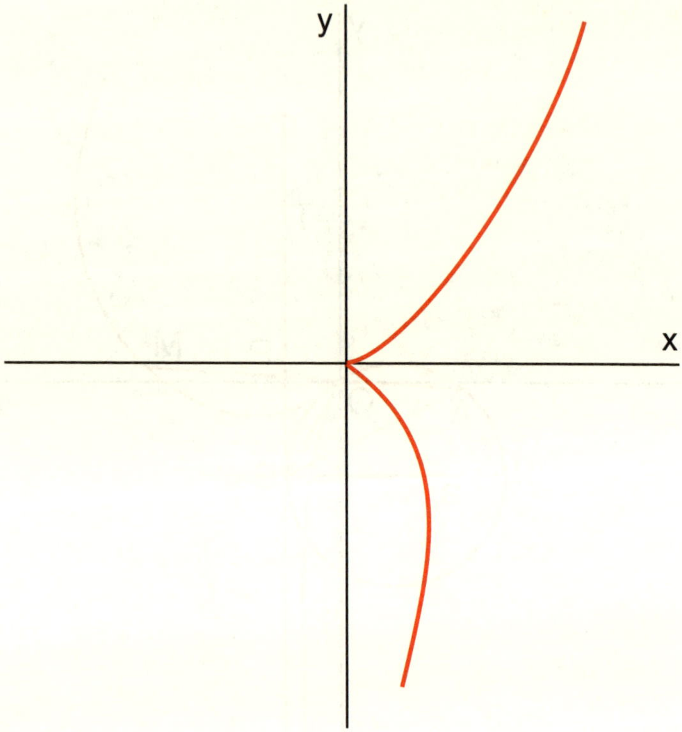

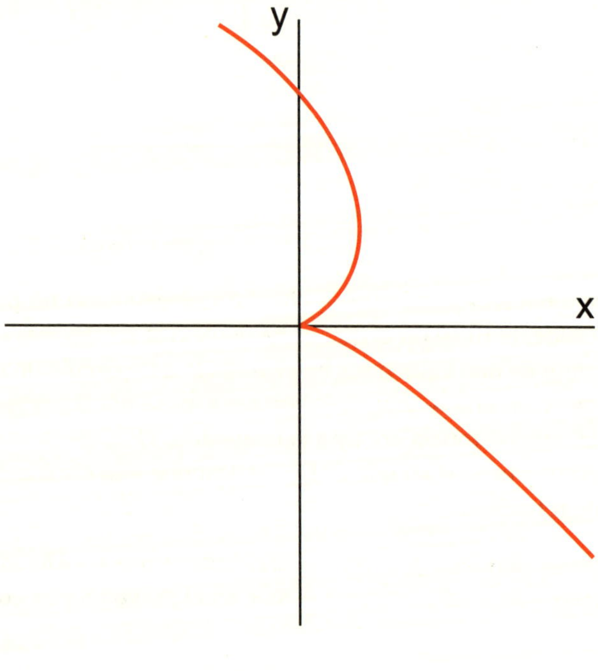

$\alpha = 0{,}50$; a = 1

Cisoide reducida[95]

Ecuación cartesiana: $y^2(a-x) = x^2(x+2r-a)$, con $2r > a > 0$.

La curva tiene asíntota en $x = a$ y el eje de las x ($y = 0$) es un eje de simetría. El origen de coordenadas es un nodo si $a < 2r$ y las rectas

$$y = \pm x\sqrt{\frac{2r-a}{a}}$$

son tangentes en dicho nodo. Si $a = 2r$ es un punto cúspide y el eje de abscisas es tangente en dicho punto.

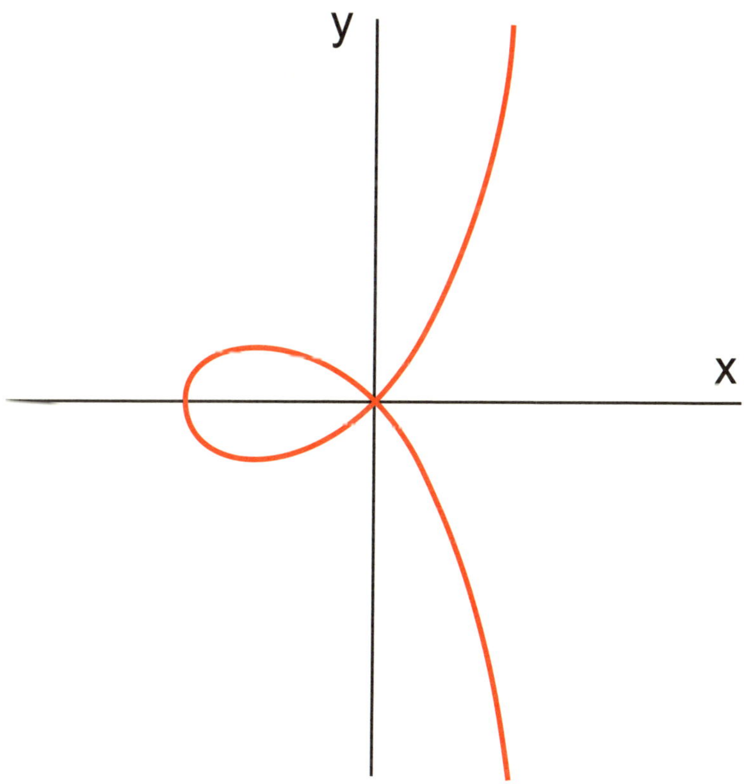

(95) Ver cisoides en crestomatía.

Clinoide

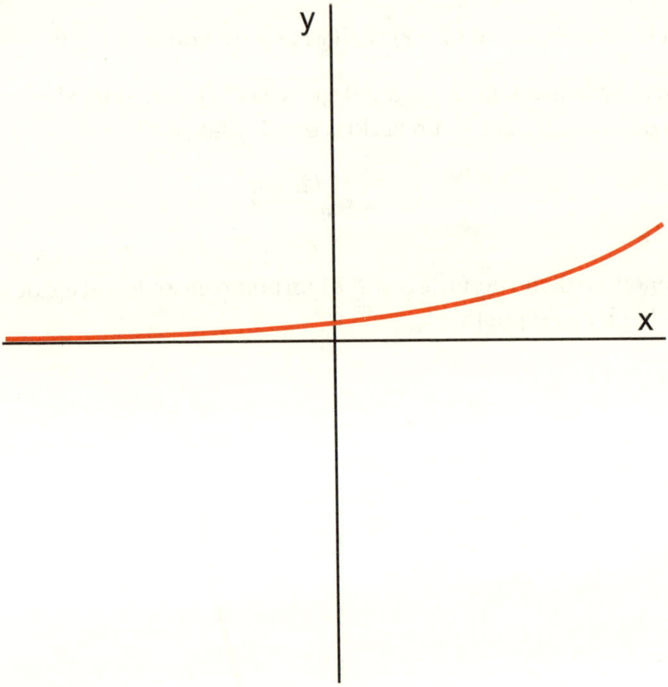

b = 1/2, c = –1/3, a = 2

Ecuación cartesiana: $y = be^{\frac{x}{a}} + ce^{-\frac{x}{a}}$.

La ecuación de la curva es la solución general de la ecuación diferencial $a^2y'' = y$. Casos particulares de clinoides: si $b = c = a/2$ es la catenaria; si b o c son 0, es la exponencial.

El nombre proviene del término griego *klinê*, $\kappa\lambda\iota\nu$, que significa inclinado y también un hueso craneal.

La ecuación cartesiana nos revela fácilmente que es un caso similar a la anaclinoide y como aquella, fue descubierta y nombrada por Heinzerling en 1869. La anaclinoide es la contraria, esto es, cuando la exponencial del segundo sumando es positiva: $y = be^{\frac{x}{a}} + ce^{\frac{x}{a}}$. Las anaclinoides son casos especiales de curvas exponenciales, siendo su gráfica muy similar a la de la exponencial clásica. Las anaclinoides fueron utilizadas por Heinzerling[96] en el cálculo de construcciones.

(96) Ver *Zeitschrift für Bauwesen*, 1869 y 1972.

Clotoide

Es la generalización de la espiral de Cornu. Fue estudiada por Jacob Bernoulli (1654-1705), en 1705; Leonhard Euler[97] (1707-1783), en 1743; Jean Fresnel (1788-1827), en 1818 ; por el físico francés Marie-Alfred Cornu (1841-1902), en 1864, en *Comptes Rendus de l'Académie des Sciences* (1864, p. 113); y Ernesto Cesàro[98] (1859-1906), en 1896.

También se conoce como espiral de Fresnel o espiral de Euler[99]. La forma de la curva recuerda al hilo enrollado en el ovillo y su nombre deriva del griego (*klotein*, *κλοτειν*, hilar la lana) y tiene ese significado. Es la curva plana trascendente que describe un móvil con velocidad constante v, de forma que la curvatura varía linealmente. Las clotoides se utilizan en el trazado de vías de comunicación. Una típica clotoide es la rueda de hilar o rueca.

La curva de Mannheim de una clotoide es una hipérbola equilátera[100].

Cocleoide (caracol)

Ecuación cartesiana: $y = x \tan \dfrac{ay}{x^2+y^2}$, con $a > 0$.

O bien $(x^2+y^2) \operatorname{arc\,tan} \dfrac{y}{x} = ay$.

Ecuación polar: $\rho = a \dfrac{\operatorname{sen} \theta}{\theta}$.

Ecuaciones paramétricas cartesianas: $\begin{cases} x = a \dfrac{\operatorname{sen}^2 \theta}{2\theta} \\ y = a \dfrac{1 - \cos^2 \theta}{2\theta} \end{cases}$

Es una curva transcendente y continua, cerrada y simétrica con respecto al eje de las x ($y = 0$). El origen de coordenadas cartesianas es un punto singular de osculación y la recta $y = 0$ es tangente en dicho punto.

Es el lugar geométrico de los extremos de un arco de circunferencia de longitud fija a en el que el otro extremo es fijo y es tangente a una recta fija. La co-

(97) Leonhard Euler: *Leonhard Euler, Opera Omnia*. Leipzig: Teubner, 1911.

(98) Ernesto Cesàro: *Lezioni di geometria intrinseca*. Nápoles: [el autor], 1896.

(99) Ver espiral de Cornu.

(100) Ver curva de Mannheim.

cleoide es la curva baricéntrica de un círculo. También es la inversa con respecto al centro, y potencia a^2, de la cuadratriz de Dinostrato, que recordemos tiene por ecuación cartesiana

$$\frac{x}{y} = \cot \frac{y}{a}$$

Los puntos de contacto de un sistema de tangentes paralelas a la cocleoide, forman una estrofoide. Si el ángulo que forman con el eje positivo de las x, es de 90°, la estrofoide es recta; si es menor se trata de una estrofoide oblicua; y si es 0, es un círculo.

El nombre de la curva proviene del vocablo latino *cochlea*, que a su vez proviene del griego *koklias*, κοκηλιασ, que significa concha, cáscara o forma de caracol. Fue estudiada por J. Peck en 1700. También por John Wallis[101]

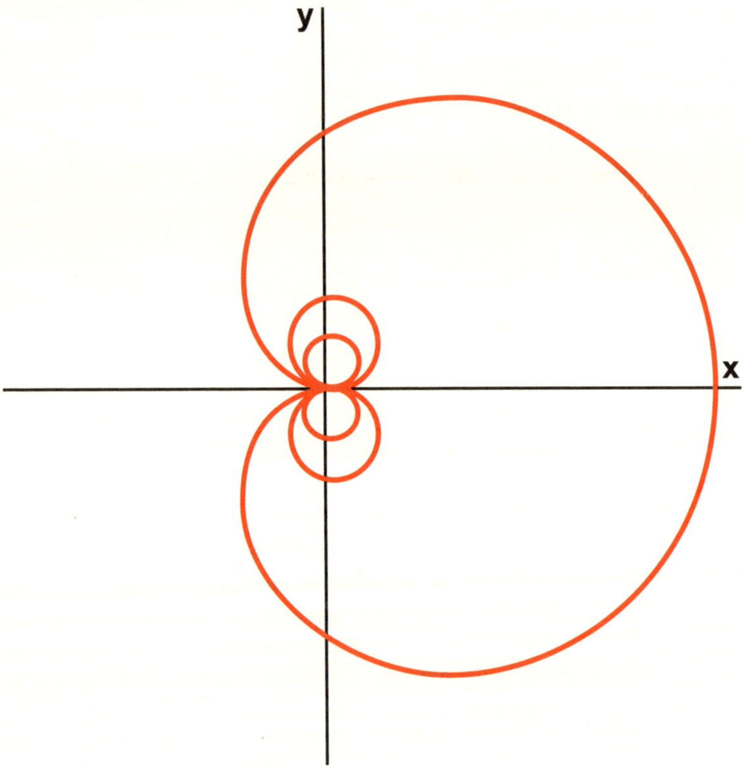

a = 2

(101) John Wallis: *A treatise of algebra, both historical and practical*. London: [s.n.], 1685.

(1616-1703) en 1685, Johann Bernoulli (1667-1748) en 1726, Ernesto Cesàro[102] (1859-1906) en 1878 y Falkenburg[103] en 1884. La forma dada aquí es debida al belga Joseph Jean Baptiste Neuberg[104] (1840-1926). El nombre fue dado en 1884 por Benthan[105] y Falkenburg. Su nombre en forma latina se debe a Wallis y el de cocleoide a Falkenburg.

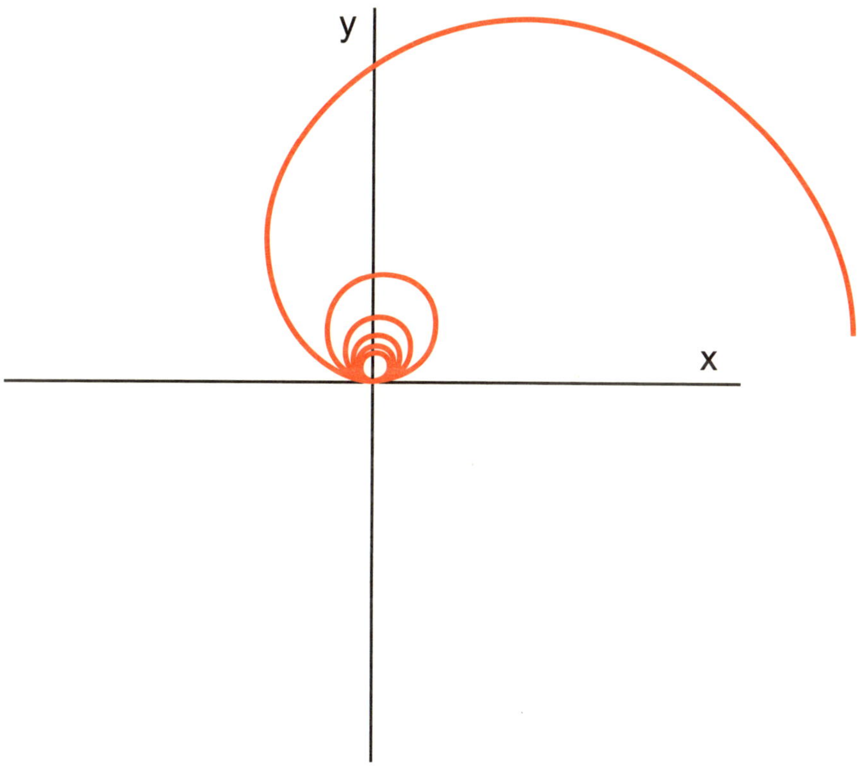

(102) Ernesto Cesàro: *Lezioni di geometria intrinseca*. Nápoles: [el autor], 1896.

(103) Falkenburg: "Die Cichleoide". En: *Niew Archief*, 1864.

(104) Joseph Jean Baptiste Neuberg: *Mémoire sur le tétraèdre*. Bruselas: Hayez, 1884.

(105) Bentham: en *Niew Archief voor Wiskunde*, 1884. Vol. 10, pp. 76-80.

Concoide

La fórmula de la concoide en coordenadas paramétricas cartesianas con el polo en (a, b) y base la curva γ con ecuaciones paramétricas $x = x(t)$, $y = y(t)$, viene dada por las expresiones:

$$X = x(t) \pm \frac{x(t) - a}{\sqrt{(x(t) - a)^2 + (y(t) - b)^2}} k$$

$$Y = y(t) \pm \frac{y(t) - b}{\sqrt{(x(t) - a)^2 + (y(t) - b)^2}} k$$

En coordenadas polares es $\rho = f(\theta) \pm a$, donde $\rho = f(\theta)$ es la función de la curva de partida.

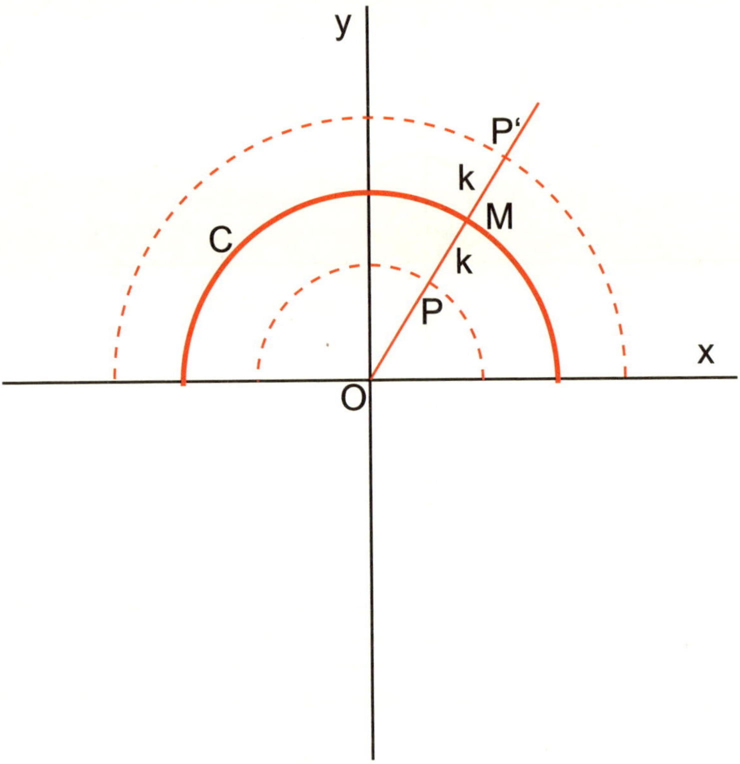

Sea C una curva o recta; O un punto fijo; M un punto de la curva y k una constante real positiva. Sean P y P' dos puntos en una recta de O a C, donde las distancias $P'M = MP = k$ y donde k es un valor constante. Cuando M describe la curva o la recta, el lugar geométrico de los puntos P y P' alineados con O y M que cumplen la condición indicada de $P'M = MP = k$, se llama la concoide de C relativa a O y k. El punto fijo O recibe el nombre de polo.

Si C es un círculo y O está en C entonces la concoide es un limaçón, mientras en el caso especial que k es el diámetro de C, entonces la concoide es una cardioide. Si C es una recta entonces la concoide es la de Nicomedes (280-210 a.n.E.).

Se llaman concoides[106] a las curvas que tienen forma de concha. Se llaman así a todas las curvas que son una generalización del método de la concoide de Nicomedes, creado por el geómetra griego hacia el 225 a.n.E para resolver la trisección del ángulo.

Concoide de Slüse

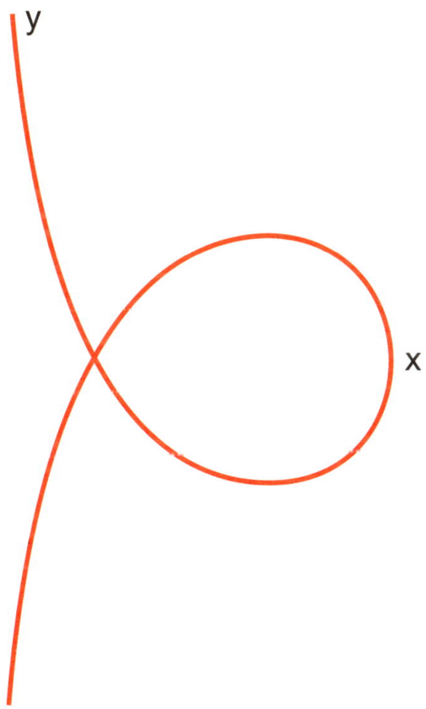

Ecuación cartesiana: $a(x-a)(x^2+y^2)=k^2x^2$, con $a>0$ y $k>0$.

(106) Del griego *kogkhoeidês*, *κογκηοειδ*, que significa concha o cáscara.

Ecuación polar: $a(\rho\cos\theta - a) = +k^2\cos^2(\theta)$; o bien $r = a + \dfrac{b}{\cos\theta}$.

Ecuaciones paramétricas: $$\begin{cases} x = a + \dfrac{k^2}{a(1+t^2)} \\ y = \left(a + \dfrac{k^2}{a(1+t^2)}\right)t \end{cases}$$

Se trata de una cúbica, o curva algebraica de tercer grado. Es una curva discontinua (una rama infinita y un punto aislado) e infinita que tiene una asíntota en la recta $x = a$ y un eje de simetría en el eje de abscisas $y = 0$. El origen de coordenadas es un punto singular aislado y el punto $\left(\dfrac{a^2+k^2}{a}, 0\right)$ está situado a la máxima distancia del eje de las y.

Otra variante de la concoide de Slüse tiene por ecuación cartesiana:

$$a(x-a)(x^2+y^2) = -k^2x^2, \text{ con } a > 0 \text{ y } k > 0$$

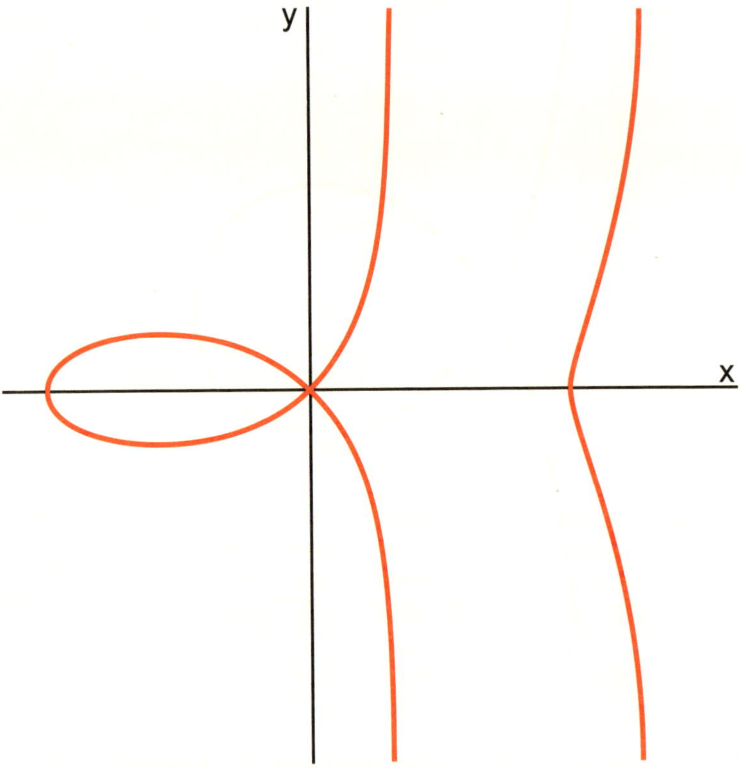

Las gráficas de la curva para el caso de la fórmula anterior si
a = 0,5 y k = 1
a = 2 y k = 1

Ecuación en coordenadas polares: $a(\rho\cos\theta - a) = -k^2\cos^2\theta$.

Ecuaciones paramétricas: $$\begin{cases} x = a - \dfrac{k^2}{a(1+t^2)} \\ y = \left(a - \dfrac{k^2}{a(1+t^2)}\right)t \end{cases}$$

En este caso la curva también es simétrica respecto del eje de las x, tiene una asíntota en $x = a$ y es continua para k mayor o igual que a y discontinua para $k < a$. Ahora el (0, 0) es un punto aislado para $k < a$; o un punto cuspidal si $a = k$, siendo el eje de las x tangente en dicho punto; o un nodo si $k > a$, siendo las rectas $kx \pm ay = 0$ tangentes en el nodo. El punto que está a la máxima distancia del eje de las y es

$$\left(\frac{a^2 - k^2}{a}, 0\right)$$

Esta curva fue construida en primer lugar por René de Slüse en 1662.

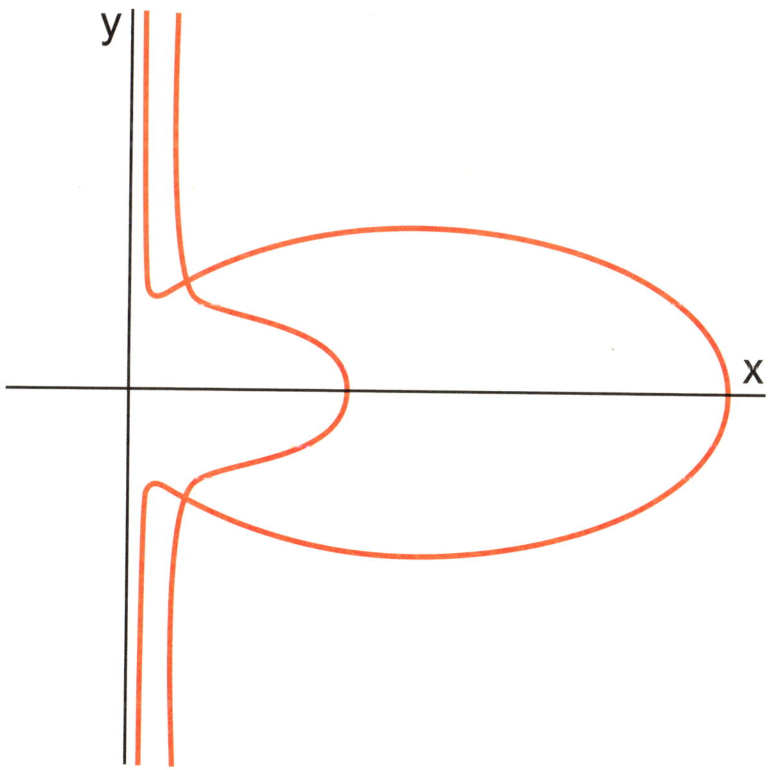

Gráficas para a = 0,15 y k = 1
a = 0,5 y k = 1

René François Walter, barón de Slüse[107] (1622-1685), fue un hombre influyente en la iglesia, canónigo y miembro del consejo privado del obispo de Lieja y también fue un buen matemático. Contribuyó a la geometría de las curvas espirales y al hallazgo de métodos geométricos para esas construcciones. También inventó un método general para determinar puntos de inflexión de una curva. Introdujo el concepto de tangente a una curva.

Pascal bautizó las curvas algebraicas estudiadas por Slüse como perlas de Slüse cuando vienen dadas con la fórmula $y^m = ax^n(b-x)^p$, en la que m, n y p son números naturales; a y b números reales y alguno de los parámetros debe ser no nulo.

Concoide de Durero

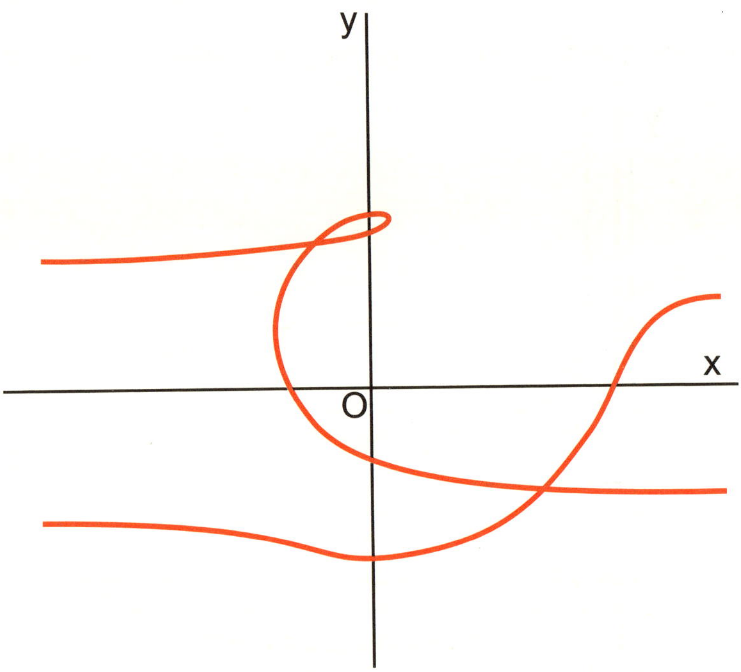

Ecuación cartesiana: $(xy+b^2-y^2)^2 = (x+y-a)^2(b^2-y^2)$, con $a > 0$ y $b > 0$.

(107) René François Walter, barón de Slüse: "Correspondance de René-Francois de Slüse", publiée pour la première fois et précédée d'une Introduction/par M. C. La Paige. En: *Bullettino di bibliografia e di storia delle scienze matematiche e fisiche*, 1884, vol. 17.

Ecuaciones paramétricas en polares: $\begin{cases} x = \dfrac{a\cos t}{\cos t - \operatorname{sen} t} + b\cos t \\ y = b \operatorname{sen} t \end{cases}$

Es una curva infinita que tiene asíntotas horizontales en $\sqrt{2y \pm b = 0}$. Es continua si b es mayor o igual que a y discontinua si $b < a$. Los puntos $(a \pm b, 0)$ son de corte con el eje de abscisas y los puntos

$$\left(0, \frac{a \pm \sqrt{2b^2 - a^2}}{2}\right)$$

son de corte con el eje de ordenadas.

La curva fue estudiada por Alberto Durero (1471-1528) en 1525 y publicada en su obra *Vnderweysung der menssung mit dem zirckel vnd richtscheyt*. Núremberg: [s.n.], 1526. Tal como dijimos en la cáscara de Durero, se trata de dos curvas similares, con los ejes cambiados.[108]

Concoide de Külp

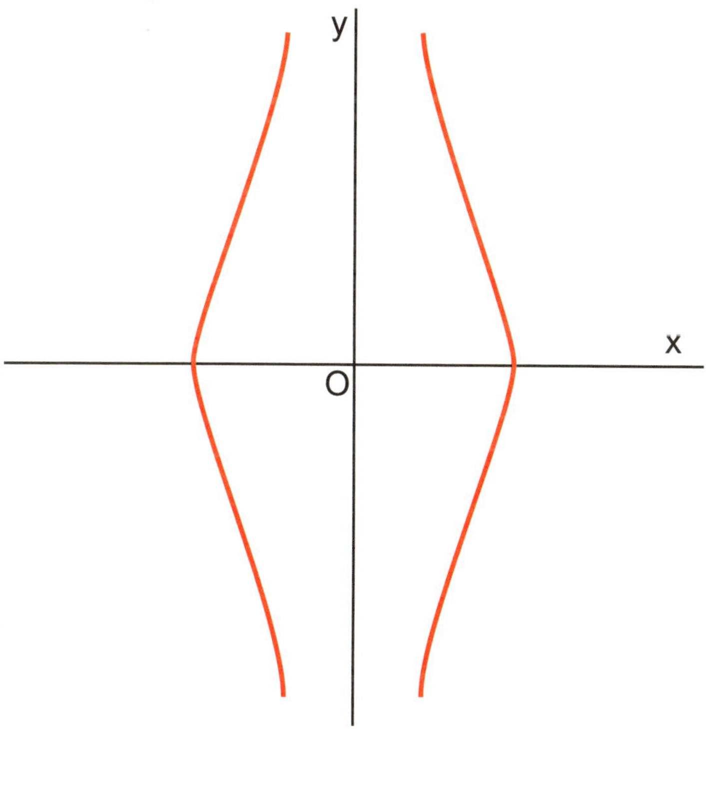

(108) Ver cáscara de Durero.

Ecuación cartesiana: $x^2y^2 = a^2(a^2 - x^2)$ con $a > 0$.

Ecuaciones paramétricas: $\begin{cases} x = a\cos t \\ y = a\tan t \end{cases}$

Son curvas que constan de dos ramas continuas e ilimitadas, simétricas respecto al centro de coordenadas y también respecto de los dos ejes de coordenadas. El eje de las y $(x = 0)$ es una asíntota vertical y los puntos

$$\left(\pm a\sqrt{\frac{2}{3}}, \pm\frac{a}{\sqrt{2}}\right)$$

son puntos de inflexión.

Concoide de Nicomedes

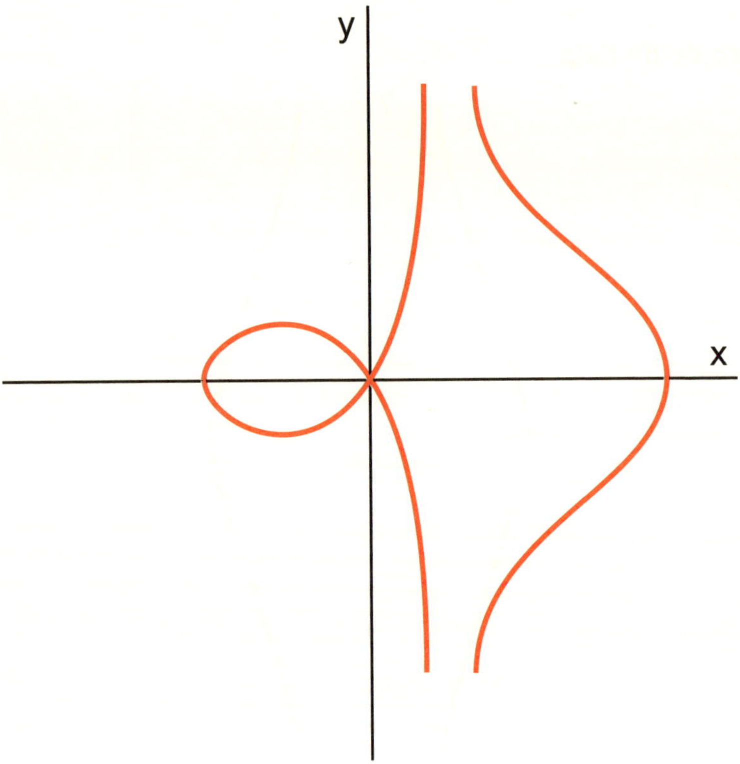

Ecuación cartesiana: $(x - b)^2(x^2+y^2) - a^2x^2=0$.

O bien $(x - a)^2y^2 = x^2(b+a - x)(b - a+x)$ con $a > 0$ y $b > 0$.

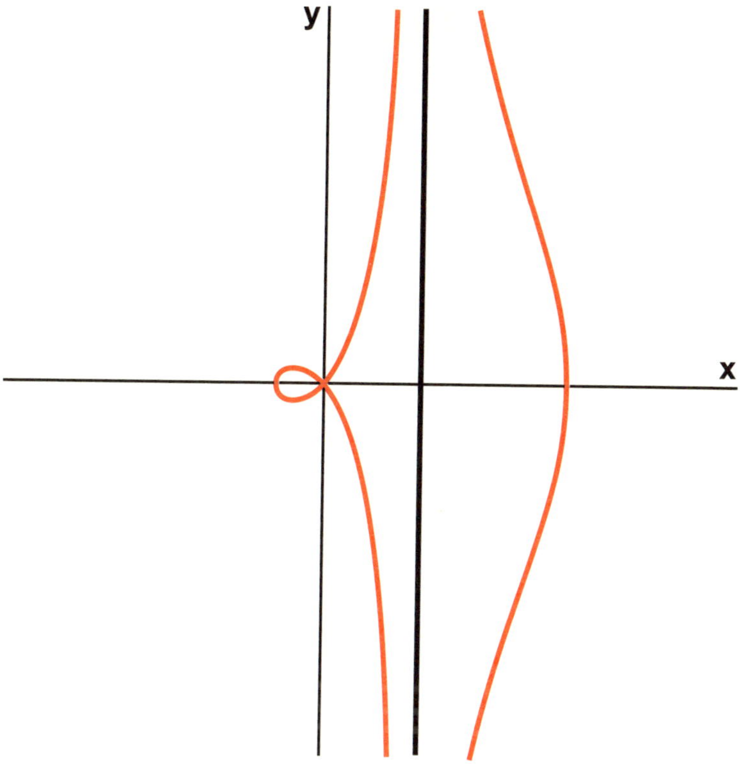

a > b, a = 3, b = 2

Ecuación polar: $r = a + b \sec\theta$ o bien

$$\rho = \frac{a}{\cos\theta} \pm b$$

Parametrización cartesiana racional:

$$\begin{cases} x = b + a\dfrac{1-t^2}{1+t^2} \\ y = \dfrac{2t}{\dfrac{b}{1-t^2} + \dfrac{a}{1+t^2}} \end{cases} \quad \text{con } t = \tan(\theta/2)$$

La concoide de Nicomedes, o concoide de línea, es una curva en relación a una recta D y a un punto $O(0, 0)$ situado a la distancia $a > 0$ de la recta. Es el lugar geométrico de las posiciones de dos puntos P y P' de una recta que pasa por el origen y gira, cortando a la recta D en el punto M que equidista de P y de P'. O bien de una recta que pasa por un punto fijo A, corta al eje OY

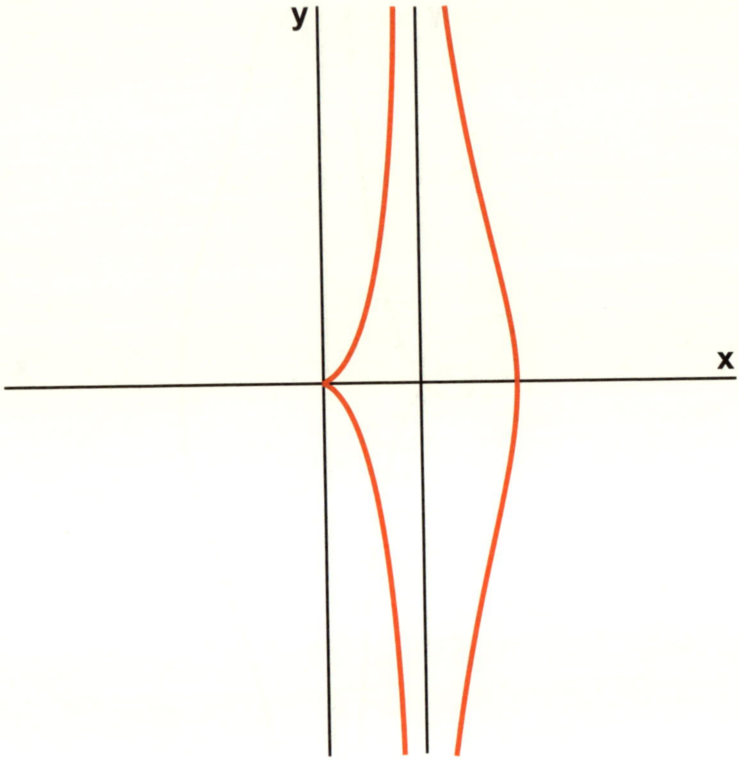

a = b = 2

en un punto M que equidista de P y de P' y gira. De forma que si tomamos como origen A y el eje $AO = a$, como eje polar, la ecuación polar es la que más arriba se describe[109].

El nombre significa forma de cáscara y de ahí que a veces reciba el nombre de concha. Fue estudiada por el matemático griego Nicomedes (280-210 a.n.E) respecto al problema de duplicación del cubo (problema délico) y al problema de la trisección del ángulo en particular por el método de Arquímedes[110]. También se obtiene la concoide cuando utilizamos para la trisección del ángulo la solución de Hipócrates. Nicomedes era un geómetra, quizás no tan brillante como otros coetáneos suyos, cuya aportación principal fue la concoide, cuya creación le fue atribuida por Pappus. Era su favorita entre otras 17 curvas matemáticas que cita y se puede usar, como Nicomedes quiso, para

(109) Ver concoides en crestomatía.

(110) Ver trisección del ángulo en crestomatía.

resolver el problema de la duplicación del cubo, además de la trisección de un ángulo.

Nicomedes estudió las tres formas distintas que se dan en esta familia, según sea $b < a$, $b = a$ o bien $b > a$ (véanse las figuras adjuntas). Con el método expresado más arriba, Nicomedes ideó la construcción cinemática de la curva. Roberval también elaboró un método para la construcción cinemática de la curva basándose en la determinación del centro instantáneo en el movimiento de la recta generatriz. El punto M recorre la recta OM y la generatriz es tangente a un círculo de radio infinitesimal y centro A. El centro instantáneo está en la perpendicular a OM en M y la perpendicular a AM en A. Una vez hallado el centro instantáneo, se une con P o P' y por P o P' se trazan las perpendiculares a la recta unión.

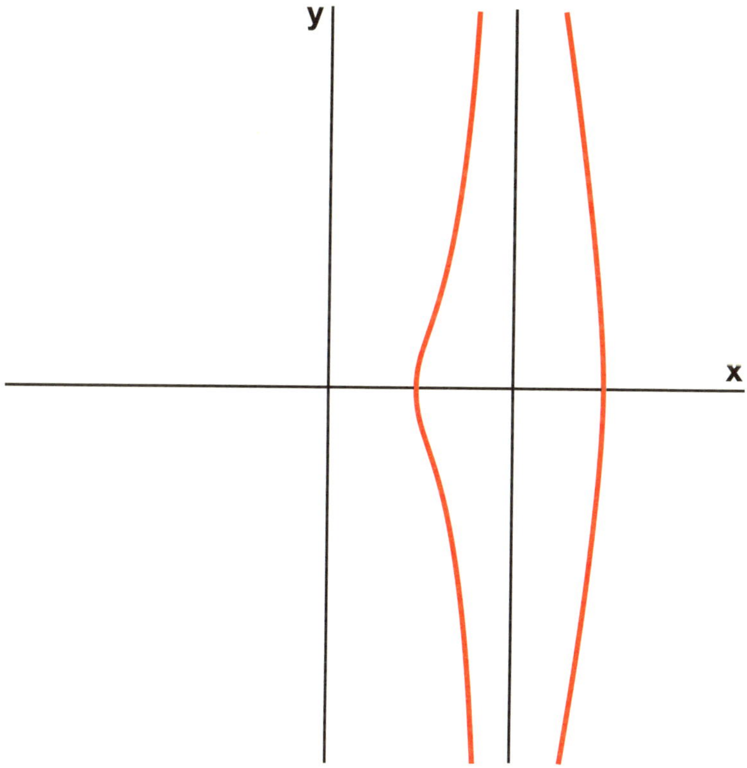

a < b, a = 2 y b = 4

La concoide tiene en $x = b$ una asíntota y dos ramas asintóticas a esa recta. El área entre las ramas y la asíntota es infinita. El área de la vuelta, cuando $a > b$, es:

$$b\sqrt{(a^2 - b^2)} - 2ab\log\left(\frac{(a+\sqrt{a^2 - b^2})}{b}\right) + \frac{a^2}{\cos\left(\frac{b}{a}\right)}$$

Se usó la concoide en la construcción de edificios antiguos. La sección vertical de columnas se hizo con la forma de la vuelta de la concoide.

Si en la construcción geométrica se usa, en vez de la recta OM, una curva cualquiera como base, por ejemplo una circunferencia, y el polo A está en ella, se obtiene la curva de Pascal (Étienne Pascal), que es la podaria de la circunferencia. Su ecuación es: $\rho = 2a\cos\theta \pm b$, siendo a el radio de la circunferencia base. Si b es igual a 2, se convierte en la cardioide.

La concoide de Nicomedes es también la cisoidal del círculo de centro O y radio a y de la recta $x = b$ (asíntota), relativa al centro del círculo. Si $a = 2b$ la concoide se convierte en una trisectriz y una duplicatriz.

Concoide oblicua

Ecuación cartesiana:

$$(xy\cos\alpha - (y^2+ay - b^2)\operatorname{sen}\alpha)^2 = (x\operatorname{sen}\alpha+y\cos\alpha+a\cos\alpha)^2(b^2 - y^2)$$

con $a > 0, b > 0$ y $0 < \alpha < \pi$.

Ecuaciones paramétricas:

$$\begin{cases} x = a\cos t - b\cos(\alpha+t) \\ y = -b\operatorname{sen}(\alpha+t) \end{cases}$$

Curva ilimitada formada por dos ramas infinitas, en la que si $\alpha = \frac{\pi}{2}$ el eje de las $y\,(x = 0)$ es un eje de simetría. Tiene dos asíntotas horizontales, las rectas $y = \pm\operatorname{sen}\alpha$ y dos puntos singulares, un nodo y otro que depende de los valores de los parámetros. Los puntos $(-a\cot\alpha \pm b, 0)$ son los puntos de corte con el eje de las x.

Si $\alpha = 0$, o $\alpha = \pi$, la concoide oblicua se convierte en una concoide de Nicomedes.

Si $\alpha = \frac{\pi}{2}$ se convierte en una ortoconcoide.

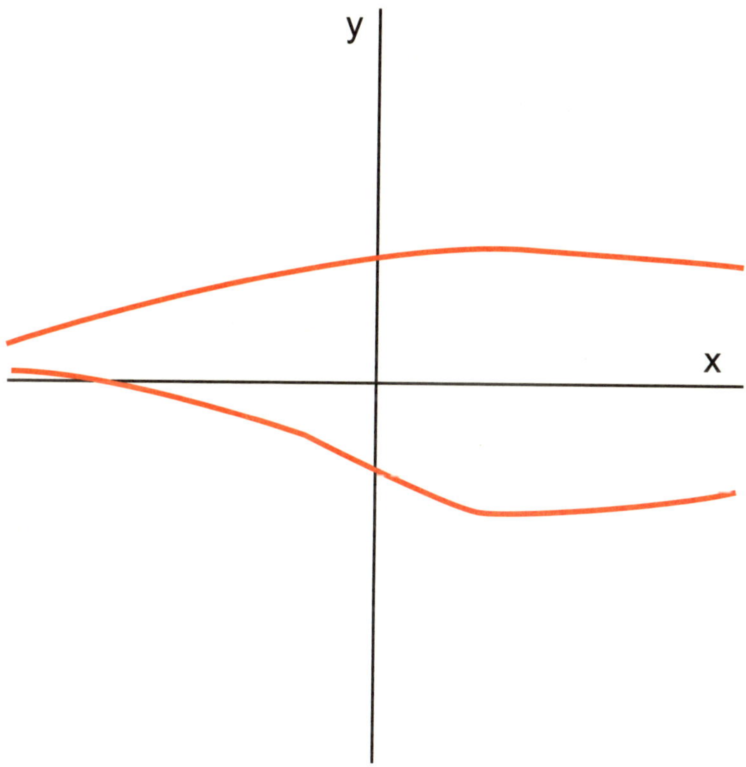

α = 1,50; a = 1; b = 1,50

Convoluta del círculo

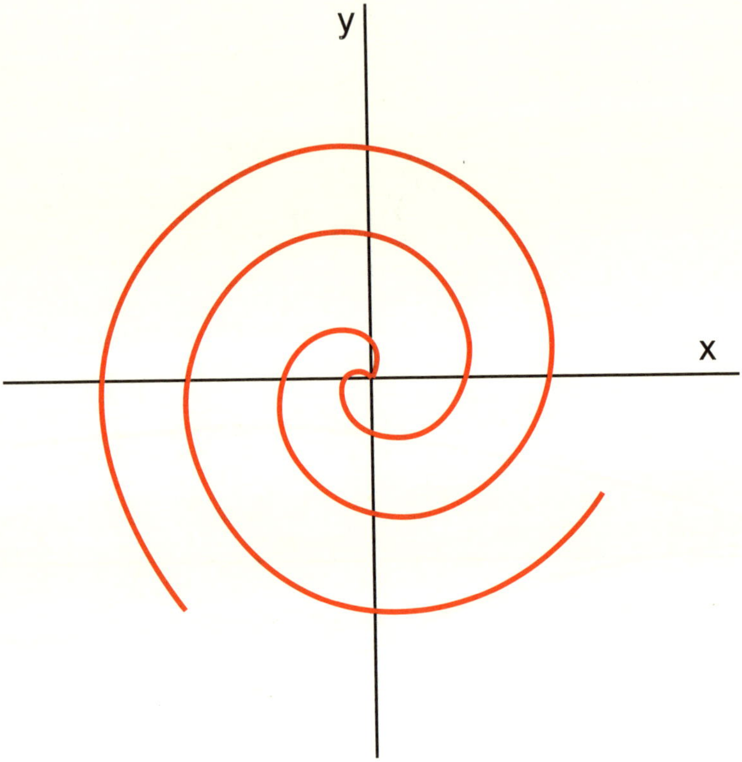

Ecuación en coordenadas polares:

$$\theta = \frac{1}{a}\sqrt{\rho^2 - \frac{a^2}{4}} + \text{arc sen}\,\frac{a}{2\rho}$$

con $a > 0$. O bien $\theta = \frac{1}{a}\sqrt{\rho^2 - \frac{a^2}{4}} + \text{arc tan}\,\frac{a}{2\sqrt{\rho^2 - \frac{a^2}{4}}}$.

Es una curva ilimitada y continua con un punto singular en el (0, 0), punto de donde arranca la curva.

Copo de nieve

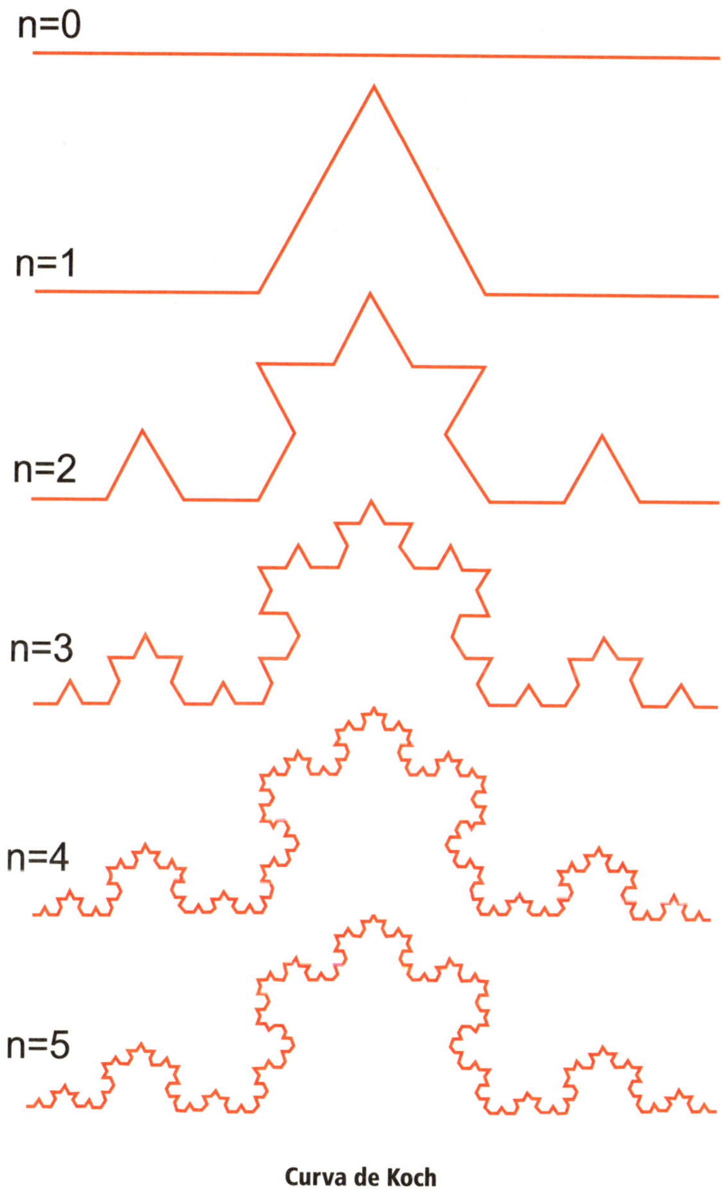

Curva de Koch

Curva conocida también como curva de Koch, construida por un proceso iterativo a partir de un triángulo equilátero. A partir de él se divide cada lado en tres partes o segmentos iguales y sobre el segmento central se construye otro triángulo equilátero hacia la parte exterior del triángulo inicial. Si borramos la parte central, es decir cada segmento central, resulta un polígono estrellado de doce lados. Si repetimos el proceso una segunda vez, esto es, dividimos cada lado del polígono estrellado de doce lados en tres segmentos iguales y sobre la parte central construimos un triángulo equilátero hacia fuera, borrando la parte central, resulta un polígono estrellado de 48 lados. Si repetimos una vez más el proceso resulta un polígono estrellado de 192 lados. Y si así siguiéramos iterativamente, cuando el número de veces en que dividiéramos los lados del polígono estrellado tendiera a infinito, es decir en el límite, la curva límite resultante de este proceso iterativo es la curva copo de nieve o curva de N. F. Helge von Koch[111] (1870-1924), ideada en 1904 y también conocida como *cardo de Van der Waerden* y como *isla de Von Koch*.

La curva es un arco de Jordan[112] que no tiene tangentes en ningún punto, de suerte que una parte de la curva es similar a la curva entera. La curva no es rectificable.

El área encerrada por la curva de Koch es limitada ya que siempre el área limitada por la curva estaría acotada por el círculo circunscrito al primer triángulo equilátero.

La longitud de la curva es infinita. Si el lado del primer triángulo es l, su perímetro es $3l$. El perímetro del polígono estrellado de 12 lados es $3l\frac{4}{3}$. Y la sucesión de los perímetros de los polígonos estrellados, resultado de la iteración es:

$$3l,\ 3l\frac{4}{3},\ 3l\left(\frac{4}{3}\right)^2,\ 3l\left(\frac{4}{3}\right)^3,\ 3l\left(\frac{4}{3}\right)^4,\ldots,\ 3l\left(\frac{4}{3}\right)^n,\ldots$$

y esta sucesión tiende a infinito porque la diferencia entre dos términos consecutivos es siempre mayor que l:

$$3l\left(\frac{4}{3}\right)^{n+1} - 3l\left(\frac{4}{3}\right)^n = l\left(\frac{4}{3}\right)^n > l$$

(111) N. F. Helge von Koch: "Sur une courbe continue sans tangente, obtenue par une construction géométrique élémentaire". En *Arkiv för Mathematik*, 1904, vol. 1.

(112) Un arco geométrico de Jordan es el que tiene un arco parametrizado de Jordan como representante. Y un arco parametrizado de Jordan (I, f) es tal que $I = [a, b]$ y f una aplicación inyectiva. Estas formulaciones se deben a Marie Ennemond Camille Jordan (1838-1922).

Cornoide

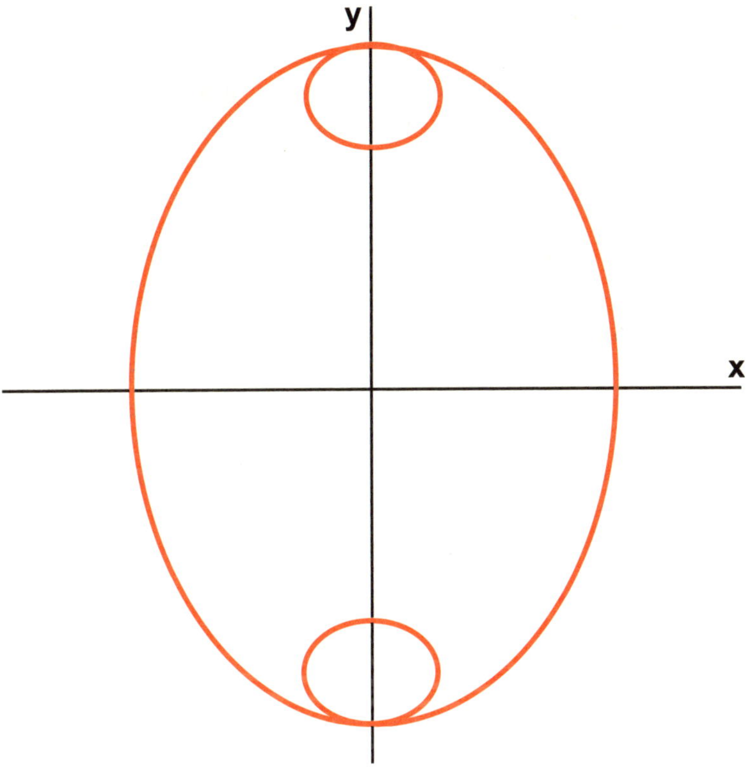

Curva para r = 1

Ecuaciones paramétricas en polares: $\begin{cases} x = k\cos t(1-\operatorname{sen}^2 t) \\ y = k\operatorname{sen} t(1+2\cos^2 t) \end{cases}$

con $k > 0$. O bien $\begin{cases} x = k\cos t\cos 2t \\ y = k\operatorname{sen} t(2+\cos 2t) \end{cases}$

La cornoide es una séxtica racional. Es una curva cerrada, continua y limitada con un centro de simetría, el (0, 0), y dos ejes de simetría, los ejes de coordenadas. Tiene dos puntos singulares, los $(0, \pm k\sqrt{2})$, que son puntos de oscilación en los que son tangentes las rectas $y = \pm k\sqrt{2}$. Los puntos singulares señalados son también puntos de intersección.

Su construcción se puede describir así: sea un círculo de radio *r* y centro *O* y sean *P* y *P′* los puntos de corte de una recta con el círculo. El lugar de los puntos C de las proyecciones de P sobre la paralela al segmento OP pasando por P', forman la cornoide. O dicho de otra forma: sea P un punto de un círculo de diámetro AB y sea P' el punto de intersección de la circunferencia con la paralela por el punto P al diámetro AB. Desde P se traza la recta tangente a la circunferencia y desde P' la recta perpendicular a la recta tangente. Sea C el punto intersección de ambas rectas. Cuando el punto P describe la circunferencia, el punto C describe la cornoide.

El nombre de la curva se debe a que su forma es muy parecida a la de un cuerno.

La cornoide fue estudiada por Alberto Sánchez[113] (1864-1896) y es su trabajo más importante como matemático y quizá el mayor aporte salvadoreño al desarrollo de la matemática desde la época de la civilización maya. Fue miembro de la Sociedad Matemática de Francia, socio perpetuo de Sociedad Astronómica de Francia, miembro de la Sociedad Astronómica de Manchester, socio fundador de la Sociedad Belga de Astronomía. Un año antes de morir, en 1895, publicó *La cornoide*, trabajo por el que fue galardonado en Francia.

Cranioide

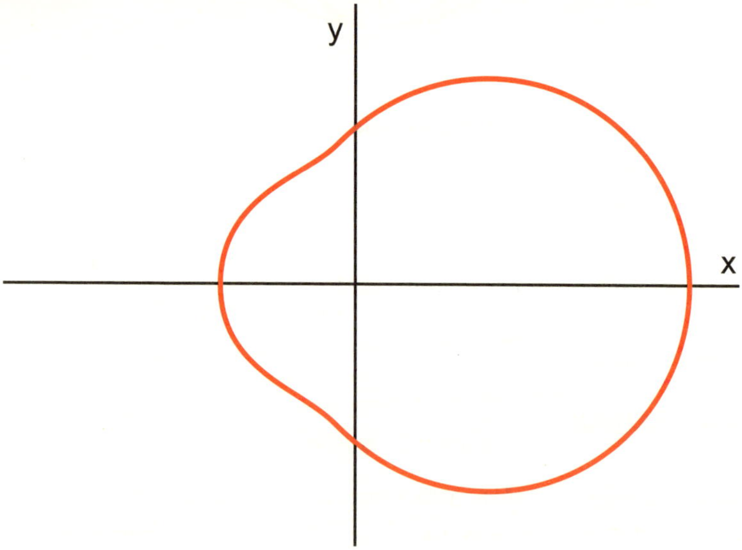

Gráfica con a = b = 1, m = 1/2 y k = 0,95

(113) Alberto Sánchez: *La cornoide*. San Salvador. Imprenta Nacional, 1895.

Ecuación cartesiana:

$$(gy - x^2 - y^2)^2 = g^2x^2\left(\frac{x^2+y^2}{c^2} - \frac{x^2+y^2+d^2-l^2}{cd}\right) +$$

$$+\frac{x^2+y^2+d^2-l^2}{4d^2}(x^2+y^2-2gy+g^2)$$

Ecuación polar: $\rho = a\cos\theta + b\sqrt{1-m^2\operatorname{sen}^2\theta} + \sqrt{1-k^2\operatorname{sen}^2\theta}$,

con $a > 0$, $b > 0$, $c > 0$, $a < b+c$, $0 < m < 1$, $0 < k < 1$ y m distinto de k.

Es una curva limitada, cerrada y continua, simétrica con respecto al eje de las x ($y = 0$). Su nombre se debe a la semejanza con la figura craneal.

Cruz celta

Ecuación cartesiana: $y^4 - x^4 = xy$.

Ecuación polar: $\rho^2 = \dfrac{\operatorname{sen}\theta\cos\theta}{\operatorname{sen}^4\theta - \cos^4\theta}$.

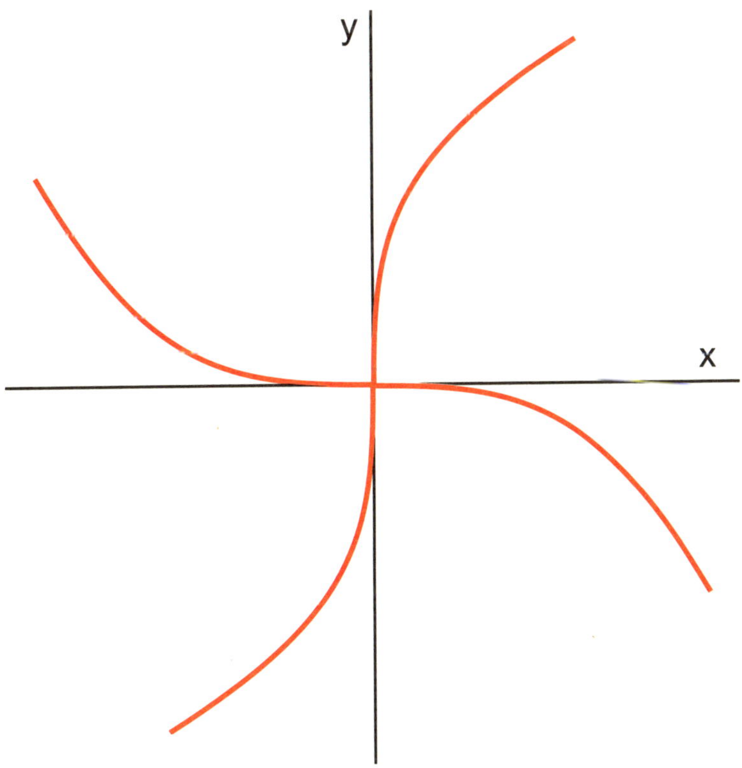

Curva cuártica formada por dos ramas infinitas que se cortan en el centro. Estudiada en 1989 por H. Martin Cundy[114] y A. P. Rollett, en un principio le dieron el nombre de esvástica por su parecido con la cruz usada por los nazis. En realidad es lo que podríamos llamar una cruz en movimiento, considerada como la cruz originaria o primera y encontrada en la India, en donde tenía el significado de buena esperanza. Sea como fuere, la curva se parece a un triskel celta.

Cruz de Malta

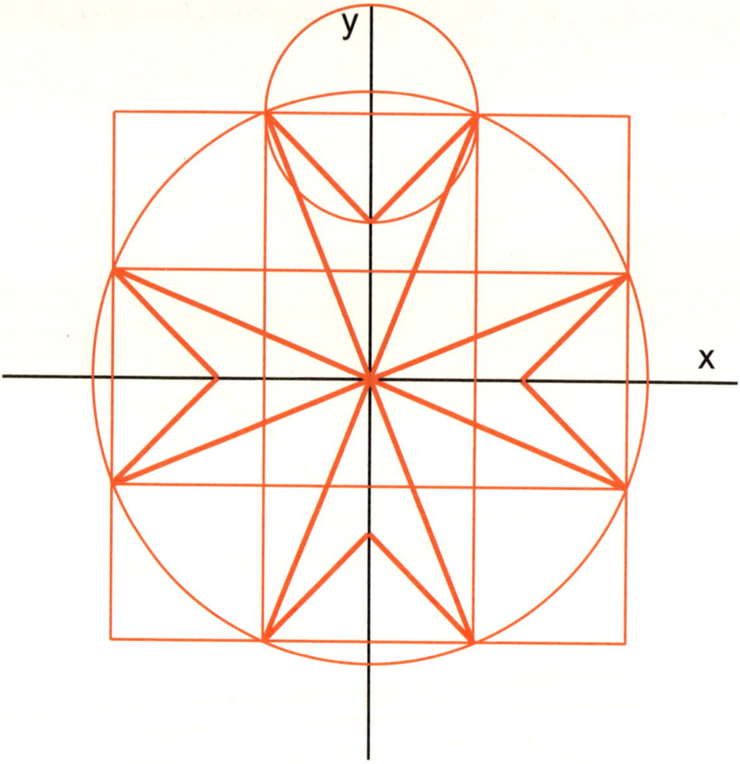

Esta curva, también conocida como cruz maltesa por su parecido con la cruz de los caballeros de San Juan de la isla de Malta, tiene por ecuación cartesiana: $xy\,(x^2 - y^2) = x^2 + y^2$.

---

(114) H. Martin Cundy: *Mathematical Models*. Oxford: Oxford University Press, 1989. La primera edición del libro es de 1961.

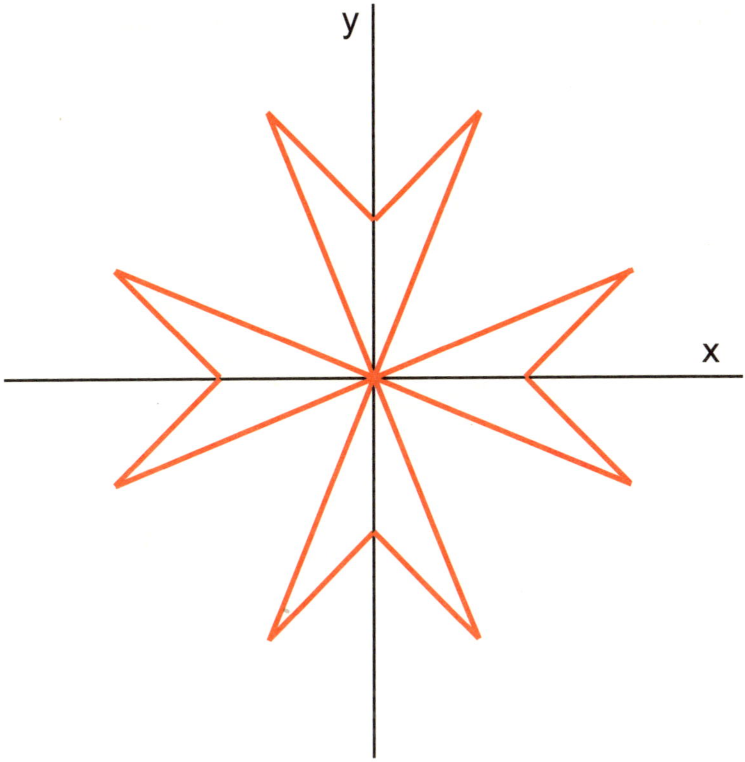

Ecuación polar:

$$\rho^2 = \frac{1}{\cos\theta \ \mathrm{sen}\ \theta(\cos^2\theta - \mathrm{sen}^2\theta)}$$

Fue nombrada por H. Martin Cundy y A. P. Rollett[115] en 1989. Las cruces de Malta son cruces de ocho puntas, que representan o simbolizan las ocho bienaventuranzas y las ocho lenguas que se hablaba en los territorios en los que estaba la Orden de San Juan[116].

La Cruz de Malta fue otorgada a la Orden Hospitalaria por el papa Inocencio II en 1130, y tiene una geometría que responde a la figura anterior.

(115) H. Martin Cundy: *Mathematical Models*. Oxford: Oxford University Press, 1989. La primera edición del libro es de 1961.

(116) Según informe emitido por la Real Academia Española de la Historia en 1963.

Cuadrafolium[117]

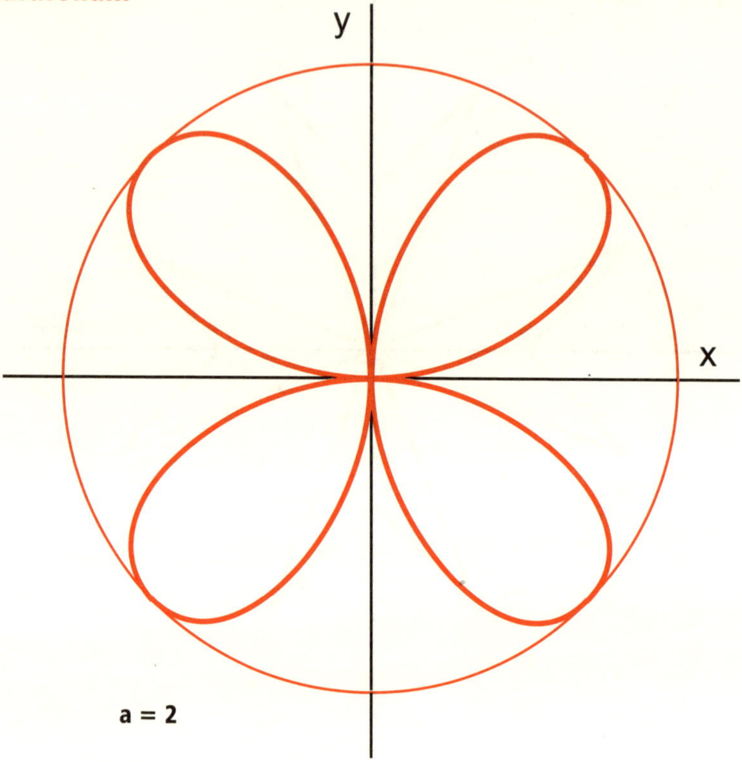

Ecuación cartesiana: $(x^2+y^2)^3=4a^2x^2y^2$.

Ecuación polar: $\rho = a$ sen 2θ.

Es una rosa de cuatro pétalos.

El área es $A = \frac{1}{2}\int_0^{2\pi} (a \text{ sen } 2\theta)^2\, d\theta = 4\int_0^{\frac{\pi}{4}} (a \text{ sen } 2\theta)^2\, d\theta = \frac{1}{2}\pi a^2$

El área que encierra la curva es igual al área que hay entre la curva y la circunferencia circunscrita.

La longitud de la curva es

$$L = \int_0^{2\pi} \frac{a\sqrt{5+3\cos 4\theta}}{\sqrt{2}} d\theta = 8\int_0^{\frac{\pi}{4}} \frac{a\sqrt{5+3\cos 4\theta}}{\sqrt{2}} d\theta = 8aE\frac{1}{2}\sqrt{3}$$

donde E es una integral elíptica de segunda clase.

(117) Ver rosas.

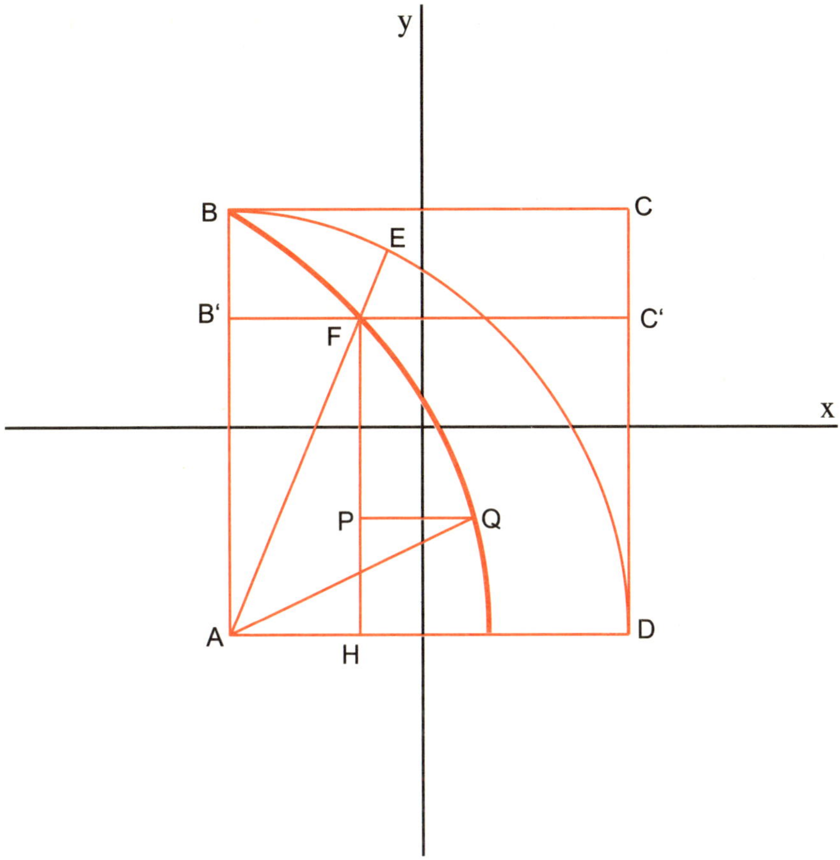

Ecuación en coordenadas polares: $\rho = \dfrac{a(\pi - 2\theta)}{\pi \cos\theta}$.

Ecuaciones paramétricas cartesianas: $\begin{cases} x = \dfrac{2a}{\pi}t \\ y = \dfrac{2a}{\pi}t \cot t \end{cases}$

Curva ilimitada en la que el eje de las y $(x = 0)$ es un eje de simetría y las rectas $x = 2ka$ son asíntotas verticales cuando k es un número entero distinto de cero. Está formada por un número infinito de ramas ilimitadas. La cuadratriz de Dinostrato es también conocida por el nombre de sectriz de Hippias por ser un caso particular de la misma.

Las cuadratrices fueron utilizadas para resolver los problemas de la cuadratura del círculo, de la trisección del ángulo y de la rectificación de la circunferencia. En la figura de arriba se representa la forma de dividir un ángulo en tres partes iguales: *DAQ*, *QAF* y *FAB*.

Se obtiene desplazando uniformemente un segmento $A'B'$ paralelo a un lado del cuadrado AB, desde el lado AB hasta el OC. Se hace girar el segmento OE uniformemente alrededor del centro O, de manera que A, A' y E coinciden al principio; y C, B' y E coinciden al final. Por tanto, es el lugar geométrico de los puntos M, de intersección de una recta que se traslada uniformemente y de otra recta que gira uniformemente, teniendo las dos rectas una posición común. La cuadratriz de Dinostrato es la inversa con relación al centro, de una cocleoide.

Fue estudiada por Hippias de Elía (460-400 a.n.E.) en el 430 a.n.E. y por Dinostrato (390-320 a.n.E.) en el 350 a.n.E.

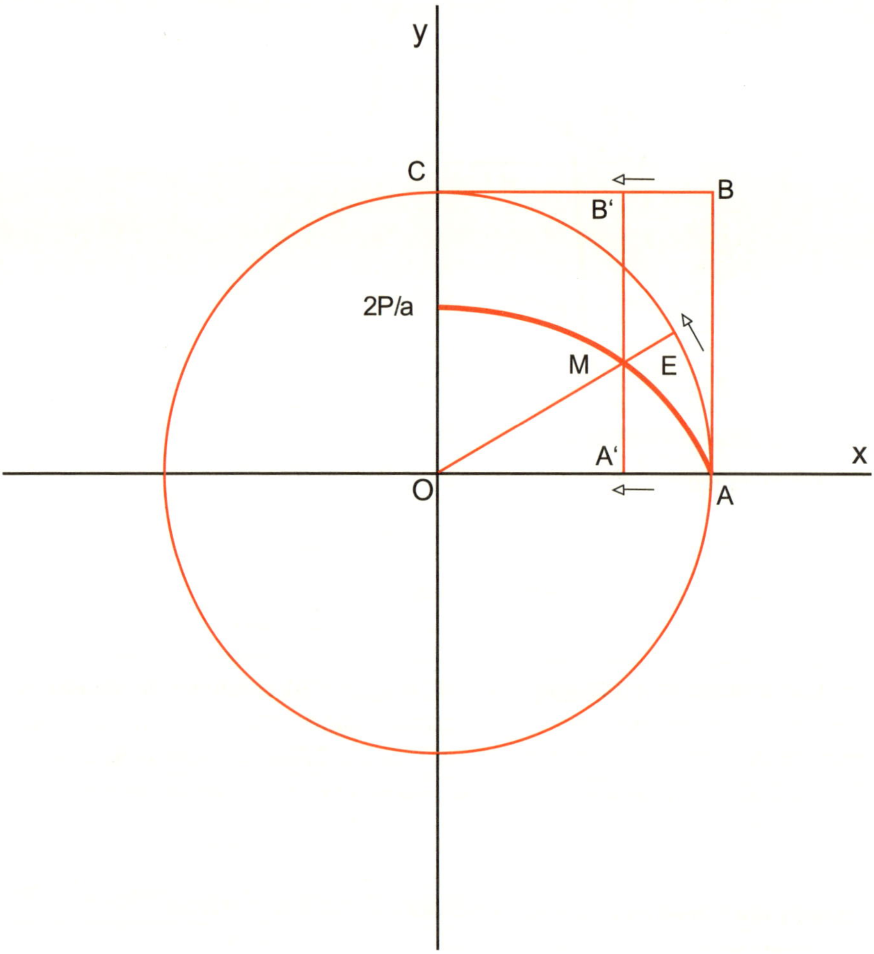

Cuadratriz de Hippias

(También llamada trisectriz de Hippias)

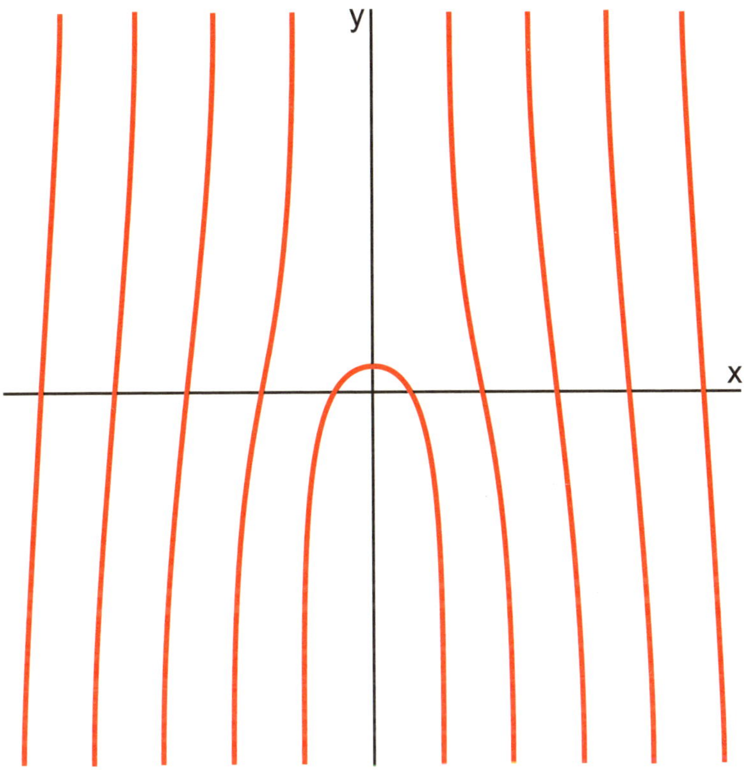

a = 4

Ecuación cartesiana: $y = x \cot \frac{\pi x}{2a}$.

Ecuación polar: $\rho = \frac{2a\theta}{\pi \operatorname{sen} \theta}$.

Ecuaciones paramétricas: $\begin{cases} x = (1-t)\tan\left(\frac{\pi t}{2}\right) \\ y = 1-t \end{cases}$ con $t \in [0, 1]$

Es la misma cuadratriz que la de Dinostrato.

Esta cuadratriz fue descubierta por Hippias de Elía (460-400 a.n.E.) en el 431 a.n.E.. Fue usada por él para la trisección de un ángulo y la cuadratura del círculo.

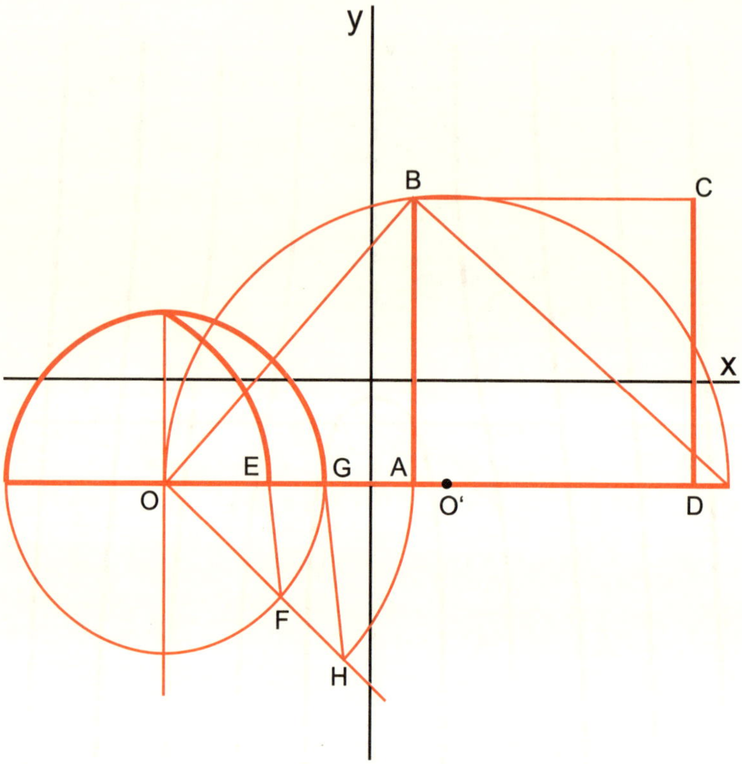

Hippias de Elía era un sofista y filósofo griego que viajó de un lugar a otro para obtener dinero por sus servicios. Platón lo describe como un ser y un hombre vano, arrogante y jactancioso. Tenía conocimientos amplios, pero según comenta Platón, era un conocimiento superficial. Su contribución a la matemática sólo parece ser la cuadratriz.

¿Cómo se cuadra el círculo con la cuadratiz?: La cuadratiz, inserta en el círculo de radio unidad, corta al eje de abscisas en el punto $E = \frac{2}{\pi}$. Trazando un radio cualquiera *OF* y una paralela por *G* a *EF* obtenemos el punto *H*. Con radio *OH* obtenemos el punto $A = \frac{\pi}{2}$. Desde el punto *A* sumamos dos unidades y construimos la semicircunferencia con centro en *O'* que pasa por *O* y por $\frac{\pi}{2}+2$. Debido al teorema de Pitágoras, la perpendicular desde *A* corta a la semicircunferencia en *B*, de suerte que $AB = \sqrt{\pi}$, con lo que el área del cuadrado es igual al del círculo e igual a π.

Cuadratriz de Tschirnhausen

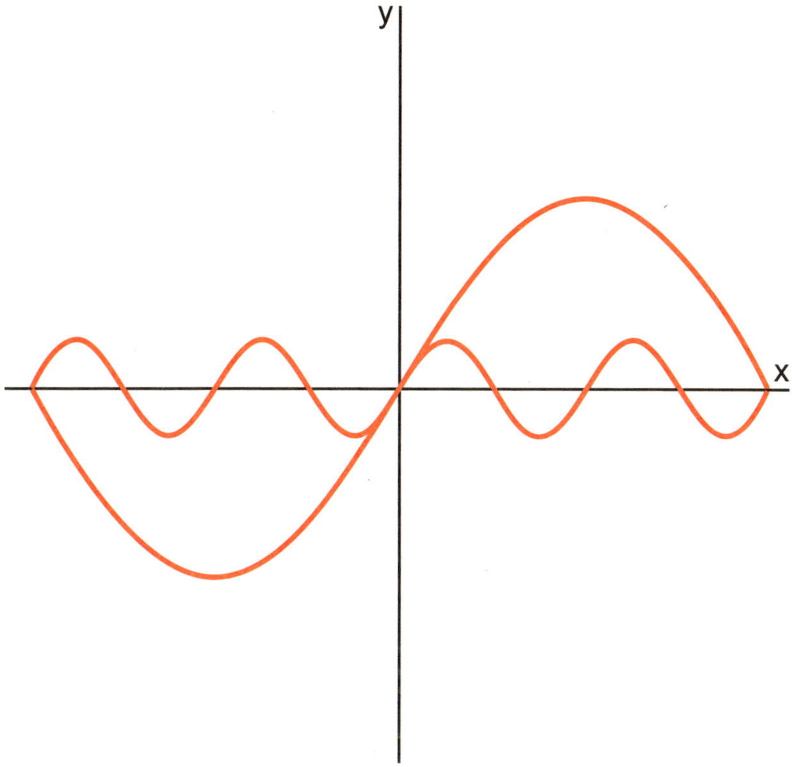

a = 1 y a = 0,50

Ecuación en coordenadas polares: $y = a \text{ sen } \frac{\pi x}{2a}$, con $a > 0$.

Es una curva ilimitada y continua, en la que los puntos $(2ka, 0)$, cuando k es un número entero, son centros de simetría y las rectas $x = 2k+1$ son ejes de simetría.

La curva fue estudiada, hacia 1691, por el matemático y físico alemán Ehrenfried Tschirnhausen[118] (1651-1708). Como todas las cudratrices, su estudió tuvo relación con los intentos de construir geométricamente la cuadratura del círculo. En ocasiones, como quiera que las trisectrices y n-sectrices sirven, además de para trisecar el ángulo, también para la cuadratura del círculo, se denomina trisectriz de Catalan o de Tschirnhausen.

(118) Ehrenfried Walter von Tschirnhausen: "Curva Geometrica, quae se ipsam sui evolutione describit". En *Acta Eruditorium*, 1691, pp. 169-172.

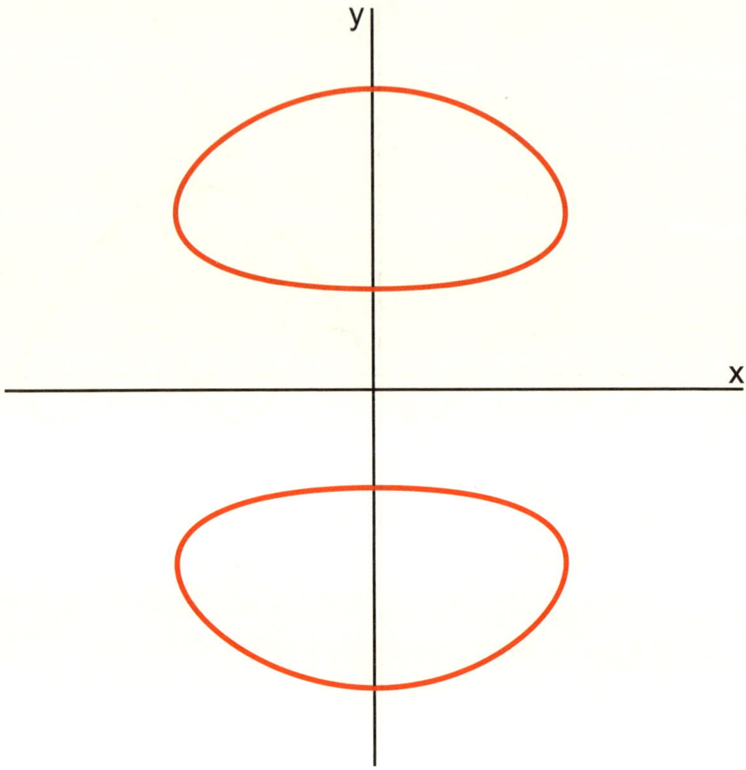

a = 1, b = 2

Ecuación cartesiana:

$$y^4 - \left(\frac{a^2+b^2}{2} - x^2\right)y^2 + \left(\frac{a^2-b^2}{4}\right)^2 = 0$$

Es una cuártica que pertenece a las curvas polizomales[119] medianas de dos círculos concéntricos.

El área de los dos lóbulos es πb^2.

La curva fue estudiada en 1687 por el matemático suizo Jacob Bernoulli (1654-1705). Nueve años después ocupó la atención de Gottfried Wilhelm

(119) El término polizomal procede del vocablo griego *zoma*, $\zeta o \mu \alpha$, que significa cintura. Ver curva polizomal en crestomatía.

Leibniz[120]. En 1868 la estudió Arthur Cayley[121] (1821-1895), quien le atribuyó el nombre y en 1889 fue estudiada por el matemático español José Ruiz Castizo y Ariza[122] en un trabajo titulado *Estudio analítico de un lugar geométrico*, editado en Madrid en 1889. Ruiz Castizo fue un matemático español que estudió curvas planas y geometría, entre otras la cuártica de Bernoulli. También estudió la curva polizomal, y su generación mecánica, hacia 1889.

Las cuárticas de Bernoulli son cuárticas polizomales, en el caso particular de ser generadas por dos cónicas que sean círculos concéntricos.

Cuártica de Bonnet

Ecuación cartesiana: $x^4 - ax^3 + a^2y^2 = 0$, con $a > 0$.

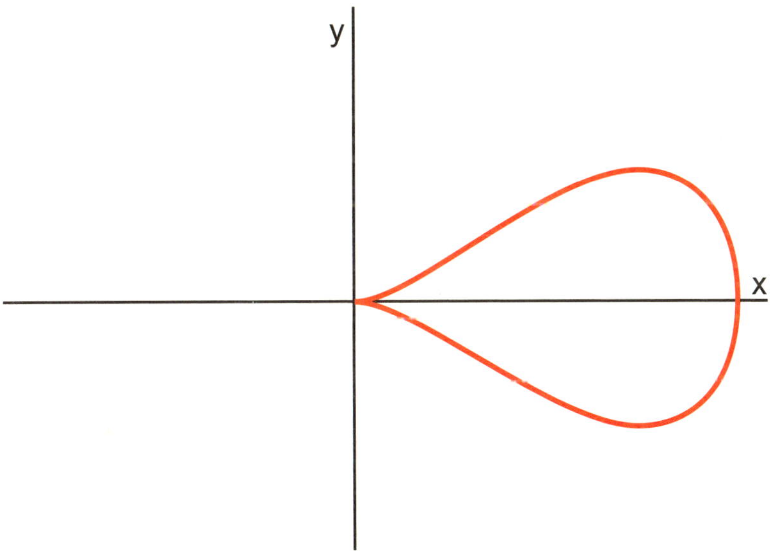

a = 0,75

(120) Gottfried Wilhelm Leibnitz: *Leibnitii Opera Omnia [Leibniz's Complete Works]*. Ginebra: Tournes, 1768.

(121) Arthur Cayley: *The collected mathematical papers of Arthur Cayley*. Cambridge: Cambridge University Press, 1889-1897.

(122) José Ruiz Castizo y Ariza: *Estudio analítico de un lugar geométrico*. Madrid: Imp. La Guirnalda, 1889.

Curva limitada, cerrada y continua, en la que el eje de las x $(y = 0)$ es un eje de simetría. El centro de coordenadas es un punto singular de primera especie, la cúspide de la curva, y en él el eje de abscisas es tangente.

Los puntos situados a la máxima distancia del eje de las x $(y = 0)$ son

$$\left(\frac{3a}{4}, \pm\frac{a}{16}3\sqrt{3}\right)$$

El área limitada por la curva vale $\frac{\pi a^2}{8}$.

La curva fue estudiada y nombrada por Pierre Ossian Bonnet (1819-1892), entre 1844 y 1867. Aparece en *Journal de l'École polytechnique*.

La cuártica de Bonnet es un caso particular de cuártica piriforme, cuando en la fórmula cartesiana de ésta se hace $b = a$.

Cuártica piriforme o en forma de pera

Ecuación cartesiana: $b^2y^2 = x^3(a - x)$, con $a > 0$, $b > 0$.

O bien $$y = \pm\frac{x}{b}\sqrt{ax - x^2}$$

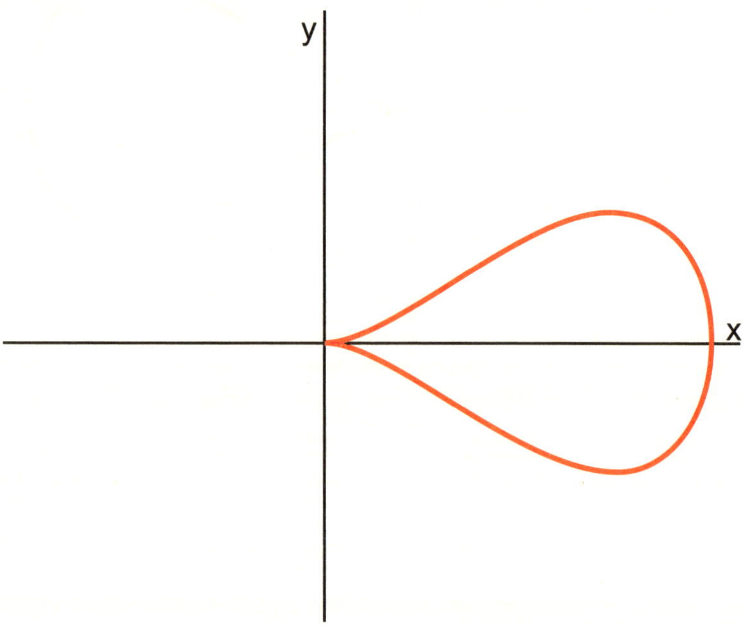

a = b = 1

Ecuaciones paramétricas cartesianas: $\begin{cases} x = a\cos^2 t \\ y = \dfrac{a^2\cos^3 t \operatorname{sen} t}{b} \end{cases}$

Curva algebraica plana de cuarto orden, es una cuártica racional. Es una curva limitada, cerrada y continua, en la que el eje de las x ($y = 0$) es un eje de simetría. El centro de coordenadas es un punto singular cuspidal de primer género y la recta $y = 0$ es tangente en él. Los puntos $\left(\frac{3}{4}a, \pm\frac{a^2}{16b}3\sqrt{3}\right)$ son los puntos colocados a la máxima distancia del eje de las x. Se puede construir como sigue: sea un punto P que describe el círculo C de diámetro OA y A el punto $(0, a)$ y sea Q el punto de la recta $x = b$ de igual ordenada que P; el lugar de los puntos M de la recta OQ con igual abscisa que P forman la cuártica piriforme.

El área que engloba la curva es igual a $\dfrac{\pi a^3}{8b}$.

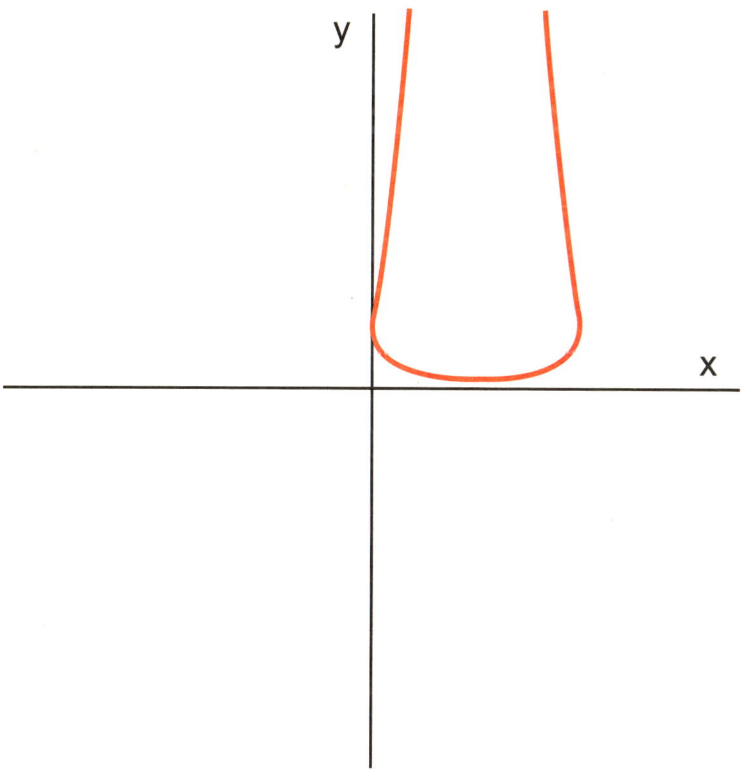

r = 2

La curva también es conocida como gota de agua. Cuando $a=b$ se trata de un caso particular de cuártica piriforme conocida como cuártica de Bonnet.

La cuártica piriforme tiene también por ecuación cartesiana

$$y^2(x-r)^2 - 2r^3y+r^4 = 0 \quad \text{con } r > 0$$

Las ecuaciones paramétricas de la pera son:

$$\begin{cases} x = r(1+\cos t) \\ y = \dfrac{r}{1+\operatorname{sen} t} \end{cases}$$

La recta $x=r$ es, en este caso, un eje de simetría y una asíntota vertical. Es una curva ilimitada y continua. Si la cuártica piriforme toma la fórmula anterior, resulta la misma curva que la apiena.[123]

Esta curva fue estudiada por Gohierre de Longchamps (1842-1906) en 1886, entre otras curvas que fueron nombradas después de él. Anteriormente había sido estudiada por John Wallis[124] (1616-1703) en 1685 y por Pierre Ossian Bonnet[125] (1819-1892) en 1844.

Cúbica de Chasles

Ecuación cartesiana: $y = ax^3+bx^2y+cxy^2+dy^3$, con a distinto de 0.

Si hacemos la transformación homográfica

$$x=\frac{X}{Y} \qquad y=\frac{1}{Y}$$

la cúbica de Chasles se convierte en la parábola divergente

$$Y^2 = aX^3+bX^2+cX+d$$

La curva fue estudiada en 1837 por el matemático francés Michel Chasles[126] (1793-1880). En 1837 había escrito *Aperçu historique sur l'origine et le*

(123) Ver apiena.

(124) John Wallis: *Tractatus duo, prior de Cycloide et corporibus inde genitis, posterior epistolaris in qua agitur de Cissoide et corporibus inde genitis.* Londres, 1685.

(125) Pierre Ossian Bonnet: en *Nouvelles Annales de Mathématiques*, 1844, p. 75-.

(126) Michel Chasles: *Traité des sections coniques.* París: Gauthier-Villars, 1865. Y *Aperçu historique sur l'origine et le développement des méthodes en géométrie...* La Haya: Gebauer, 1839.

développement des méthodes en géométrie y en 1865 *Traité des sections coniques.*

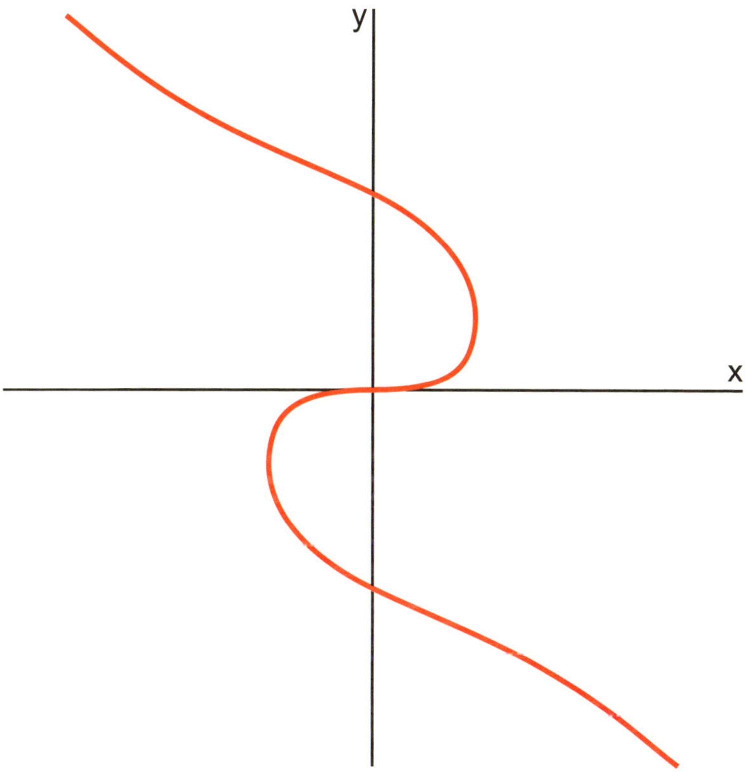

a = b = c = d = 1

Cúbica de L'Hôpital

(ver cúbica de Tschirnhausen).

Cúbica de Tschirnhausen

Ecuación cartesiana: $3ay^2=x\,(x-a)^2$.

O bien $2(2p+x)^3=27p(x^2+y^2)$, con $p>0$, y p es el parámetro de la parábola podaria.

Ecuaciones paramétricas cartesianas: $\begin{cases} x = 9a(1-3t^2) \\ y = 9at(1-3t^2) \end{cases}$

Ecuaciones paramétricas en polares: $\begin{cases} x = p\dfrac{\cos t - \cos 2t}{(1-\cos t)^2} \\ y = p\dfrac{\operatorname{sen} t - \operatorname{sen} 2t}{(1-\cos t)^2} \end{cases}$

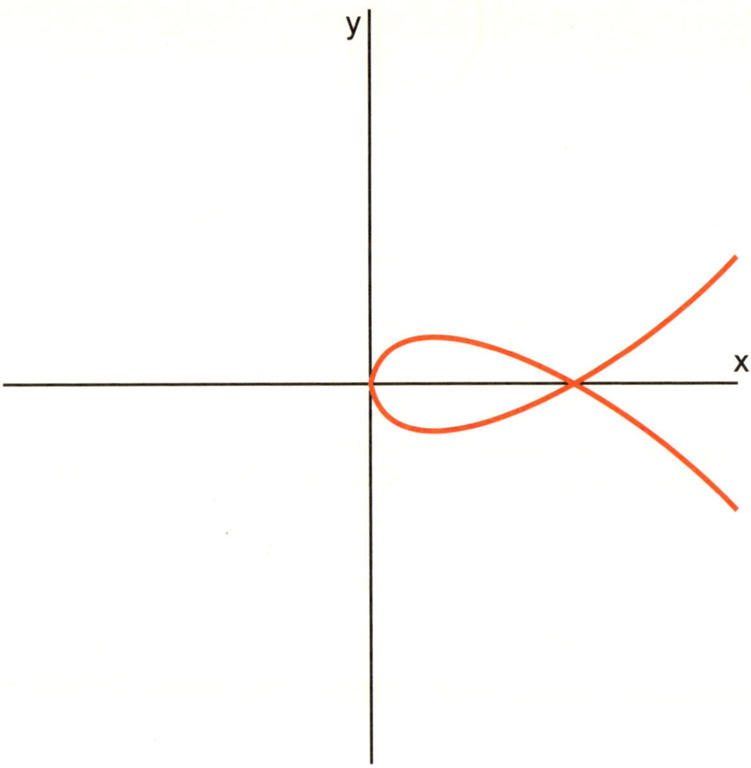

Ecuación polar: $\rho = \dfrac{a}{\cos^3 \dfrac{\theta}{3}}$, cuando se toma como centro de la polar el foco de la parábola podaria.

Es una curva polizomal, esto es, una curva mediana entre dos cónicas[127], con un punto singular doble. Es un caso particular de parábola divergente y también de espiral sinusoidal. También es una cúbica de punto doble. El área del bucle es $\frac{72}{5}\sqrt{3}a^2$.

Se trata de una curva ilimitada con un eje de simetría en el eje de las x ($y = 0$). El punto ($4p$, 0) es un punto singular nodal y las rectas $y = \pm \frac{1}{\sqrt{3}}(x-4p)$ son tangentes en dicho nodo. El punto $(-p/2, 0)$ es un vértice y los puntos (p, $\pm p$) son los que están a mayor distancia del eje de las x. La cúbica de Tschirnhausen es una trisectriz. El parámetro de la podaria es p. De ahí que también se conozca como trisectriz de Tschirnhausen o trisectriz de Catalan, aunque con formulación distinta.

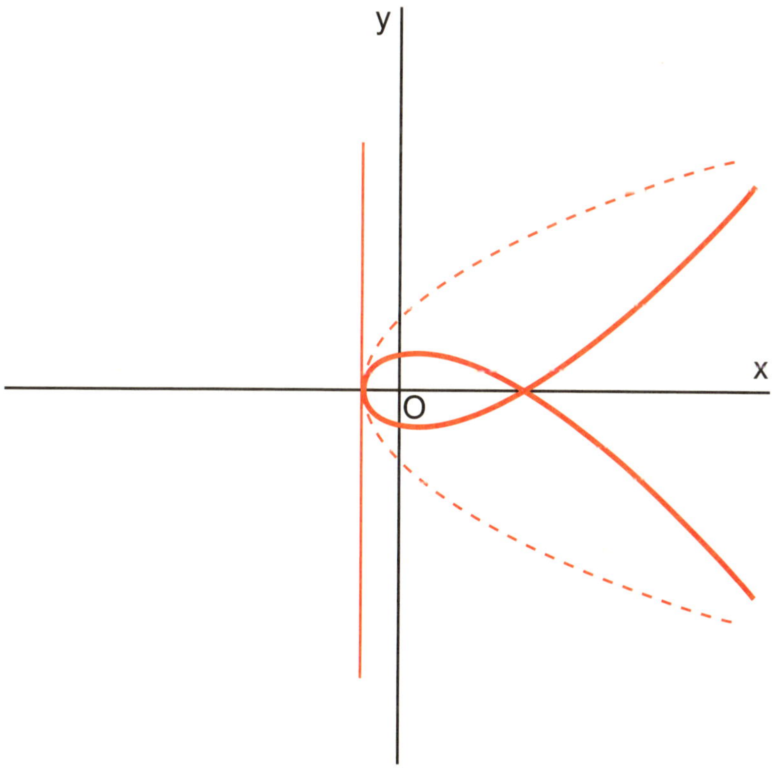

(127) Ver curva polizomal en crestomatía.

La cúbica Tschirnhausen es la podaria negativa, ó antipodaria, de una parábola con respecto al foco de la parábola. Es también la cáustica por reflexión de la parábola, cuando los rayos son perpendiculares al eje de la parábola.

La cáustica de la cúbica de Tschirnhausen en la que el punto radiante es el polo, es la parábola semi-cúbica de Neile. Si rodara como una ruleta generaría una parábola.

Esta curva fue investigada en 1690 por Ehrenfried Walter von Tschirnhausen[128] (1651-1708), Guillaume François Antoine Marquis de L'Hôpital[129] (1661-1704) en 1696 y Eugène Charles Catalan (1814-1894). Es por ello que en ocasiones la cúbica de Tschirnhausen a veces se llama cúbica de L'Hôpital o trisectriz de Catalan.

La denominación de cúbica de Tschirnhausen fue asignada en el trabajo de Raymond Clare Archibald (1875-1955), *The cardioide and some of its related curves*. Estrasburgo: Univ. Diss, 1900, cuando intentó clasificar curvas.

Curva aceleración

Ecuación cartesiana: $(x-y)(x^2+y^2)^3=3a^2l^2x^3,\ a>0,\ l>0.$

Ecuación polar: $\rho^4=\dfrac{3a^2l^2\cos^3\varphi}{\cos\varphi-\operatorname{sen}\varphi},\ a>0,\ l>0.$

Se trata de una curva continua e ilimitada, con una asíntota en la recta $y=x$, que además es eje de simetría. El centro de coordenadas es un centro de simetría.

(128) Ehrenfried Walter von Tschirnhausen: "Methodus curvas determinandi, quae formantur a radiis reflexis, quorum incidentes ut paralleli considerantur". En: *Acta Eruditorum*, 1690, pp. 68-73.

(129) Guillaume François Antoine Marquis de L'Hôpital: *Analyse des infiniment petits, pour l'intelligence des lignes courbes*. París: Imprimerie Royale, 1696.

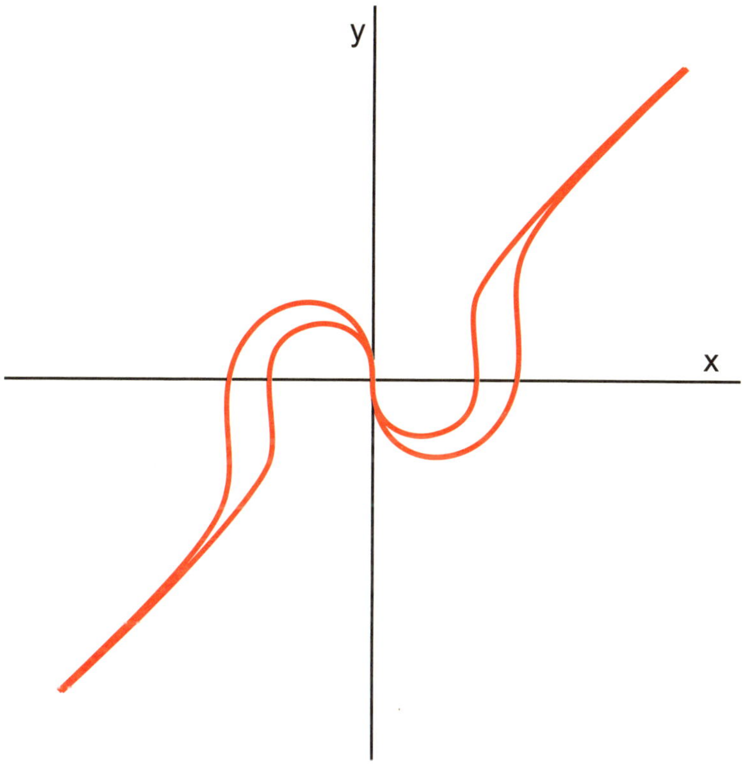

a = 1; l = 1
a = 1; l = 2

Curva de Baum

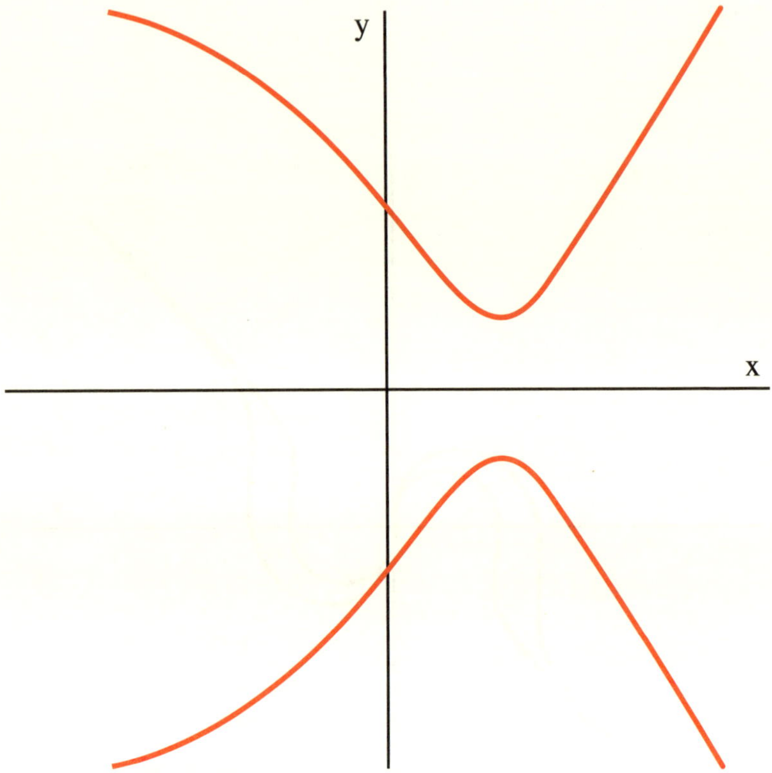

Gráfica para a = b = 1 y c = 1,5

Ecuación cartesiana: $y^2 = b^2\left(\frac{x^2}{a^2} - c \text{ sen } \frac{\pi x}{2a} + 1\right)$, con $a > 0$, $b > 0$ y $c > 0$.

La curva es simétrica con respecto al eje de las x (y=0) y consta de dos ramas ilimitadas.

La curva fue estudiada en 1995 por el matemático norteamericano, de la Universidad de Pennsylvania, Paul F. Baum. Aparece en "Trees, Buildings, Symmetric Spaces and K-Theory for Group C* Algebras". En: *UCSC Mathematics Colloquium (Univ. Pennsylvania)*, 1995.

Curva de Caraccioli

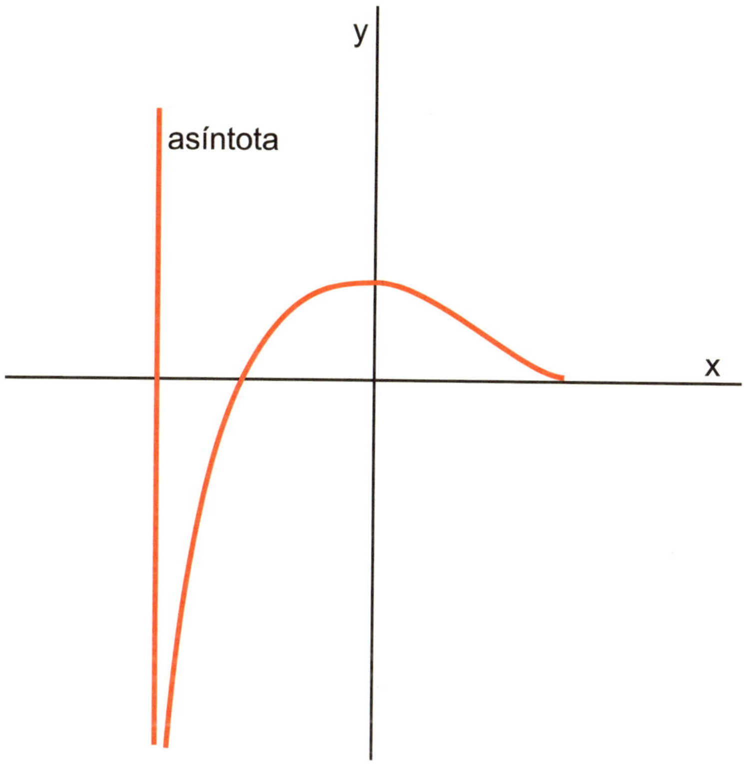

a = 1, m = 2, n = 3

Ecuación en coordenadas polares:

$$\rho\frac{\cos\theta}{a}=1-\left(\frac{2\theta}{\pi}\right)^{\frac{m}{n}}$$

con $a > 0$, $0 \leq \theta < \frac{3\pi}{2}$ y m y n números naturales primos entre sí.

La curva tiene una asíntota vertical de ecuación $x = a(1 - e^{m/n})$ con un punto singular, punto de arranque, en $(a, 0)$. Cuando $m = n = 1$ resulta ser la cuadratiz de Dinostrato.

Fue estudiada por J. Battista Caraccioli (1695-1765) en un libro titulado *De lineis curvis liber*, editado en Pisa en 1740.

Curva de Cramer

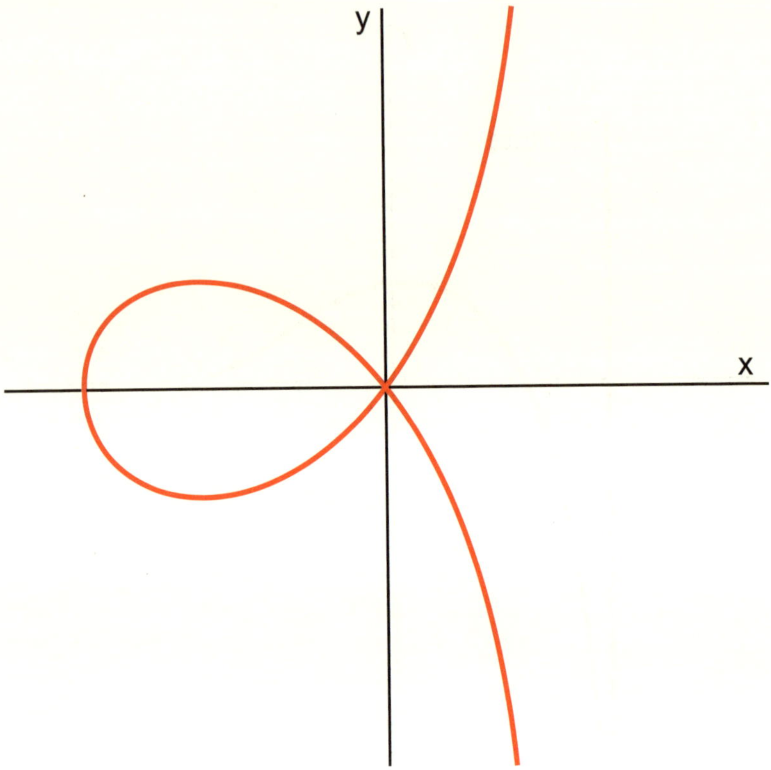

Gráfica para k = 0,50 y r = 2

Ecuación cartesiana: $x\,(x^2+y^2) = -(r+k)x^2+(r-k)y^2$, con $r > k > 0$.

Ecuación en coordenadas polares: $\rho = -\dfrac{rk\cos 2\theta}{\cos\theta}$.

Es una curva cúbica, simétrica con respecto al eje de las x ($y = 0$), ilimitada y continua, que tiene una asíntota vertical en la recta $x = r - k$. El centro de coordenadas es un nodo y las rectas $y = \pm x\sqrt{\dfrac{r+k}{r-k}}$ son tangentes en dicho nodo. El punto $(-(r+k), 0)$ es el punto situado a la máxima distancia del centro. Si $r = 2k$ se trata de la trisectriz de MacLaurin.

Gabriel Cramer (1704-1752), estudió las curvas algebraicas en su *Introduction à l'analyse des lignes courbes algébriques.* Ginebra: Frères Cramer, 1750.

Curva de Darboux

Se conoce como *curva de Darboux* la envolvente de las rectas que cortan a n rectas dadas en n puntos A_k y cuyas distancias a los puntos fijos O_k en las mismas, cumplen la condición

$$\sum \lambda_k O_k A_k = \text{constante}$$

siendo λ_k constantes conocidas. La envolvente es de 4ª clase y en general, de orden $2(n-1)$.

Cuando n vale 2, se obtiene una parábola; cuando vale 3 se obtiene la hipocicloide de tres retrocesos; para $n = 4$ el hiperciclo de Laguerre.

Curva de Beaune

Ecuación cartesiana: $x = \frac{y}{a} - \frac{b}{a} + ce^{\frac{-y}{b}}$, con $a > 0$, $b > 0$ y $c > 0$.

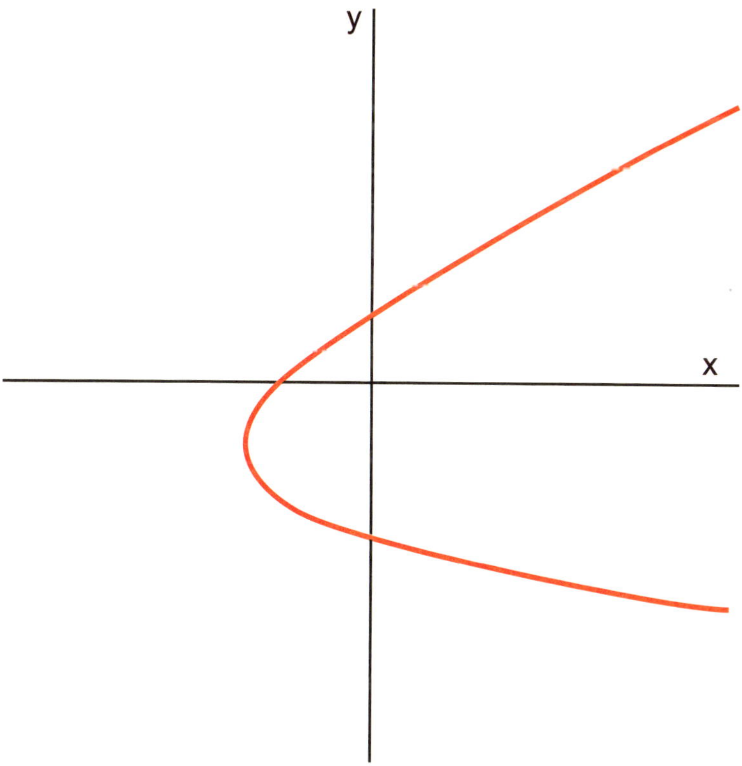

Gráfica para a = 0,5; b = c = 1

En 1639, Beaune propuso a René Descartes (1596-1650) el siguiente problema[130]: dado un segmento t y dos rectas GD y FE que forman un ángulo de 45°, determinar una curva AB, tal que al trazar la tangente en el punto B y si es L el punto de intersección con GD; siendo C el pie de la perpendicular desde B a GD; y siendo I el punto de intersección de BC y EF, se tiene $\frac{BC}{CL}=\frac{t}{BI}$. Se trata de una curva que relaciona la subtangente y la ordenada, de suerte que esa relación es la misma que hay entre una línea de magnitud constante y la diferencia entre la ordenada y la abscisa.

Si GD se toma como eje de abscisas, y la perpendicular a ésta en O, punto de intersección de EF y GD, como eje de ordenadas, se tiene

$$\frac{y}{y\frac{dx}{dy}} = \frac{t}{y - x\tan\lambda}$$

siendo $\lambda = \frac{\pi}{4}$. La ecuación viene así definida por la propiedad de la tangente, esto es, por una ecuación diferencial[131]. Integrando la ecuación diferencial obtenemos la ecuación que representa una curva trascendente: $x = y - t + c\,e^{\frac{-y}{t}}$, que es un caso particular de la expresión dada al principio.

Es una curva ilimitada y continua que tiene una asíntota inclinada en la recta $ax - y + b = 0$.

La obra de Beaune fue publicada por Erasme Bartholin en 1659, a continuación de los comentarios de Schooten sobre la *Geometría* de Descartes. El problema planteado en esta curva está en la edición latina de dicha obra: *Florimundi de Beaune in casterii geometriam notae breves*.

Curva de Delaunay

Ver ruleta de Delaunay.

Curva de Dumbbell

Ecuación cartesiana:

$$y^2 = a^2(x^4 - x^6)$$

---

(130) El hecho está reflejado en *Actiones calculis integralis* de Johann Bernoulli.

(131) La curva de Beaune fue la primera que se definió como una ecuación diferencial y fue el origen del cálculo inverso de las tangentes.

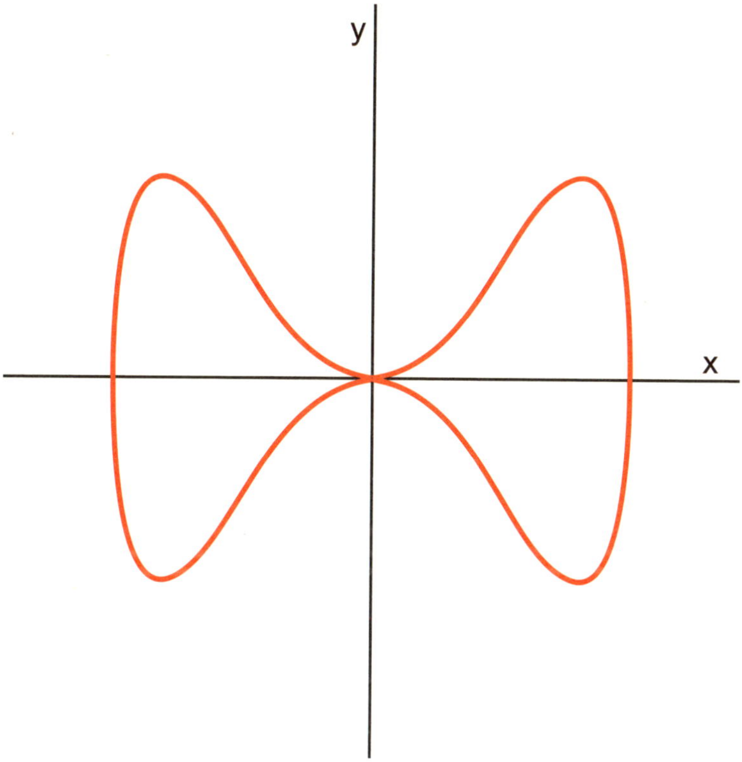

Ecuaciones paramétricas: $\begin{cases} x = t \\ y = at^2\sqrt{1-t^2} \end{cases}$

Curva de sexto grado, limitada, continua y cerrada, cuya área equivale a:

$$S = \frac{1}{4}\pi a^2$$

Curva de Eudoxo

(ver kampila de Eudoxo).

Curva de Fermat

Ecuación cartesiana: $x^n + y^n = 1$, con n un número natural.

Es una curva algebraica que representa un caso particular de las curvas de Lamé. La curva es no racional para un grado de n mayor o igual a 3. Fue descubierta por el matemático francés Pierre de Fermat[132] (1601-1655) en relación con el famoso teorema que demostró Andrew Wiles en 1994. Leo Mordell (1888-1972) estudió este tipo de curvas[133].

Curva de frecuencia o curva de Gauss

Ecuación cartesiana: $y = (2\pi)^{-\frac{1}{2}} e^{\frac{-x^2}{2}}$. O bien $y = \frac{h}{\sqrt{\pi}} e^{-h^2x^2}$, con $h > 0$.

O bien $y = e^{-x^4}$.

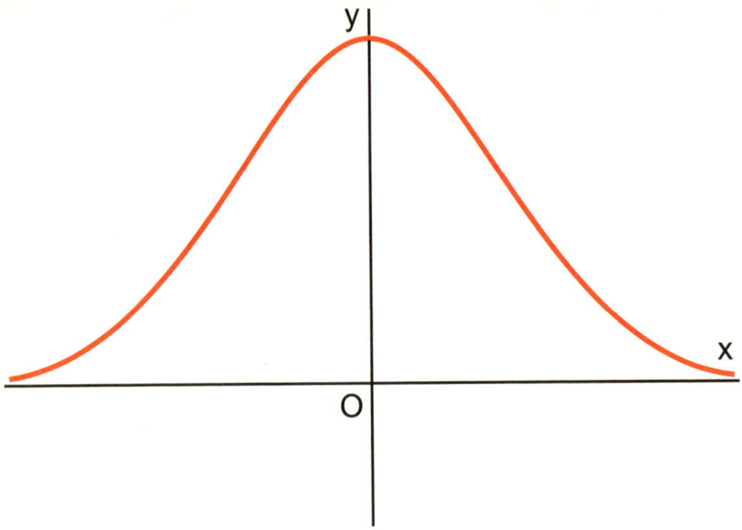

(132) Pierre de Fermat: *Oeuvres de Fermat. Publiées par les soins MM. de Paul Tannery et Charles Henry sous les auspices du Ministère de l'instruction publique*. París: Gauthier-Villars, 1891.

(133) Ver curvas de Mordell.

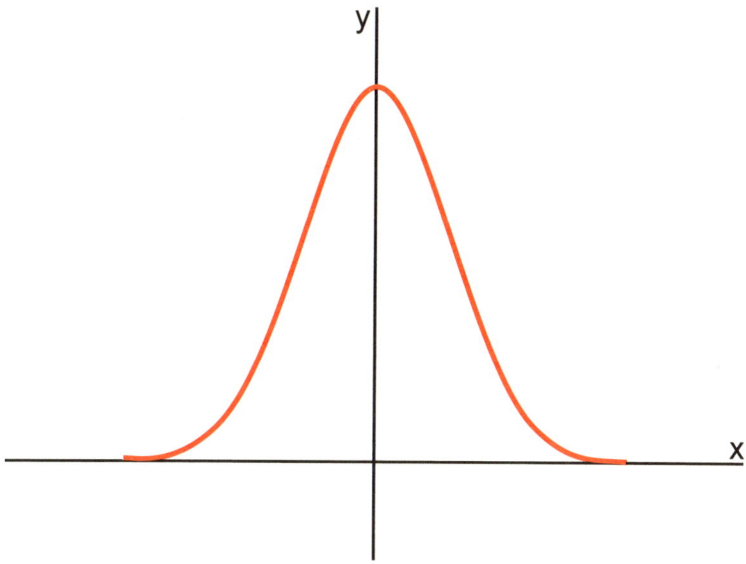

h = 2,50

Es una curva continua e ilimitada en la que el eje de las $x\,(y=0)$ es una asíntota y el eje de las $y\,(x=0)$ es un eje de simetría. El punto $\left(0, \frac{h}{\sqrt{\pi}}\right)$ es el vértice de la curva y los puntos $\left(\pm\frac{1}{h\sqrt{2}}, d\frac{h}{e\sqrt{\pi}}\right)$ son de inflexión.

El área limitada por la curva y el eje de abscisas asintótico es igual a 1.

La curva de Karl Friedrich Gauss (1777-1855), o curva de probabilidad de Gauss, representa una función de densidad de una variable aleatoria normal reducida. También representa la distribución de frecuencias de una serie estadística en función de alguna propiedad.

Esta curva, la curva normal de error, se originó con Abraham de Moivre[134] (1667-1754) en 1733 en su libro *Approximatio ad summan terminorum binomii* $(a+b)^n$ *in seriem expansi*, en el que aparece la curva de distribución de los errores. Había sido también estudiada por Pierre Simon de Laplace[135] (1749-1827).

---

(134) Abraham de Moivre: *A Rare Pamphlet of Moivre (Approximatio ad summam terminorum binomii* $(a+b)^n$ *in seriem expansi) and some of [his] Discoveries*. [Edited by R. C. Archibald.]. Bruxelles: 1926.

(135) Pierre Simon de Laplace: *Théorie analytique des probabilités.* París: Courcier, 1812.

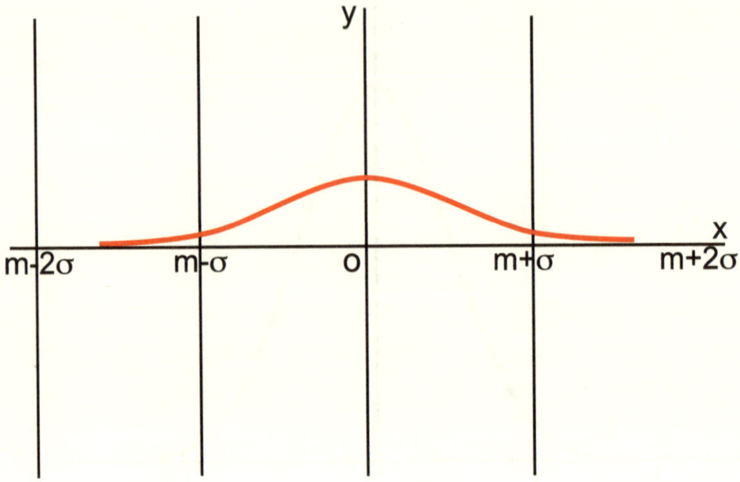

El nombre de curva de frecuencia, también llamada campana de Gauss o curva acampanada, se aplica a una gran variedad de otras curvas[136]. Las curvas de frecuencia tienen una aplicación inmediata en estadística. La fórmula que nos da la función de densidad de una variable aleatoria X absolutamente continua sería:

$$f(x) = \frac{N}{\sigma\sqrt{2\pi}}\, e^{-\frac{(x-m)^2}{2\sigma^2}}$$

siendo m la media y σ la desviación típica, dos números reales y σ estrictamente positivo. El área entre la curva y la asíntota es igual a N; el área entre $m-\sigma$ y $m+\sigma$ vale aproximadamente 2/3 de N; el área entre $m-2\sigma$ y $m+2\sigma$ vale aproximadamente el 96 % de N.

La fórmula de Gauss era un caso particular en la que $m=0$ y $\sigma = 1$ y $N = 1$, quedando la fórmula más arriba indicada. Muchos fenómenos físicos, biológicos y sociológicos se pueden estudiar con este modelo de Gauss. Además, la distribución binomial y la de Poisson se pueden aproximar por la ley de Gauss.

Gauss perfeccionó todo lo que tocaba. Uno de sus lemas era: “Ut nihil amplius desiderandum relictum sit” (“Que no quede nada por hacer”).

(136) En las ciencias experimentales se plantean, a veces, curvas en forma acampanada que no son curvas de Gauss.

Curva de Gutschoven

(ver curva kappa).

Curva de Jerabeck

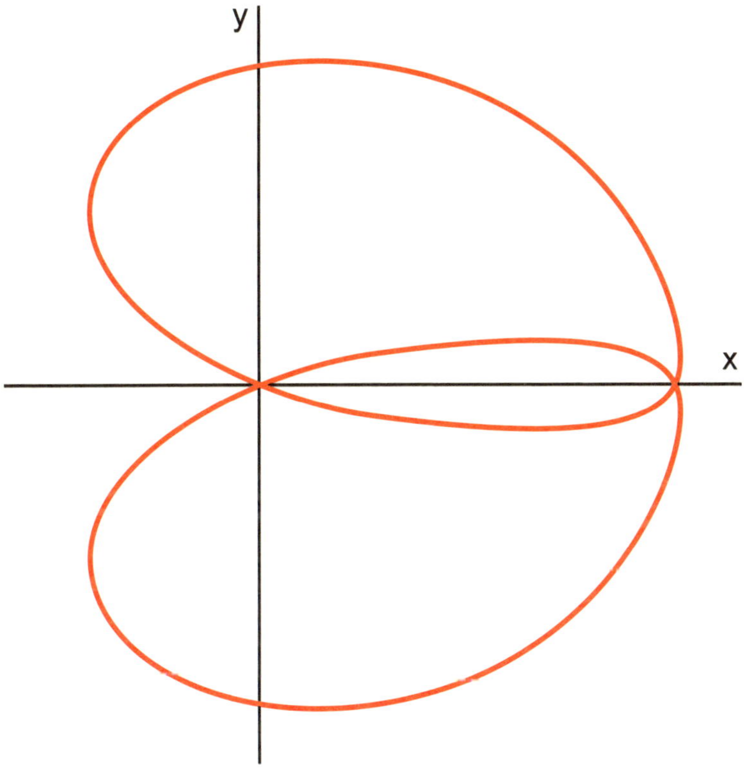

Ecuación cartesiana: $r^2(x^2+y^2-ax)^2=a^2(x^2+y^2)(x-a)^2$, con $a>0, r>0$ y $a \neq r$.

Ecuación en coordenadas polares: $\rho = a\dfrac{r\cos\theta - a}{r - a\cos\theta}$.

Es una cuártica tal que, cuando $r < a$, es ilimitada con dos asíntotas inclinadas de ecuaciones $y = \pm \dfrac{a^2-r^2}{r}(x+a)$. En este caso, el centro es un punto aislado.

Si $r > a$ es cerrada y limitada. La curva es simétrica con respecto al eje de las x $(y=0)$. En este caso el centro es un nodo y las rectas $y = \pm \dfrac{\sqrt{r^2-a^2}}{a}x$ son tangentes en el nodo. El punto $(a, 0)$ es un nodo degenerado.

La descripción de su construcción es: sea un círculo de centro O y radio r y una recta tangente en A al círculo; sea C el punto del segmento $AO=r$; entonces $AC = CO = r/2$. Trazamos por C una recta que corta la círculo de centro C y radio $r/2$ en E y a la tangente en A al círculo de radio r en F. Sea el punto M, tal que $CM = FE$. El lugar de los puntos M es una cisoide de ecuación polar $\rho = r\cos\theta + \frac{r}{2\cos\theta}$, con $\rho = CM$ y θ igual al ángulo OCM.

La curva fue estudiada por V. Jerabeck[137] en 1846.

Curva de Kiepert

Ecuación cartesiana: $(x^2+y^2)^3 = a^3x\,(x^2 - 3y^2)$.

Ecuación en coordenadas polares: $\rho^3 = a^3\cos 3\theta$, con $a > 0$.

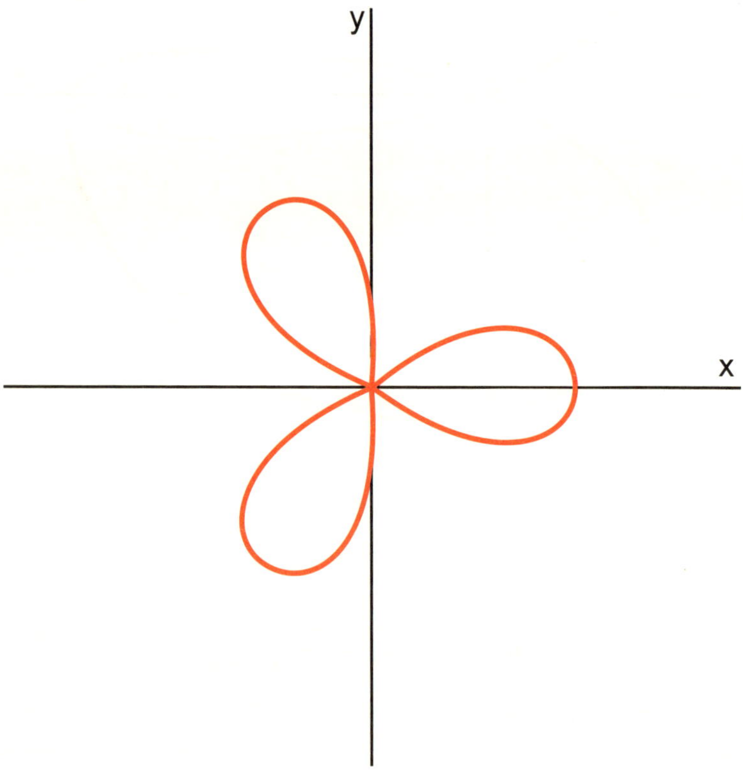

La gráfica corresponde a la curva cuando a = 1

(137) V. Jerabeck: En: *Mathesis*, 1846. Vol. 2 (8).

La curva de Kiepert es una séxtica tricircular de género 1 de la familia de las espirales sinusoidales de orden 3 (caso particular de curva cassiniana), que también se conoce como lemniscata de tres polos. Es una curva cerrada, continua y limitada en la que el centro es un punto singular nodal, punto triple. Las rectas $x = 0, x \pm y\sqrt{3} = 0$ son tangentes en dicho nodo. El eje de las x $(y = 0)$ es un eje de simetría y también las rectas $y = \pm x\sqrt{3}$.

La curva fue estudiada por Friedrich Wilhelm August Ludwig Kiepert[138] (1846-1934). Kiepert publicó en 1870 una memoria titulada *De curvis, quarum arcus integralibus ellipticis primi generis exprimintur*. Estudió también transformación de funciones elípticas, geometría del triángulo y secciones cónicas, sobre lo que construyó una hipérbola, conocida como *hipérbola de Kiepert*.

Curva de Koch

(ver copo de nieve).

Curva de Legendre

(ver séxtica de Legendre).

Curva de Lenard-Jones

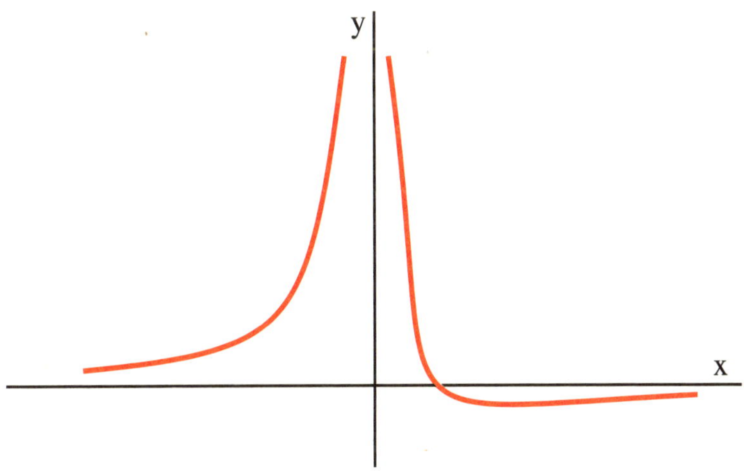

(138) Friedrich Wilhelm August Ludwig Kiepert: *De curvis, quarum arcus integralibus ellipticis primi generis exprimentur.* Berlín: Schade, 1870.

Ecuación en coordenadas cartesianas: $y = x^{-2} - x^{-1}$ (prescindiendo de constantes físicas).

Es una de las curvas que mejor representa la dependencia inversa entre una variable física y la distancia (con el cuadrado, con el cubo, etc.). Son muchas las variables físicas (fuerzas, potenciales, energías...) que muestran una dependencia inversa con la distancia (o con el cuadrado, o con el cubo... de ésta). Serán funciones del tipo $y = x^{-n}$ (con $x > 0$, por ser esta variable la distancia, lo que exige interpretarla como positiva). Las funciones que expresan diferencias de estas potencias suelen representar fenómenos de la naturaleza y expresan la acción de dos fuerzas contrarias. Es decir, funciones del tipo $y = x^{-n} - x^{-n-1}$ están presentes en la naturaleza y dan cuenta de la acción de dos fuerzas contrarias. Explican, por ejemplo, lo que sucede en los átomos, donde fuerzas atractivas y repulsivas actúan entre los protones y los electrones. Son las curvas de Lenard-Jones[139] (1894-1954) un caso particular que podemos suponer representadas por la ecuación dada inicialmente. Si se quiere expresar las fuerzas de atracción –repulsión de protones y electrones, la variable y será la energía acumulada por el sistema protón-electrón de un átomo y la variable x representará la distancia entre ellos.

Curva de Liapunov

Es una subclase de las curvas suaves simples. Es un curva simple continua L que satisface las siguientes condiciones:

1. Cada punto de la curva L posee una tangente y una normal.

2. Existen dos constantes A y λ, tales que $A > 0$ y $0 < \lambda \leq 1$ y que dados dos puntos $y_1, y_2 \in L$, entonces $|\theta| < A\left|y_1 - y_2\right|^{\lambda}$. θ es el ángulo que forman las tangentes o las normales a L en los puntos $y_1, y_2 \in L$.

3. Si tomamos un número r positivo, la parte interior de la curva de Liapunov con centro en cualquier punto y_0 de la curva y radio r, y las rectas paralelas a la normal a L en el punto y_0 cortarán una sola vez al círculo de radio r. La curva de Liapunov (1857-1918) es un caso de matemática no lineal que tiene aplicación en la geometría fractal.

---

(139) John Edward Lenard-Jones: En: *Proceedings of the Royal Society*. Vol. A106, p. 463.

La curva fue estudiada por Alexandr Mikhailovich Liapunov (1831-1906) en *Collected works of Academician A. M. Lyapunov*. Ohio: Foreign Technology Division, 1967.

Curva de Mannheim

La curva de Mannheim es una ruleta.[140]

Es una curva que va asociada a otra cuando ésta rueda sin deslizamiento sobre una recta. Si la recta es el eje de las x ($y = 0$), la curva de Mannheim es el lugar de los centros de curvatura en el punto de contacto con la recta, de la curva que rueda.

Si la ecuación intrínseca de la curva que rueda es $s=f(\varphi)$, la curva de Mannheim tiene por ecuaciones paramétricas cartesianas

$$\begin{cases} x = f(t) \\ y = f'(t) \end{cases}$$

Como ejemplos podemos citar los siguientes: si la curva que rueda es un círculo, la curva de Mannheim es una recta; si la que rueda es una cicloide, la curva de Mannheim es un círculo; si es una espiral logarítmica, resulta una recta; si es una alisoide, una parábola; si la de partida es una espiral de Cornu, resulta una hipérbola equilátera; de la evolvente del círculo resulta la parábola; y de la curva de Ribaucour de coeficiente k resulta la misma curva, pero de coeficiente $k - 1$.

Estas curvas fueron estudiadas por el matemático francés, Amédée Mannheim[141] (1831-1906).

Curva de Mascheroni

Ecuación cartesiana: $(x^2+y^2)x^2 = (kx+ay)^2$, con $a > 0$, $k > 0$.

Ecuación en coordenadas polares: $\rho = a \tan\theta+k$.

Es una cuártica ilimitada y continua en la que el centro de coordenadas es un centro de simetría. El eje de las y ($x = 0$) es una asíntota vertical y el centro

(140) Ver ruleta.

(141) Amédée Mannheim: *Cours de géométrie descriptive de l'École polytechnique comprenant les éléments de la géométrie cinématique*. París: Gauthier-Villars, 1886.

de coordenadas es un punto singular (nodo degenerado) en el que la recta $kx+ay=0$ es tangente.

Lorenzo Mascheroni (1750-1800) publicó en Milán, en 1795 *Geometría del compasso*, en la que reduce al uso del compás sencillos problemas de geometría, reproduciendo el sentido de su uso para resolver los problemas délicos. Este poeta y matemático italiano contribuyó, junto a Napoleón Bonaparte (1769-1821), a la resolución del problema conocido como de Mascheroni-Bonaparte, consistente en la construcción del centro de un círculo dado, con la única ayuda de la regla y el compás, en un número limitado de operaciones. Para Mascheroni “cualquier construcción geométrica que se pueda hacer con regla y compás, se puede hacer con solo el compás”.

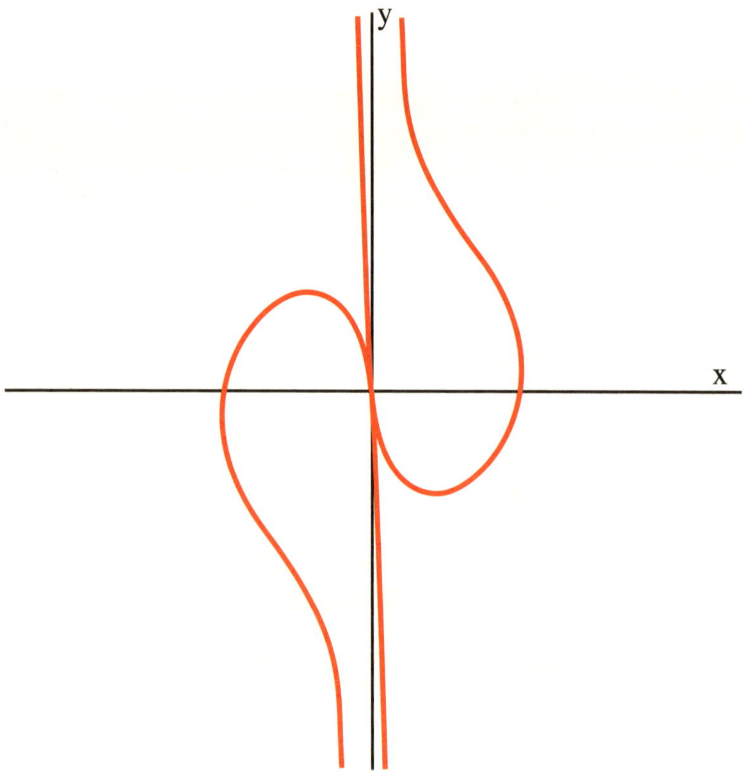

Curva de Ozanam

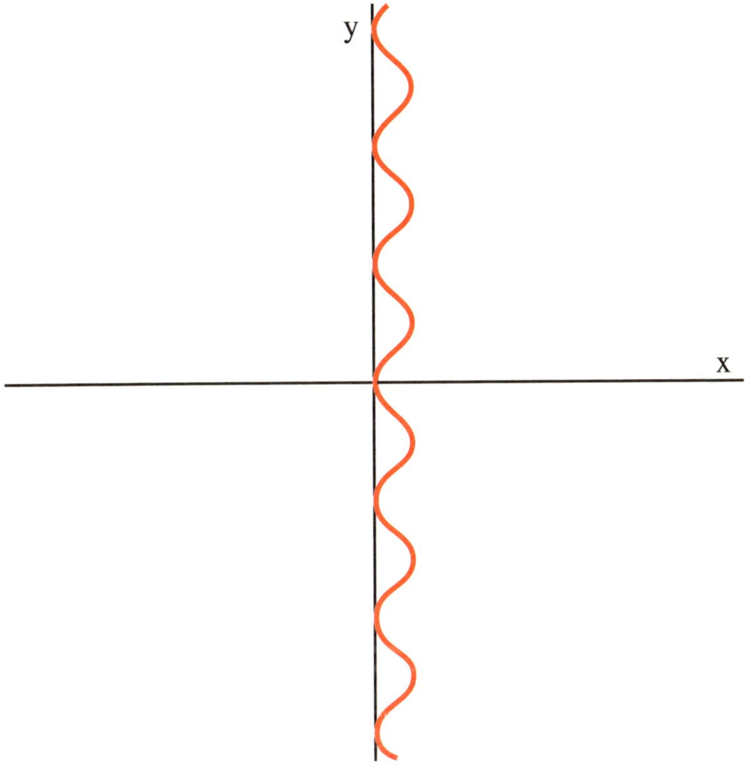

Ecuación cartesiana: $x = 2a \operatorname{sen}^2 \dfrac{y}{2a}$, con $a > 0$.

Curva continua e ilimitada que tiene ejes de simetría en las rectas $y = k\pi a$ cuando k es un número entero.

Jacques Ozanam (1640-1717) fue un matemático francés que estudió geometría analítica y representación gráfica de curvas.

Curva de persecución

Ecuación cartesiana: $y = cx^2 - \log x$.

Si A se mueve a lo largo de una curva, entonces P describe una curva persecución si P está siempre dirigido hacia A, y A y P se mueven con velocidades uniformes. Si V y V' son respectivamente las velocidades de los móviles A y P, la relación entre ambas viene dada por la expresión $V = kV'$. Evidentemente, el móvil P atrapa al móvil A, si y solo si $k < 1$. Es el caso de la persecución del

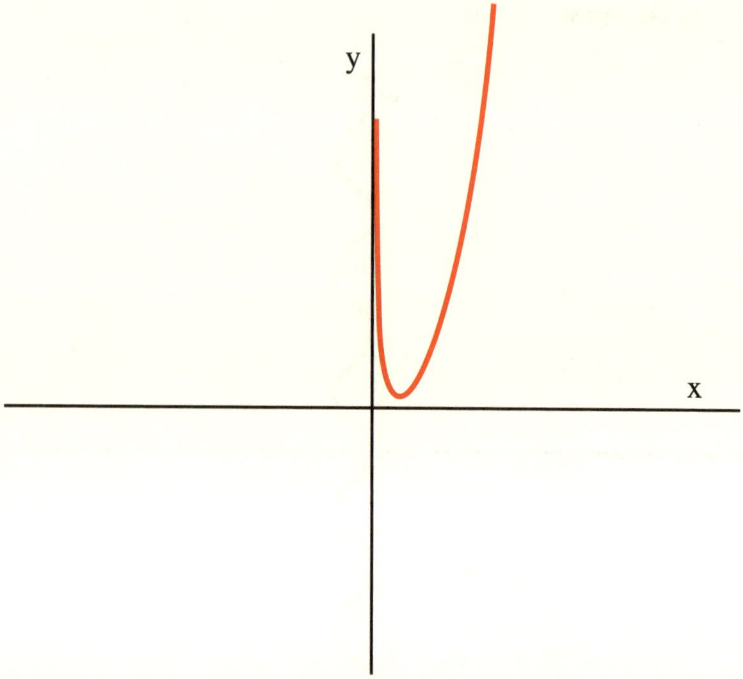

perro a la liebre. Cuando las dos velocidades son iguales, la distancia entre la liebre y el perro tiende con el transcurso del tiempo hacia una constante a.

Esta curva fue estudiada de manera general por el matemático, astrónomo y físico francés Pierre Bouguer[142] (1698-1758) en 1732. Anteriormente había sido estudiada por Leonardo da Vinci.

El caso que aquí se expresa es cuando A está en una recta y fue estudiado por Arthur Bernhart.

Pierre Bouguer fue un científico francés de los primeros en intentar medir la densidad de la Tierra usando la deflección de una línea plomada o suspendida debida a la atracción de una montaña. Hizo medidas en Perú en 1740. Este método fue usado con mayor éxito por el astrónomo Nevil Maskelyne (1732-1811), quien evaluó la densidad entre 4,5 y 5. El mismo año en el que murió Maskelyne, Jean-Marie-Joseph-Aimé Dubois du Boisaymé[143] (1779-1846) estudió también la curva de persecución.

(142) Pierre Bouguer: En: *Mémoires de l'Académie de France*, 1732.

(143) Jean-Marie-Joseph-Aimé Dubois du Boisaymé: *De la courbe que décrit un chien en courant après son maître*. 1812.

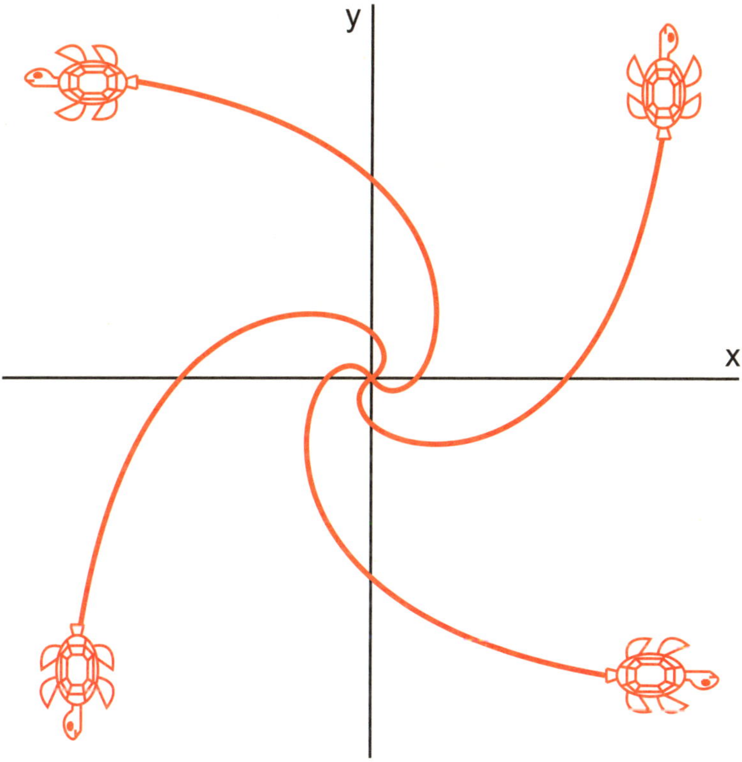

Representación de la trayectoria de cuatro tortugas, cuando cada tortuga persigue a la que está a su izquierda, con trayectorias que forman ángulo recto al ser las velocidades uniformes. Cada rama se puede considerar como una espiral equiangular

Curva de Rolle

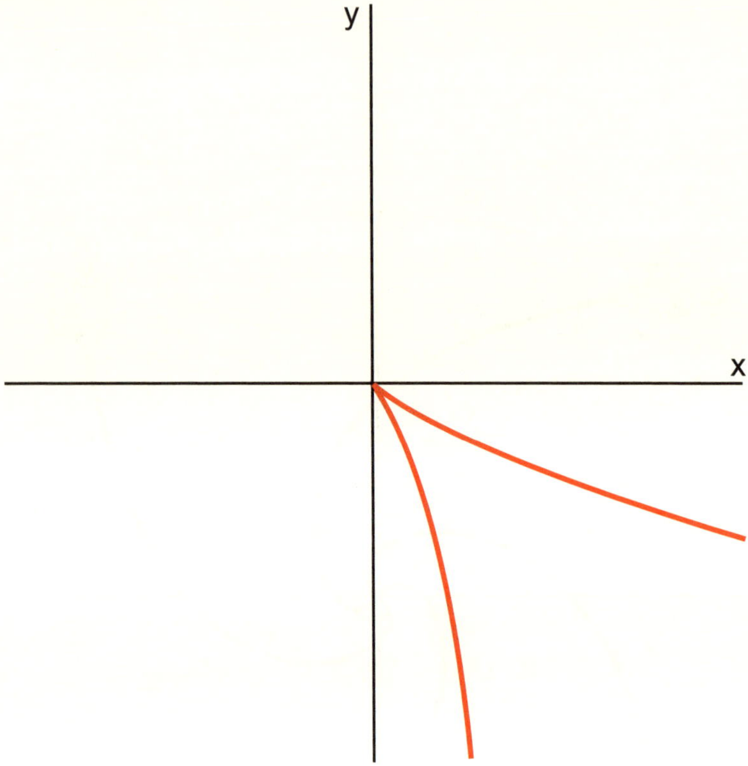

Ecuación cartesiana: $xy^2 = a(x+y)^2$, con $a > 0$.

Ecuación en coordenadas polares: $\rho = a\dfrac{\cos\theta + \text{sen}\,\theta}{\cos\theta\ \text{sen}^2\,\theta}$.

Es una curva ilimitada y discontinua, formada por dos ramas, que tiene una asíntota vertical en $x = a$. El origen de coordenadas es un punto singular, punto cúspide, en el que la recta $y = -x$ es tangente. El punto $(a, -a/2)$ es el punto de intersección de la curva con la asíntota y el punto $(9a, 9a/2)$ es un punto de inflexión.

La curva lleva el nombre del matemático francés Michel Rolle (1652-1719).

Curva de Talbot

Ecuaciones paramétricas cartesianas: $\begin{cases} x = \left(a^2 + f^2\,\text{sen}^2\,t\right)\dfrac{\cos t}{a} \\ y = \left(a^2 - 2f^2 + f^2\,\text{sen}^2\,t\right)\dfrac{\text{sen}\,t}{b} \end{cases}$

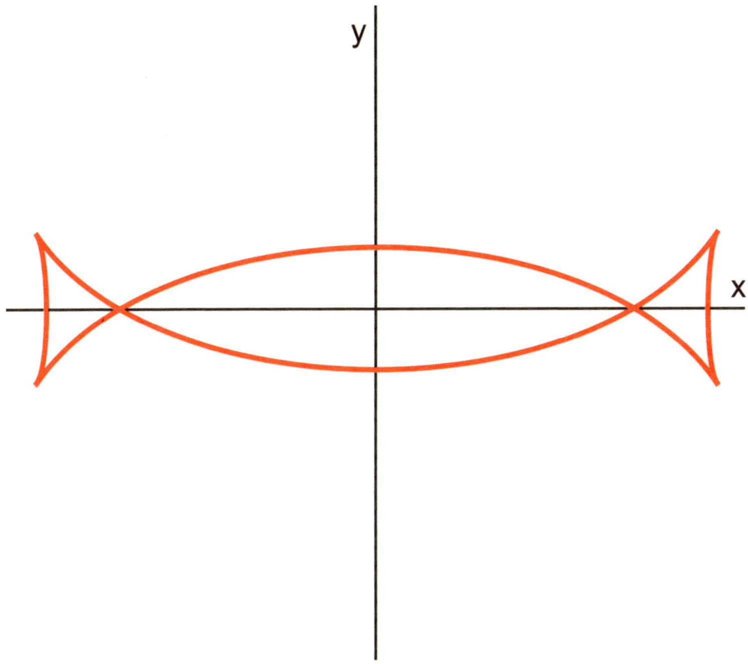

a = 2; f = 3/4; b = 1

O bien, si la ecuación de la elipse es

$$\frac{x^2}{a^2}+\frac{y^2}{b^2}-1, \qquad \begin{cases} x = \left(a+ec\,\mathrm{sen}^2\,t\right)\cos t \\ y = \left(b-ec\cos^2 t\right)\mathrm{sen}\,t \end{cases} \qquad \text{con} \quad c=\sqrt{a^2-b^2} \quad e=\frac{c}{a}$$

Es una séxtica racional. La curva de Talbot es la podaria negativa de una elipse con respecto a su centro. Y es también la envolvente de las rectas perpendiculares a los diámetros de la elipse por sus extremos.

Tiene cuatro vértices y dos nodos a condición de que el cuadrado de la excentricidad e de la elipse sea más grande que $1/2$.

Esta curva fue investigada en 1821 por William Henry Fox Talbot[144] (1800-1877) y también por el matemático francés, natural de Montpellier, Édouard Albert Roche (1820-1883). Posteriormente, en 1846 fue estudiada por Barnaba Tortolini[145] (1808-1874).

(144) William Henry Fox Talbot: En: *Annales de mathématiques de Gergonne*, 1821. Vol. XV, p. 280-.

(145) Barnaba Tortolini: En: *Nouvelles Annales de Mathématiques*, 1846, p. 365-.

Curva de Weibull

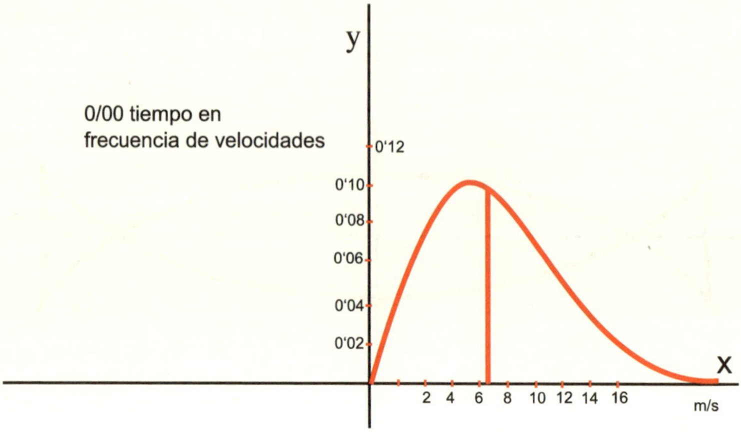

Curva que se emplea para medir las velocidades del viento y estimar la potencia de las fuentes de energía eólica o aerogeneradores. Generalizando aún más, se utiliza para estudiar distribuciones estadísticas aplicables al análisis de la fiabilidad en problemas relativos a la fatiga y vida de componentes y materiales. La energía del viento depende del cubo de su velocidad y por tanto la velocidad influye en la estimación de energía generada por el viento durante un período de tiempo. La estimación se puede obtener describiendo la distribución de la probabilidad de la velocidad del viento durante ese período, medida en fracciones pequeñas. Con ello podremos obtener una expresión matemática representativa que nos permita hacer predicciones, esto es una distribución de Weibull. Aplicada al estudio del viento, con una exactitud aceptable, la distribución de Weibull tiene por expresión:

$$\Phi(u)=\frac{k}{c}\left(\frac{u}{c}\right)^{k-1} e^{-\left(\frac{u}{c}\right)^{k}}$$

donde u es la velocidad del viento, c es la escala paramétrica de unidades de velocidad, y k es la forma paramétrica y sus dimensiones. Si $k = 2$ la distribución de Weibull se reduce a una distribución de Rayleigh[146], si $k = 1$ se trata de una distribución exponencial. A veces la expresión matemática de la curva se expresa de forma reducida por $y=e^{-x^{a}}$ con a un parámetro, de forma que si $a = 2$, se trata de la curva de Gauss y si $a = 1$ es la curva exponencial decreciente.

(146) En los países de Europa en los que el viento es mayor, los países nórdicos, los valores de k suelen aproximarse a 2.

La distribución de Weibull recibe su nombre del científico sueco Waloddi Weibull[147] (1887-1979), que la estudió y desarrolló en 1951, y se caracteriza por evaluar la tasa de fallos variable que se aplica a funciones de fiabilidad de dispositivos y sistemas, utilizando métodos probabilísticos aplicables a problemas de fallos en procesos industriales.

En la gráfica se comprueba que se parece a una campana de Gauss desplazada a la izquierda. Complementan la distribución de Weibull las distribuciones normal y exponencial como casos particulares.

Curva del diablo

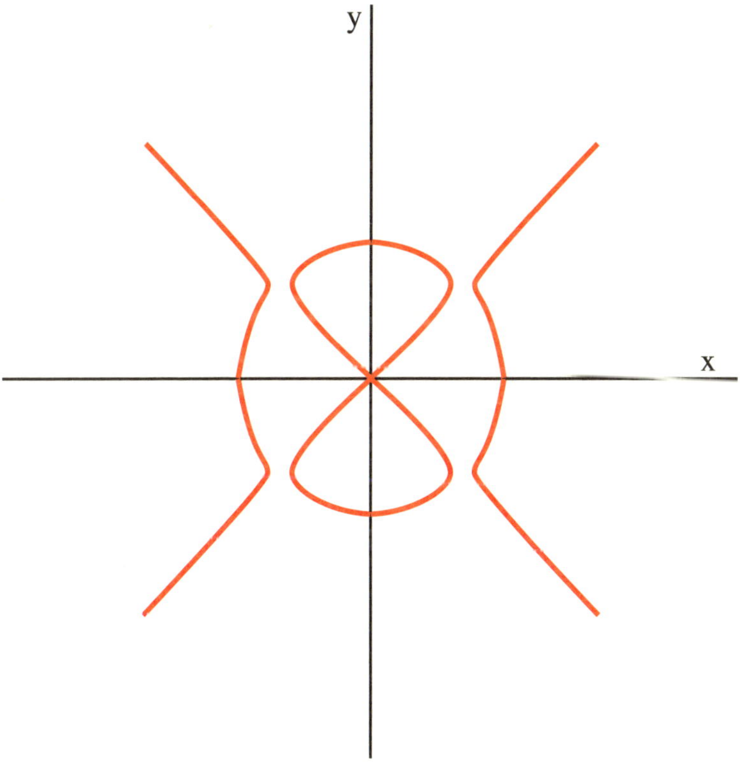

Ecuación cartesiana: $y^4 - x^4 + ay^2 + bx^2 = 0$.

Ecuación polar (caso especial de la figura): $\rho^2 = \dfrac{25 - 24\tan^2\theta}{1 - \tan^2\theta}$

(147) Waloddi Weibull: "A Statistical Distribution Function of Wide Applicability". En: *Journal of Applied Mechanics*, 1951.

La curva del diablo fue estudiada por Gabriel Cramer[148] (1704-1752) en 1750 y por Silvestre François Lacroix[149] (1756-1843) en 1810. La curva aparece por primera vez en *Nouvelles Annales* en 1858.

Gabriel Cramer fue un matemático suizo. Ejerció de profesor de matemáticas en Ginebra y escribió un trabajo relacionado con física; también sobre geometría y sobre historia de la matemática. Se le conoce sobre todo por sus trabajos en determinantes y el estudio de resolución de sistemas (1750), pero también hizo importantes contribuciones al estudio de las curvas algebraicas (1750).

Curva del estribo

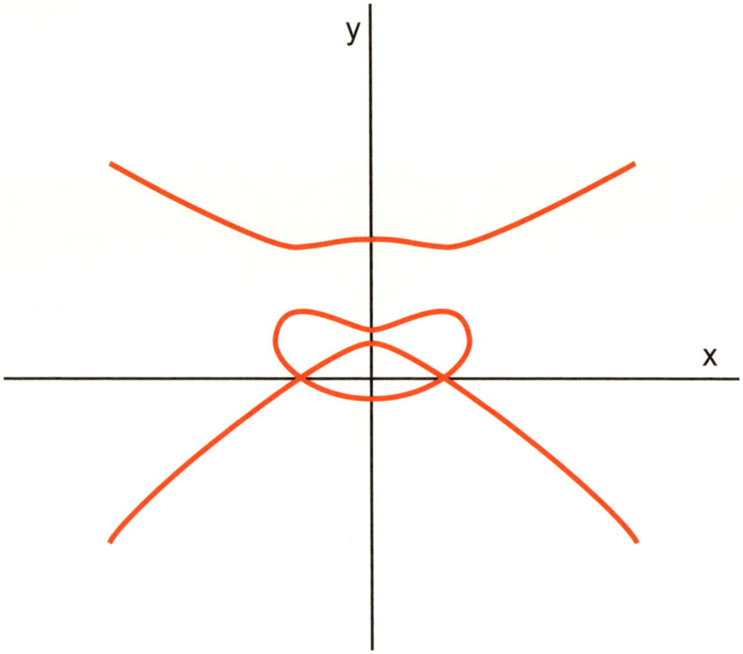

Ecuación cartesiana: $(x^2 - 1)^2 = y^2(y - 1)(y - 2)(y+5)$.

---

(148) Gabriel Cramer: *Introduction à l'analyse des lignes courbes algébriques*. Ginebra: Frères Cramer, 1750.

(149) Silvestre François Lacroix: *Traité élémentaire de calcul différentiel et de calcul intégral*. París: Courcier, 1820.

Curva doble corazón

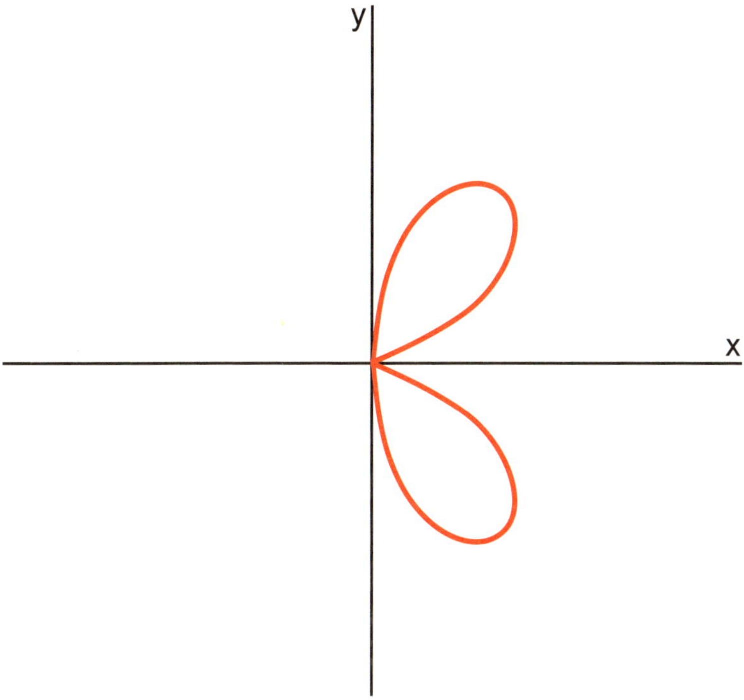

Ecuación cartesiana: $y^4+2x^2y^2+x^4-6axy^2-ax^3+a^2x^2=0$, con $a>0$.

O bien $y=\pm\frac{1}{2}\left(\sqrt{x(2a-x)}\pm\sqrt{x(4a-x)}\right)$

Es una curva cuártica, simétrica con respecto al eje de las x ($y=0$), cerrada, limitada y continua. El centro de coordenadas es un punto singular, un nodo degenerado y el eje de las y ($x=0$) es tangente en dicho nodo.

Su figura se asemeja a otra cuártica, el bifolium recto, de la que se puede considerar como una variante particular.

Curva en cruz o curva cruciforme

Ecuación en coordenadas cartesianas es:

$$\frac{a^2}{x^2}+\frac{b^2}{y^2}=1$$

con $a>0$ y $b>0$. O bien $b^2x^2+a^2y^2=x^2y^2$.

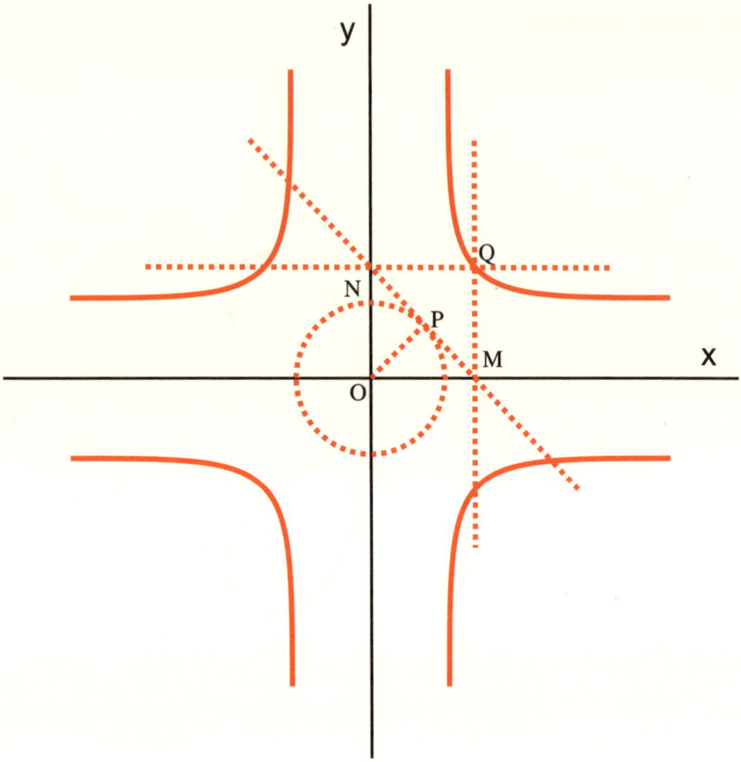

Ecuaciones paramétricas en polares: $\begin{cases} x = \dfrac{a}{\cos t} \\ y = \dfrac{b}{\operatorname{sen} t} \end{cases}$

La curva en cruz es una curva algebraica de cuarto orden. La gráfica de la curva es simétrica con respecto a los ejes de coordenadas ortonormales. O lo que es lo mismo, el centro de coordenadas es el centro de simetría, siendo los ejes de simetría las rectas $x = 0$ e $y = 0$. Las rectas $x = \pm a$ e $y = \pm b$ son asíntotas verticales y horizontales respectivamente. El centro $O(0, 0)$ es un punto aislado.

En el caso de que $a = b$, resulta una curva circular en cruz.

La curva se genera como sigue: sea un círculo de centro $O(0, 0)$, P un punto del círculo y M y N los puntos de corte de la tangente al círculo en P con los ejes de coordenadas. Por M y N trazamos rectas paralelas a los ejes de coordenadas. La curva es el lugar geométrico de los puntos Q donde se cortan esas rectas.

Curva en forma de &

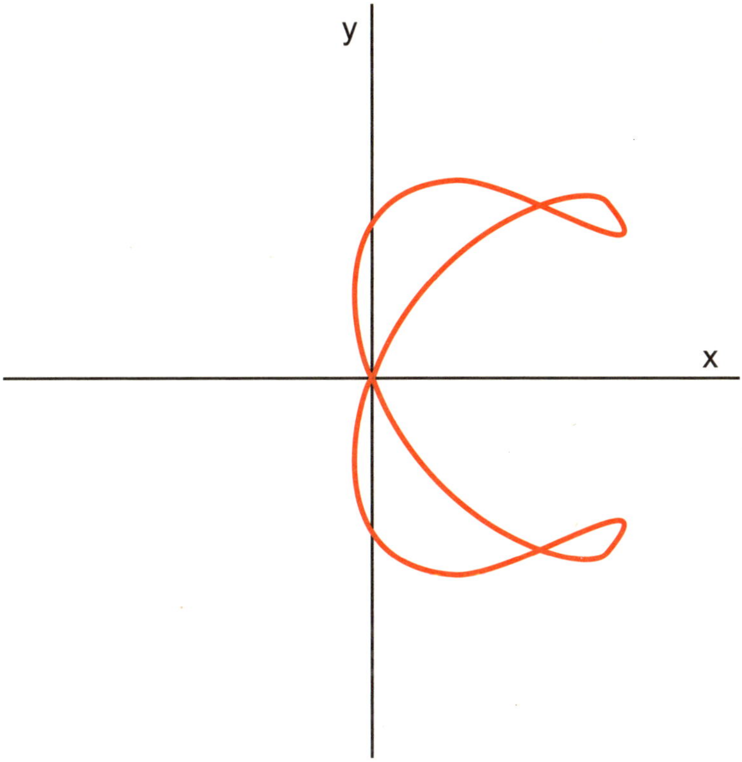

Ecuación cartesiana: $(y^2 - x^2)(x - 1)(2x - 3) = 4(x^2 + y^2 - 2x)^2$.

Se trata de una curva cuártica cerrada, limitada y continua, que tiene tangentes horizontales en

$$\left(\frac{1}{2}, \pm\frac{1}{2}\sqrt{5}\right); \quad \text{y en} \quad \left(\frac{1}{120}(159 - \sqrt{201}), \pm\frac{1}{40}\sqrt{1389 + 67\sqrt{\frac{67}{3}}}\right)$$

Las tangentes verticales están en

$$\left(-\frac{1}{10}, \pm\frac{1}{10}\sqrt{23}\right) \quad \text{y} \quad \left(\frac{3}{2}, \pm\frac{1}{2}\sqrt{3}\right)$$

Los puntos singulares nodales o nodos están situados están situados en los puntos (1, 1); (1, –1) y (0, 0).

Curva en forma de ocho

(ver lemniscata de Gerono).

Curva en forma de pera

(ver cuártica piriforme).

Curva error

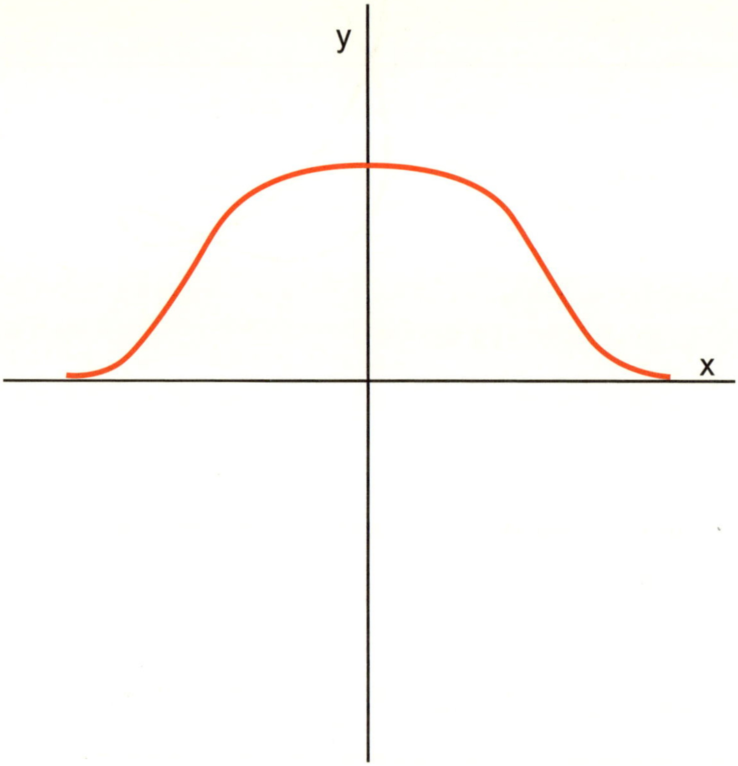

Ecuación cartesiana: $y = e^{-x^4}$.

Es una curva continua e ilimitada, que tiene una asíntota en el eje de las x ($y = 0$). El eje de las y ($x = 0$) es un eje de simetría. Corta al eje de ordenadas en el punto (0, 1).

La curva error es un caso particular de la curva de frecuencia o curva de Gauss.

Curva exponencial-cosenoidal

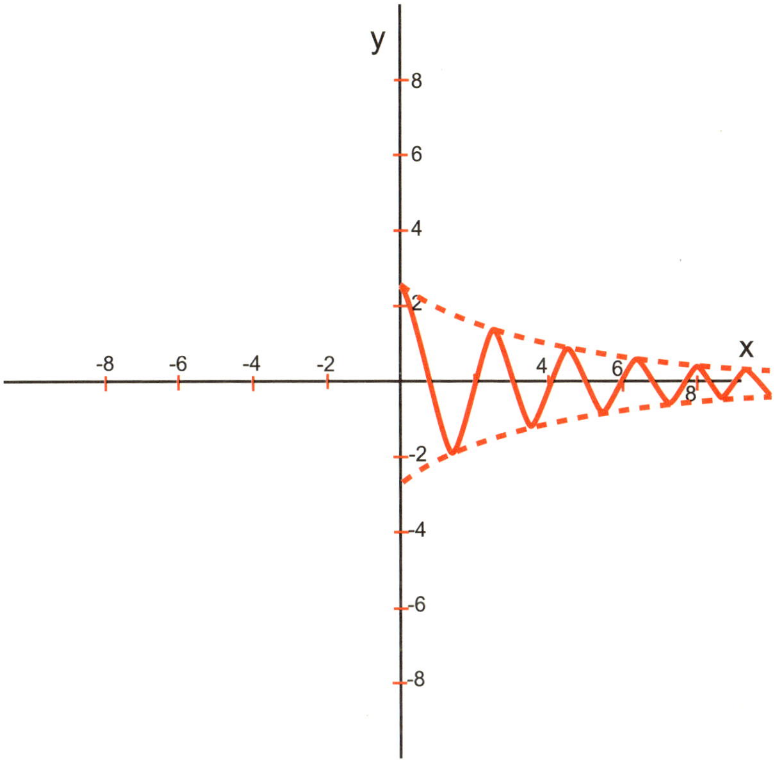

Ecuación en coordenadas cartesianas: $y = e^{-x} \cos x$ (también se puede expresar en función del seno).

La variable y representa la posición del oscilador en función del tiempo transcurrido, que es la x. La ecuación representa la solución de una ecuación diferencial lineal de segundo orden, de primer grado, con coeficientes constantes, y homogénea.

La curva exponencial-cosenoidal es una curva que representa el movimiento de un oscilador amortiguado, como es el caso de los péndulos[150].

(150) Los péndulos tienden a frenar con el tiempo debido al rozamiento.

Curva kappa

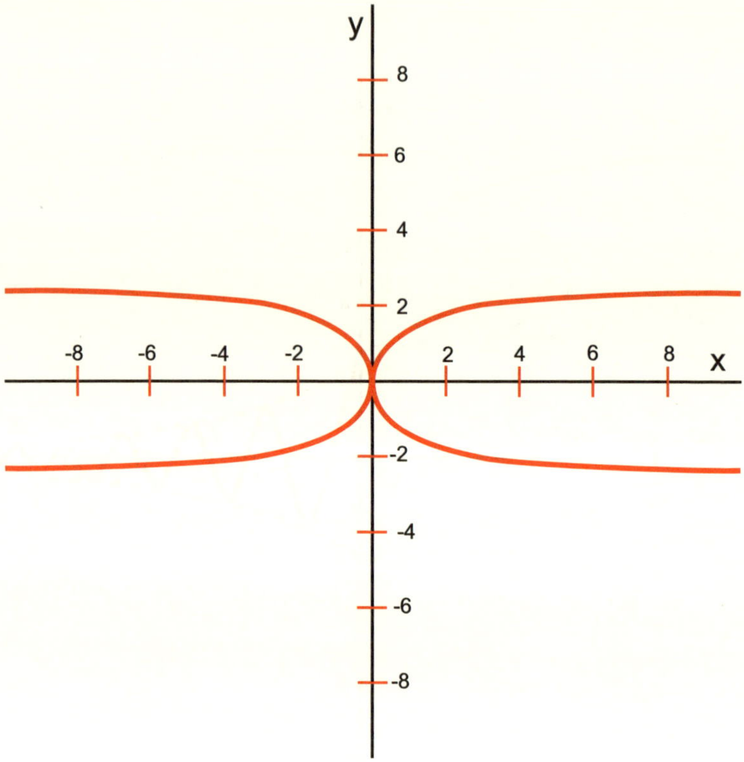

Ecuación cartesiana: $y^2(x^2+y^2)=a^2x^2$. O bien de una manera más general $k^2x^2(x^2+y^2) = a^2(x^2+y^2-ky)^2$, con $a > 0$ y $k > 0$. Expresión ésta de la definición de Gutschoven.

Ecuación polar: $\rho = a \cot\theta$, con $a > 0$. O bien $\rho = a \tan\theta$ si la queremos ver en sentido vertical. O bien de una manera más general

$$\rho=\frac{ak \text{ sen } \theta}{a-k\cos\theta}$$

O bien $\rho=\dfrac{a \text{ sen } \theta}{a+\cos\theta}$. Expresión ésta de la definición de Gutschoven.

Ecuaciones paramétricas: $\begin{cases} x = a \cos t \cot t \\ y = a \cos t \end{cases}$

Esta curva cuártica racional recibe el nombre de *kappa* por su parecido con la κ griega, aunque se parece mucho más a la X. Es un caso particular de

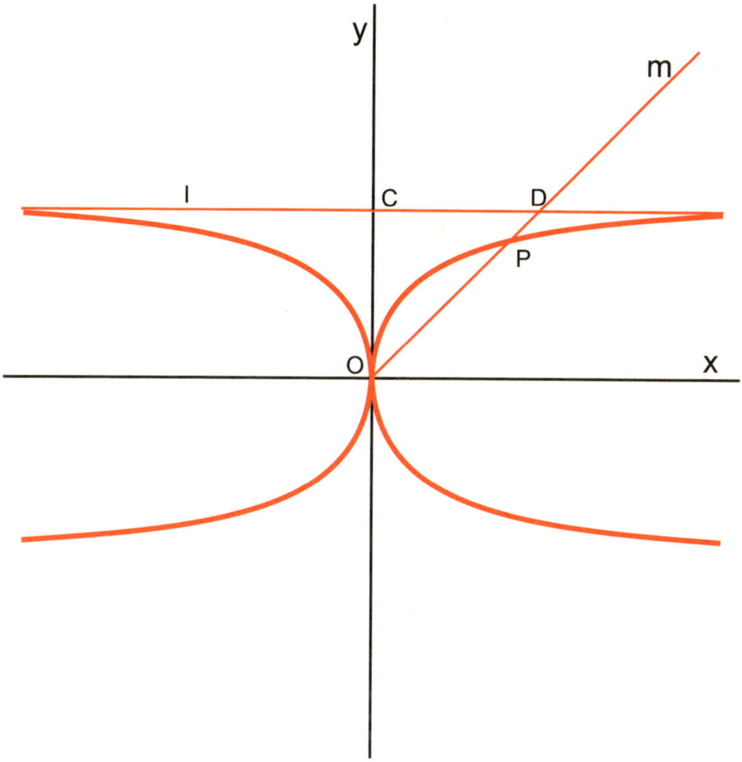

curva nodal y se puede describir como sigue: sea una línea paralela al eje OX que corta al eje OY en el punto C. Y sea m una recta que pasa por el centro y corta a la recta dada en el punto D. Se define la curva como el conjunto de puntos M para los que se verifica la relación $OM = CD$. Es una curva algebraica de cuarto orden, ilimitada. El origen de coordenadas es un punto doble en el que es tangente la recta de ecuación $x=0$. También es un centro de simetría. Los ejes de coordenadas son ejes de simetría. Las asíntotas a la curva vienen dadas por las ecuaciones $x = \pm a$. El área limitada por la curva y una de las asíntotas es igual a πa^2.

Si la expresión es la de Gutschoven, se trata de una curva cuártica cerrada para $a > k$ e ilimitada para el caso $a < k$. El eje de las x ($y = 0$) es un eje de simetría. Para el segundo caso ($a \leq k$) tiene dos asíntotas inclinadas en las rectas

$$y = \pm x\sqrt{\frac{k^2}{a^2} - 1} + k$$

Para el caso $a = k$, la recta $y = k$ es una asíntota horizontal. El centro de coordenadas es un punto múltiple y el eje de las x ($y = 0$) es tangente en el nodo. El punto $(0, k)$ es otro nodo y las rectas $\pm kx+ay+ak=0$ son tangentes en dicho nodo.

La kappa es un caso particular de nudo y también es la radial de la tractriz.

La curva también fue estudiada por Isaac Newton (1642-1727) y, unos años más tarde, por Johann Bernoulli (1667-1748). La kappa también se llama curva de Gutschoven, debido a que fue G. Van Gutschoven[151] (1615-1668) el primero que la estudió, alrededor de 1662. En 1672 fue estudiada por Isaac Barrow[152] (1630-1677) y en 1657 por René François Walter de Slüse[153] (1622-1685).

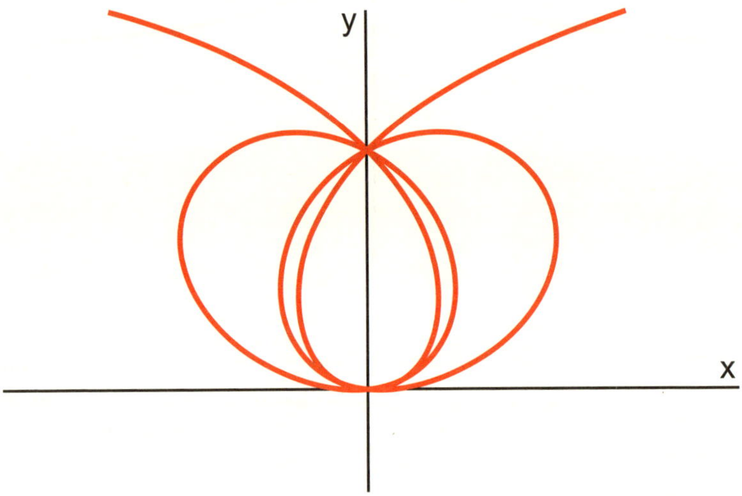

Gráfica para a = 1, k = 0,50

a = 0,5 y k = 0,50

(151) G. Van Gutschoven: *Usus quadrantis geometrici, quo Ope Schalae Altimetrae ad arcum reductae [et] variis novis usibus destinatae*. Bruselas: [s.n.], 1674.

(152) Isaac Barrow: *The mathematical works of Isaac Barrow/Whewell*, William (1794-1866). Éditeur scientifique. Cambridge: Cambridge University Press, 1860.

(153) René François Walter de Slüse: "Correspondance de René-François de Slüse", publiée pour la première fois et précédée d'une Introduction/par M. C. La Paige. En: *Bullettino di bibliografia e di storia delle scienze matematiche e fisiche*, 1884, vol. 17.

Curva kappa oblicua

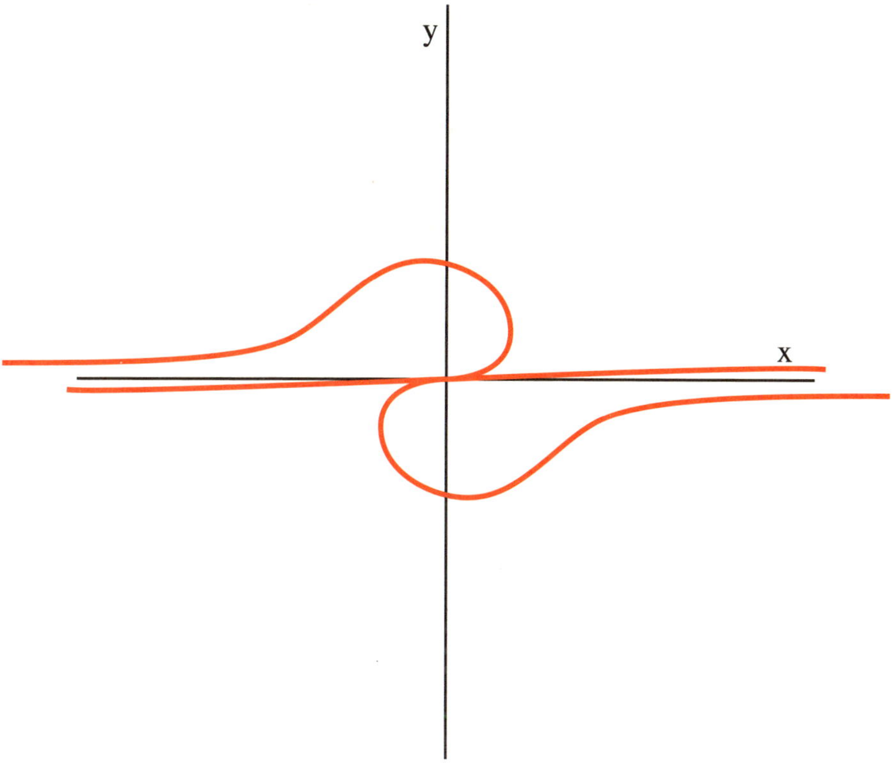

Ecuación en coordenadas ortonormales: $(x^2+y^2)y^2=a^2(x \text{ sen}\,\alpha+y \cos\alpha)^2$, en la que $a>0$ y $0<\alpha<\dfrac{\pi}{2}$.

Ecuación en polares: $\rho = a\dfrac{\text{sen}\,(\theta+\alpha)}{\text{sen}\,\theta}$.

La kappa oblicua es una curva algebraica plana de cuarto orden ilimitada y continua, en la que el centro de coordenadas es un centro de simetría.

El origen de coordenadas es un nodo degenerado y la recta

$$x \text{ sen}\,a+y \cos a=0$$

es tangente en él. La curva tiene una asíntota en $y=0$. Si $\alpha=\dfrac{\pi}{2}$ se trata de una kappa recta.

La gráfica de la kappa oblicua asemeja la curva de Mascheroni con un cambio de ejes.

Curva ofiúrida

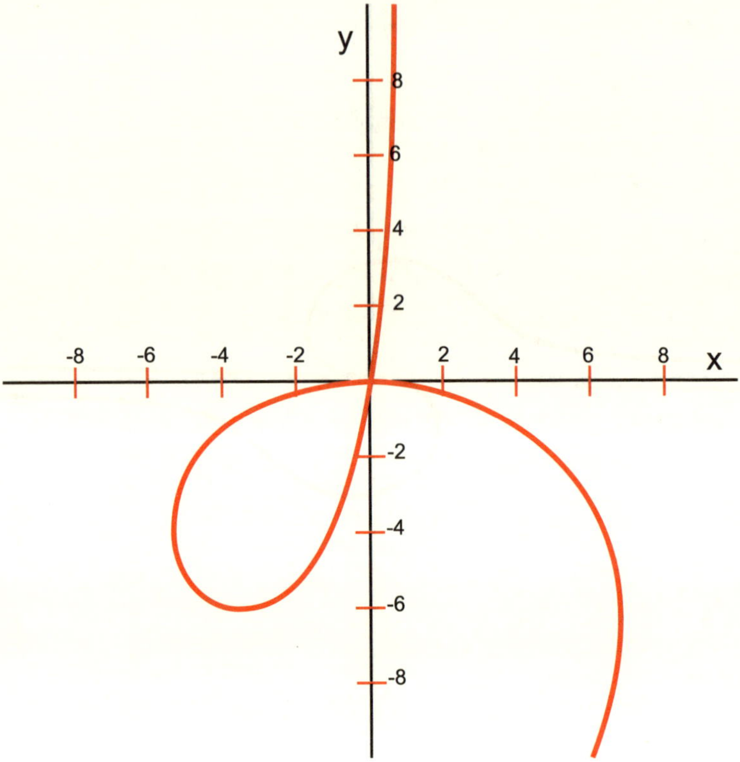

Si b = 4, c = 1/2, la gráfica es la representada

Ecuación en coordenadas cartesianas:

$$x\,(x^2+y^2) = y\,(cy - bx)$$

con $b \geq 0$, $c > 0$.

Ecuación en coordenadas polares: $\rho = (c \text{ sen } \theta - b \cos\theta) \tan\theta;\ -\dfrac{\pi}{2} < \theta < \dfrac{\pi}{2}$.

Curva algebraica plana de tercer orden, ilimitada y continua. Es una cúbica circular racional con un punto doble. El origen de coordenadas es un nodo, el punto doble, con tangentes en el mismo $y = 0$ e $y = (b/c)x$. La recta $x = c$ es una asíntota vertical.

La curva se puede construir: como la cisoide de polo *O* de un círculo *C* que pasa por *O* y una recta *D*. Una recta que gire con centro en *O*, cortará a la recta D y al círculo en dos puntos opuestos diametralmente; los puntos intermedios de esos puntos constituyen la curva ofiúrida. La ofiúrida también es la podaria de las tangentes de la parábola con respecto al foco. Y la inversa de una hipérbola con respecto a uno de sus puntos.

Si $b = 0$ se trata de una cisoide. Y si $c = 0$ resulta una cisoide de Diocles. La curva se parece a una serpiente, de ahí su nombre. Fue estudiada por Uhlhorn en 1809.

Curva pankappa

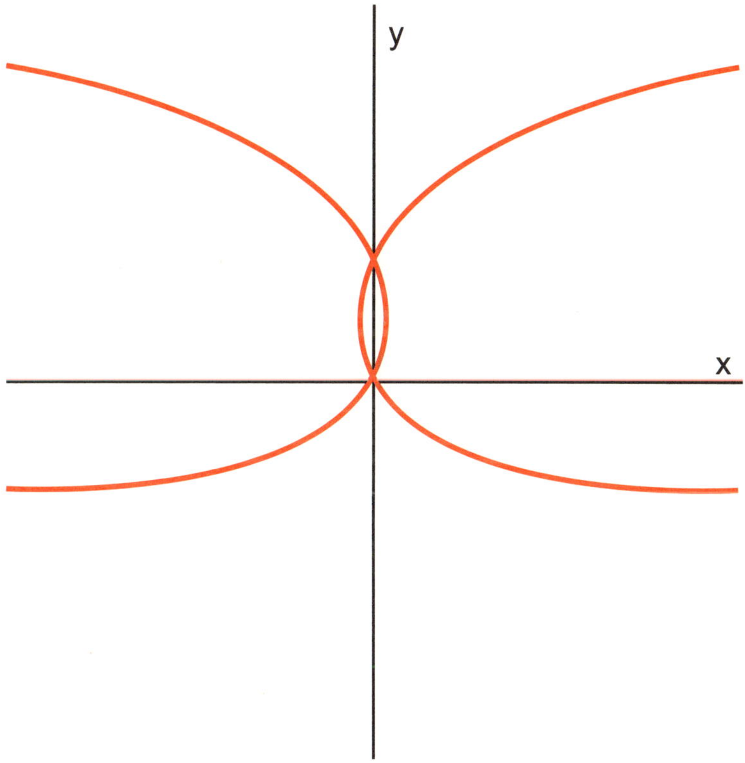

a = 0,50; b = 1

Ecuación en coordenadas ortonormales: $(y - a)^2(x^2+y^2)=b^2x^2$, con $a > 0$ y $b > 0$.

Ecuación en coordenadas polares: $\rho = \dfrac{a+b\cos\theta}{\text{sen }\theta}$.

Curva algebraica plana de cuarto orden, ilimitada y continua si $a \leq b$. El eje de las y ($x = 0$) es un eje de simetría.

El centro de coordenadas es un nodo si $a < b$. Las rectas tangentes a ese nodo vienen dadas por las fórmulas $y = \pm \sqrt{\frac{b^2}{a^2} - 1}$. Si $a > b$ el centro es un punto aislado.

El punto $(0, a)$ es otro nodo, siendo las rectas tangentes a ese nodo las que tienen por expresión: $\pm bx - ay + a^2 = 0$.

Las rectas $y = a \pm b$ son asíntotas horizontales si a es distinto de b. Si $a=b$, la asíntota horizontal viene dada por la expresión $y = 2a$.

Curva pankappa oblicua

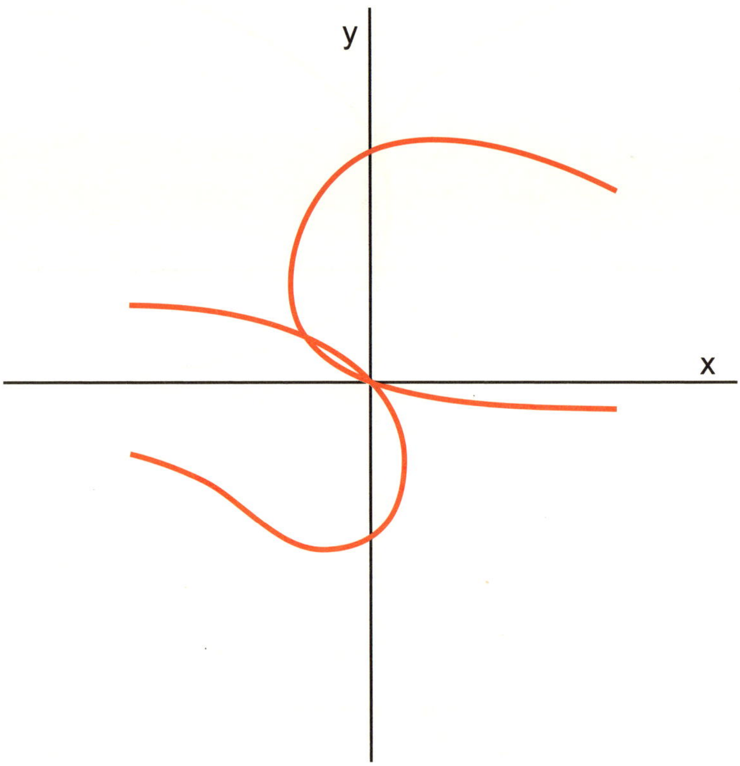

Ecuación en coordenadas ortonormales:

$$(y - a)^2(x^2 + y^2) = (bx + cy)^2$$

con $a > 0$ y $b > 0$ y $c \neq 0$.

Ecuación en coordenadas polares:

$$\rho = \frac{a+b\cos\theta+c\ \text{sen}\ \theta}{\text{sen}\ \theta}$$

Se trata de una curva algebraica plana de cuarto orden, ilimitada y continua.

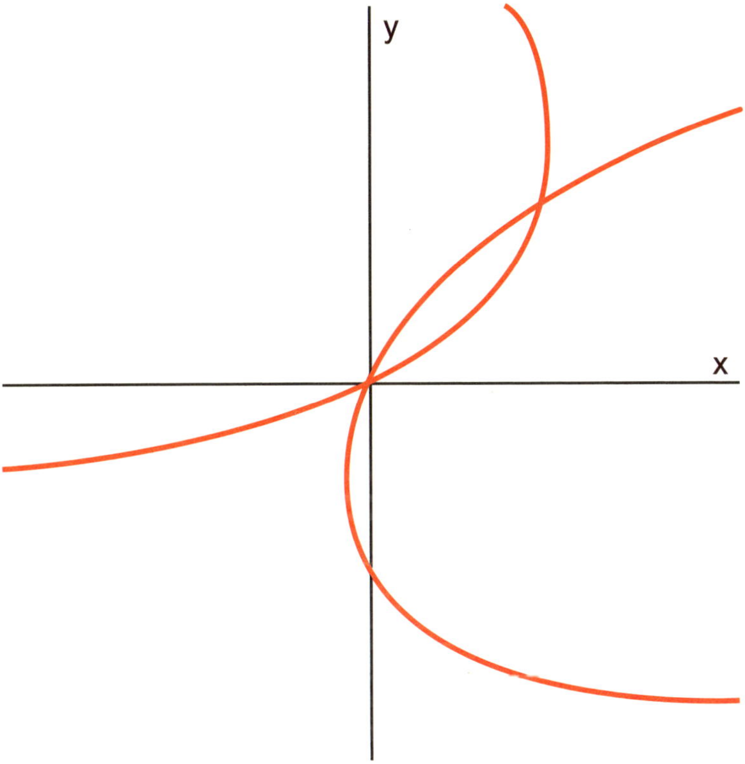

a = 1, b = 2, c = –2

El origen de coordenadas es un nodo que tiene por rectas tangentes a él las de ecuación:

$$(a^2 - c^2)y = \left(bc \pm \sqrt{b^2+c^2+a^4}\right)x$$

El punto $\left(-\frac{ac}{b}, a\right)$ es otro nodo y las rectas tangentes a él son

$$(y-a)\left(-c \pm \frac{a}{b}\sqrt{b^2+c^2}\right) = x+\frac{ac}{b}$$

Aunque en la figura no lo parezca, tiene dos asíntotas en $y = a+b$ e $y = a-b$.

Curva politrópica

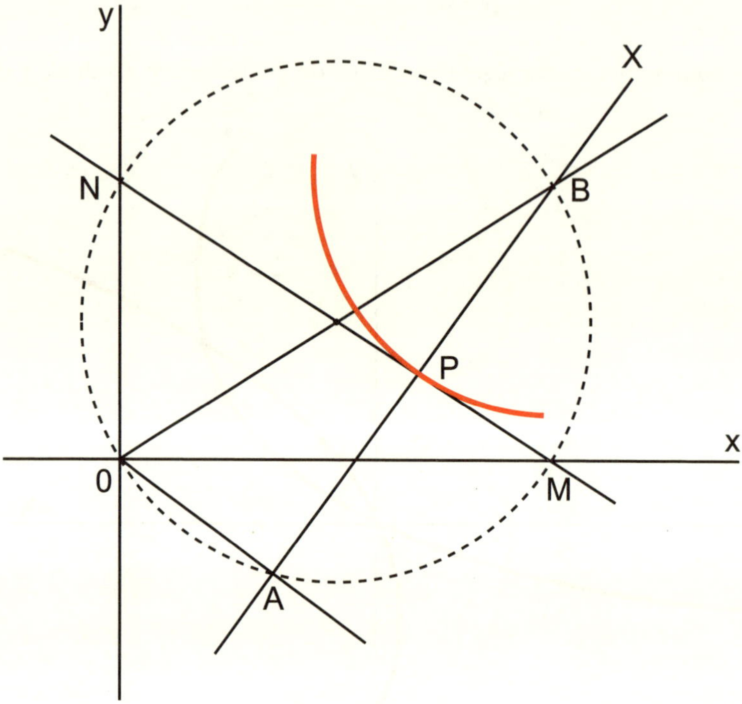

Ecuación en coordenadas cartesianas: $x^m y^n = a$, con $m+n = 1$.

Las curvas politrópicas son las curvas que verifican la relación que cumple la expansión de los gases con la presión y el volumen. Si $m = 1/3$; $n = 2/3$.

Estas curvas se emplean a veces para la construcción geométrica de la hipérbola equilátera.

Sea *C* la curva, *P* un punto por el que trazamos una tangente a la curva y una normal. Sea *ONM* el triángulo formado por los ejes coordenados (asíntotas de la curva) y la tangente trazada. Trazamos la circunferencia circunscrita a dicho triángulo y unimos los puntos de corte de la normal a la curva con dicha circunferencia obteniendo el triángulo inscrito *OAB*. Las rectas *OB* y *OA* se denominan ejes de la curva y el segmento *MN* es diámetro de la circunferencia. El segmento *AB* tiene al punto *P* como punto intermedio, lo que determina la propiedad de las curvas politrópicas, que en cualquier punto de ellas son iguales los segmentos de la normal comprendidos entre los ejes de la misma y el punto.

Curva polizomal de Bernoulli

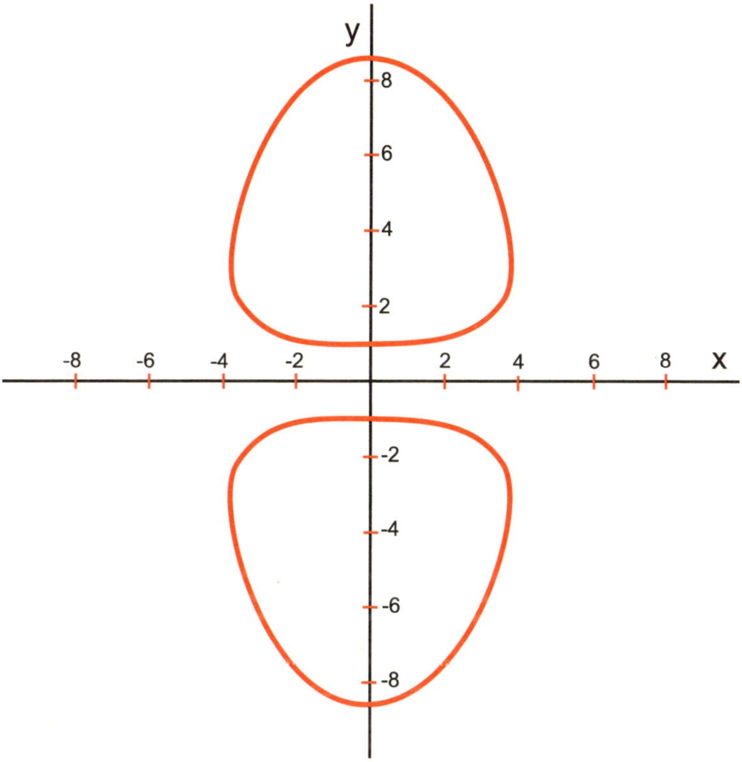

Ecuación en coordenadas ortonormales: $y^4 - 6a^2y^2+4x^2y^2+a^4 = 0$, con $a > 0$. O bien $y = \pm\sqrt{2a^2 - x^2} \pm \sqrt{a^2 - x^2}$. La ecuación general de las curvas polizomales viene con la expresión $y = \pm\sqrt{P(x)} \pm \sqrt{Q(x)}$. O bien

$$y^4 - 2(P(x)+Q(x))y^2+(P(x) - Q(x))^2 = 0$$

con P y Q polinomios de grado menor o igual a 2.

Curva algebraica plana de cuarto orden, limitada y cerrada, en la que los ejes de coordenadas son ejes de simetría. La curva tiene dos ejes de simetría, $x = 0$, e $y = 0$. Y tiene un centro de simetría que es el centro de coordenadas. La gráfica de la curva consta de dos óvalos que no se cortan o intersecan. El área de cada óvalo es igual a πa^2.

El término procede del vocablo griego *zoma*, $\zeta o\mu\alpha$, que significa cintura. Su nombre se debe a Jacob Bernoulli (1654-1705) que en 1867 estudió gran cantidad de curvas planas, entre otras la lemniscata, la braquistócrona, las espirales parabólica y logarítmica, y otras muchas que merecieron su atención. Las curvas polizomales fueron estudiadas también por Arthur Cayley[154] (1821-1895) en 1868 y por José Ruiz Castizo y Ariza[155] en 1889. Este último demostró que las curvas polizomales se podían generar a partir de una cónica y una recta, haciendo coincidir los extremos de un segmento, uno en la cónica y el otro en la recta, de forma que la curva será el lugar geométrico que recorre un punto fijo del segmento. Si las dos cónicas ($y^2 = P(x)$, $y^2 = Q(x)$) son círculos tangentes se obtienen curva de doble corazón; si una es una parábola y la otra un círculo osculador, se obtiene un bifolium regular; si son parábolas orientadas en sentido opuesto, se obtienen las alforjas, y si las parábolas son isométricas, la lemniscata de Gerono.

En el caso de que las dos cónicas sean círculos concéntricos, se obtiene la cuártica de Bernoulli. Cayley demostró que las cuárticas eran trizomales.

Las curvas polizomales son curvas medianas de dos cónicas con un eje común, construidas paralelamente a una perpendicular a este eje. De ahí que la curva polizomal de Bernoulli sea considerada como un caso particular de cuártica de Bernoulli.

Curva seno-cosenoidal

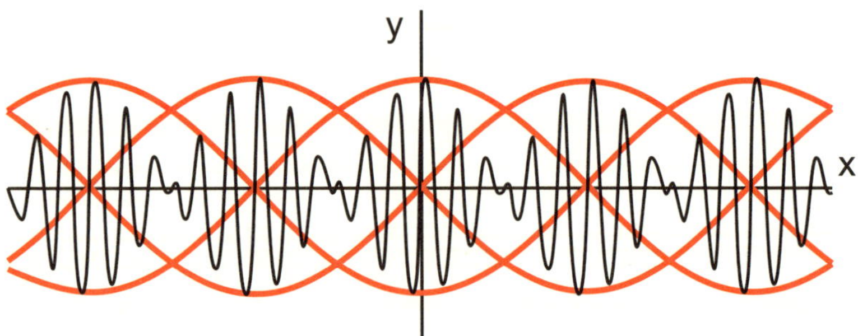

a = 22; b = 20

(154) Arthur Cayley: *The collected mathematical papers of Arthur Cayley*. Cambridge: Cambridge Universsity Press, 1889-1897. Cayley dio una definición de curva polizomal mucho más genérica. Ver curva polizomal en crestomatía.

(155) José Ruiz Castizo y Ariza: *Estudio analítico de un lugar geométrico*. Madrid: Imp. La Guirnalda, 1889.

Ecuación en coordenadas cartesianas es:

$$y = \operatorname{sen}(a+b)x \cos(a-b)x$$

La curva representa el movimiento de un oscilador.

La variable x representa el tiempo y la variable y significa la elongación, o lo que es lo mismo, la distancia del oscilador a su punto de equilibrio. Las constantes a y b son las frecuencias angulares de los osciladores que interfieren, divididas por 2.

La curva seno-cosenoidal es la curva que representa la interferencia de dos movimientos armónicos simples de igual amplitud y distinta frecuencia.

Curvas de Lissajous

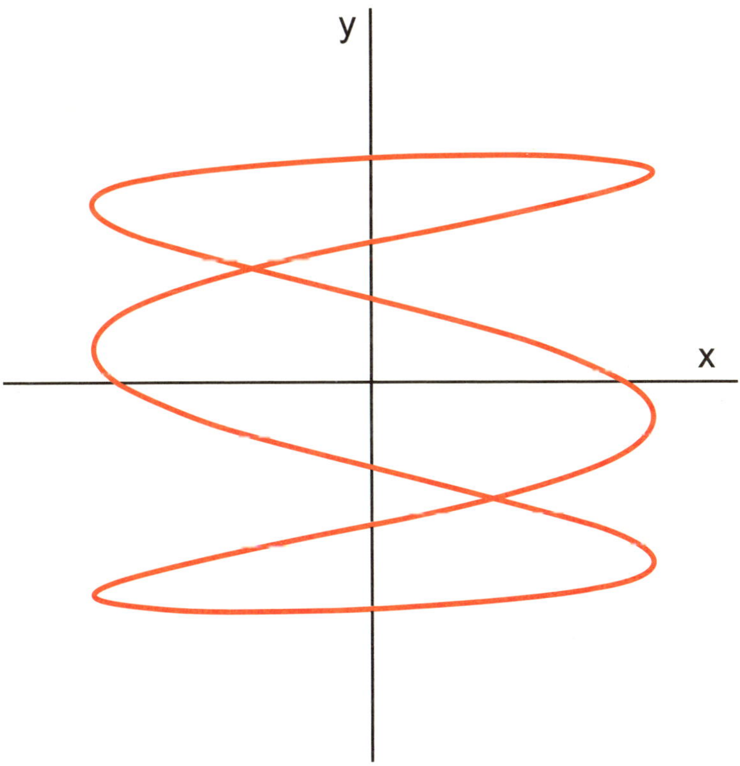

Ecuaciones paramétricas cartesianas:

$$\begin{cases} x = a \operatorname{sen}(nt+c) \\ y = b \operatorname{sen}(pt+d) \end{cases} \quad \text{o bien} \quad \begin{cases} x = a \cos nt \\ y = \cos pt \end{cases}$$

con $a > 0, b > 0$, números reales

$n = q/r, p = s/v$, y q, r, s y v números naturales

$c = e/f$ y $d = g/h$, con e, f, g números enteros y h número natural.

Son curvas cerradas, limitadas y continuas en las que los ejes de simetría y el centro de simetría dependen de los valores de los parámetros n, p, c y d.

Las curvas de Lissajous tienen aplicaciones en física, astronomía y otras ciencias. Son las trayectorias de un punto en las que las componentes rectangulares tienen un movimiento sinusoidal. Son curvas descritas por un punto, resultado de la composición de dos movimientos sinusoidales perpendiculares entre sí. Si los períodos t son iguales, las curvas de Lissajous se convierten en elipses; si un período es doble que el otro, resultan cuárticas. Las lemniscatas son casos particulares de ellas. Las curvas de Lissajous, o figuras de Lissajous, se llaman a veces curvas de Bowditch, pues Nathaniel Bowditch[156] (1773-1838) las estudió en 1815. Pero fueron estudiadas con más detalle por el matemático y físico francés Jules-Antoine Lissajous (1822-1880) en 1850.

Nathaniel Bowditch (1773-1838) era norteamericano. Había aprendido latín al estudiar los *Principia* de Newton y más adelante se adentró en otros idiomas para estudiar matemáticas en esas lenguas. Su *New American practical Navigator* (1802) y su traducción de la *Mécanique céleste* de Laplace le dieron una importante reputación internacional.

Estas curvas son muy utilizadas en física, ya que pueden ser producidas por un oscilógrafo de rayos catódicos. También sirven para estudiar movimientos vibratorios y comparar los sonidos de dos instrumentos.

Curvas de Mordell

A partir de la estructura de la parábola semicúbica $y^2 = x^3$, se puede hallar una familia de curvas interesantes:

El caso particular

$$y^2 = x^3 + k$$

(156) Bowditch, Nathaniel: En: *Memories of the American Academy of Arts & Sciences*, 1815.

son las curvas de Louis Joel Mordell[157] (1888-1972), estudiadas por este matemático inglés en las primeras décadas del siglo XX. Todas ellas son curvas elípticas[158] en las que *k* es un número natural.

Si es de la fórmula $y^2 = x^3 + x + 1$, corresponde a la gráfica primera.

Estas curvas nacieron para encontrar las soluciones que podría tener una ecuación diofántica. Las hay que tiene infinitas soluciones, como la ecuación pitagórica. Otras, una vez despreciadas las soluciones triviales, no tienen ninguna. Y otras tienen sólo un número finito, como $y^2 + 2 = x^3$, cuya única solución con enteros positivos es $x = 3, y = 5$.

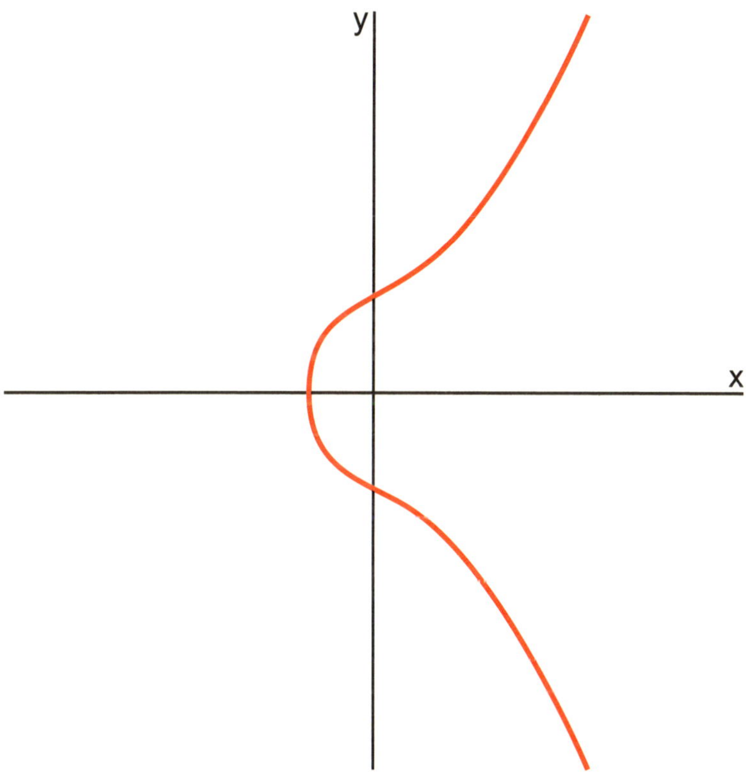

$y^2 = x^3 + x + 1$

(157) Louis Joel Mordell: *Diophantine Equations*. Londres: Academic Press, 1969.

(158) Una curva cúbica elíptica es una curva cúbica no singular. Puede estar definida sobre el campo complejo. Su fórmula es $y^2 = 4x^3 + px + q$ con el discriminante de la ecuación cúbica $4p^3 + 27q^2 \neq 0$. Las gráficas expresadas en el texto responden a los diferentes casos de esta curva según varían los parámetros *p* y *q*.

Si (x, y) es solución, también lo es $(-x, -y)$. En 1922, Mordell trató de averiguar en que se diferenciaban estas tres posibilidades. Mordell observó que, si se consideraban todas las soluciones que admite una tal ecuación con números complejos, las soluciones forman una superficie topológica. Y dicha superficie tiene un número finito de agujeros (una rosquilla o una trenza de bollería). Además, comprobó que las ecuaciones que admitían infinitas soluciones con números enteros, daban siempre, al resolverlas con números complejos, superficies sin agujeros o con uno solo. Parecía existir así una relación entre la topología y la aritmética.

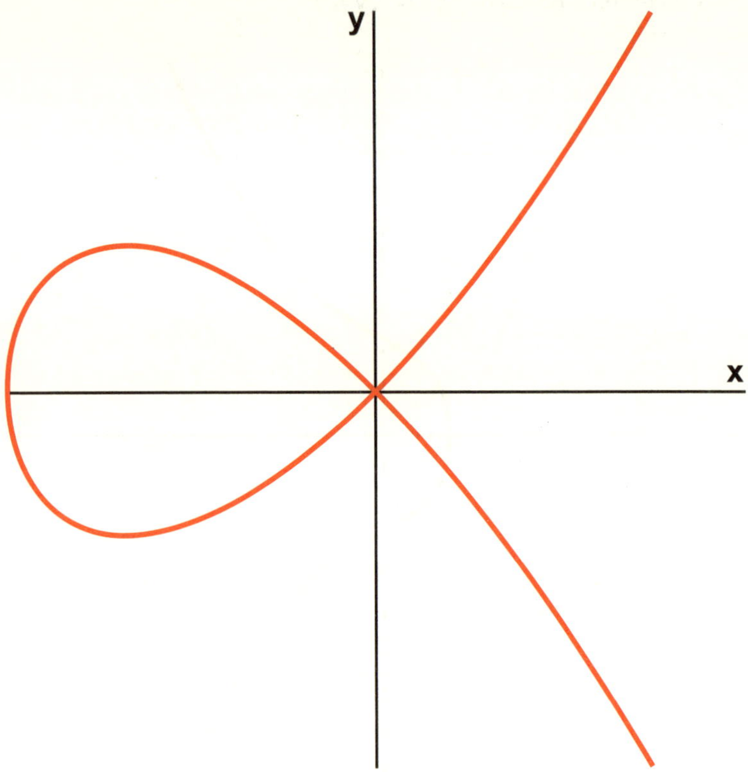

$$y^2 = x^3 + x^2$$

Mordell publicó la que hoy se conoce por *conjetura de Mordell*[159], que afirma que las ecuaciones que originan superficies con dos o más agujeros, poseen sólo un número finito de soluciones con números enteros. En 1923

(159) Ver Mordell: *Diophantine Equations*, Academic Press. Londres, 1969.

enunció el llamado *teorema* de Mordell que se conoce como *teorema de Mordell*: para k un entero finito, la ecuación diofántica $y^2=x^3+k$ tiene solamente un número finito de soluciones[160] en Z.

En 1939 Uspensky y Heaslet dieron soluciones para la ecuación $y^2 = x^3+k$ cuando $k = -4, -2$ y 2; y para $k = -1, -5, 6$ y 1. Si $k = 1$, las únicas soluciones son (–1, 0), (0, ±1) y (2, ±3). Es un caso particular de la conjetura de Catalan. El problema planteado por Uspensky y Heaslet en 1939 encontró soluciones en 1969 de la mano de Mordell, en 1988 por parte de Sierpinski y en el 2003 por medio de Metsaenkylae.

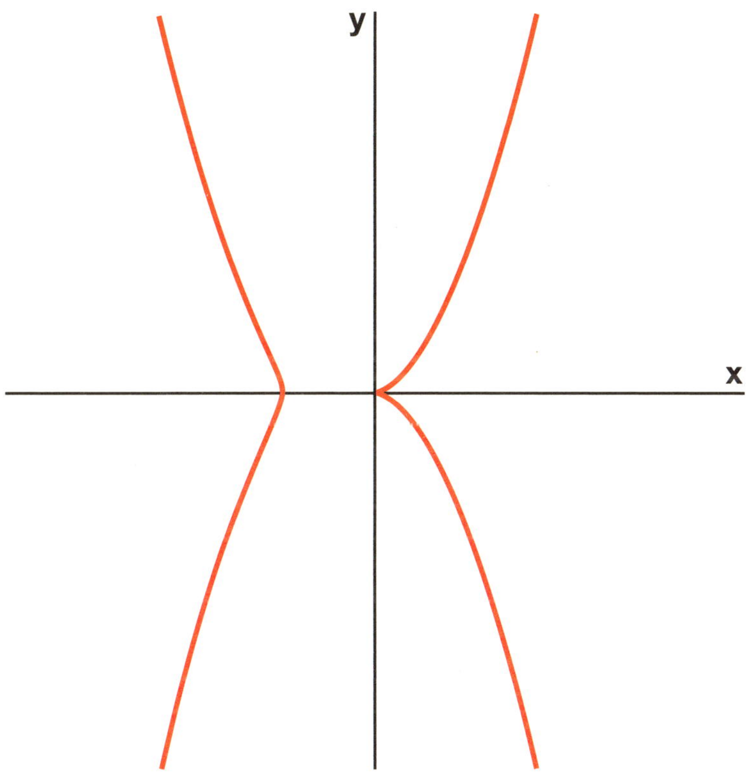

$y^2 = x^3 + x^4$

Las soluciones de la curva de Mordell cuando $0 < y < 10^5$, cuando k toma valores pequeños, vienen dadas por la tabla:

(160) En 1967 Baker demostró que $\max(|x|, |y|) \leq e^{10^{10}|k|^{1000}}$.

k	*Soluciones*
1	(-1,0), (0,1), (2,3)
2	(-1,1)
3	(1,2)
4	(0,2)
5	(-1,2)
6	Ninguna
7	Ninguna
8	(-2,0), (1,3), (2,4), (46,312)
9	(-2,1), (0,3), (3,6), (6,15), (40,253)
10	(-1,3)

Los valores de *k* para los que la curva de Mordell no tiene ninguna solución entera son 6, 7, 11, 13, 14, 20, 21, 23, 29, 32, 34, 39, 42...

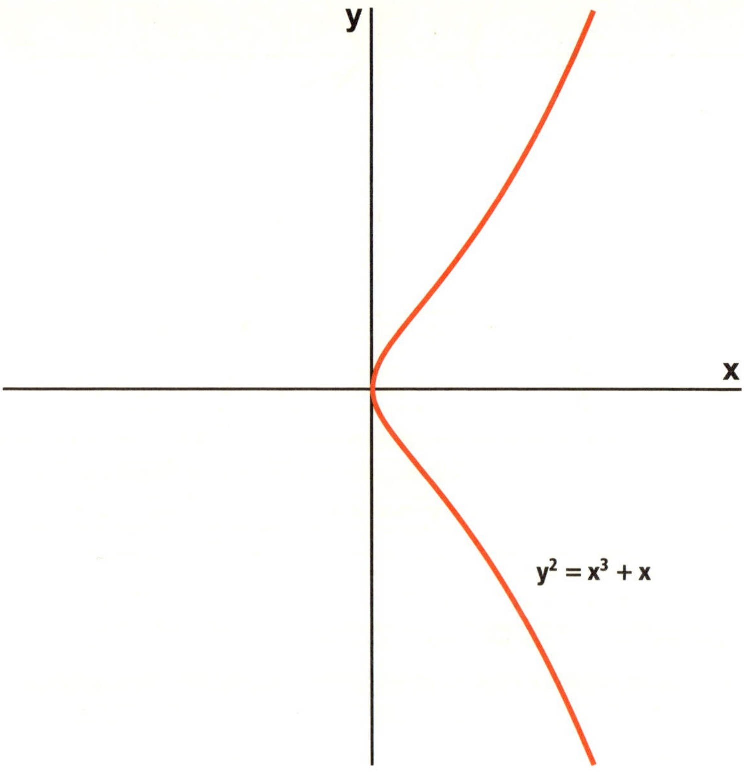

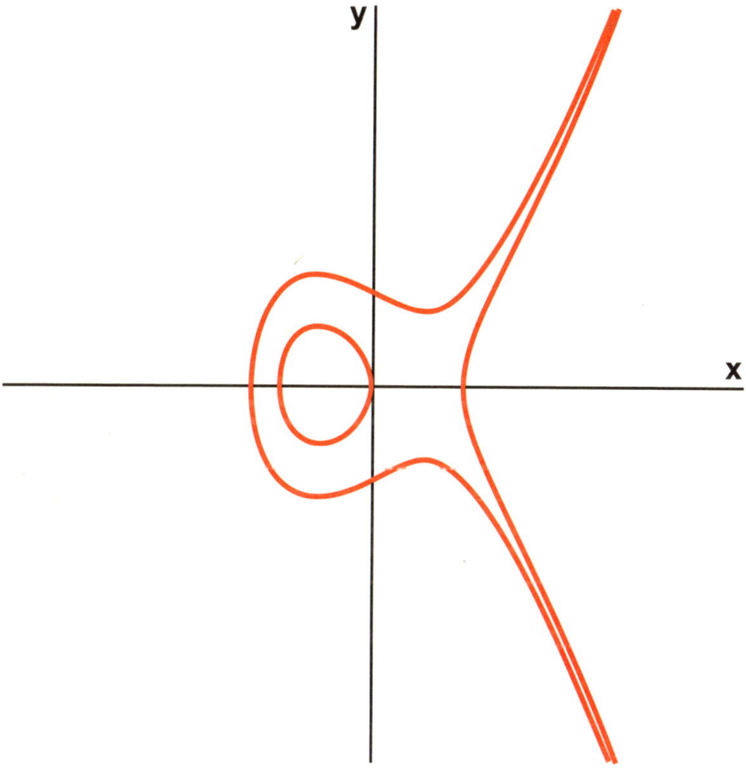

$y^2 = x^3 - x$ e $y^2 = x^3 - x + 1$

Curvas de Ribaucour

Ecuación cartesiana:

$$x = \pm a \int_1^{y/a} \frac{u^{1/k}}{\sqrt{1 - u^{2/k}}} du$$

Es una curva plana cuyos puntos M verifican la relación $CM = k\,MA$ siendo C el centro de curvatura de la curva en el punto M, A el punto de corte de la recta CM con el eje OX y k un número real o constante fija. Es decir, el radio de curvatura es proporcional a la normal.

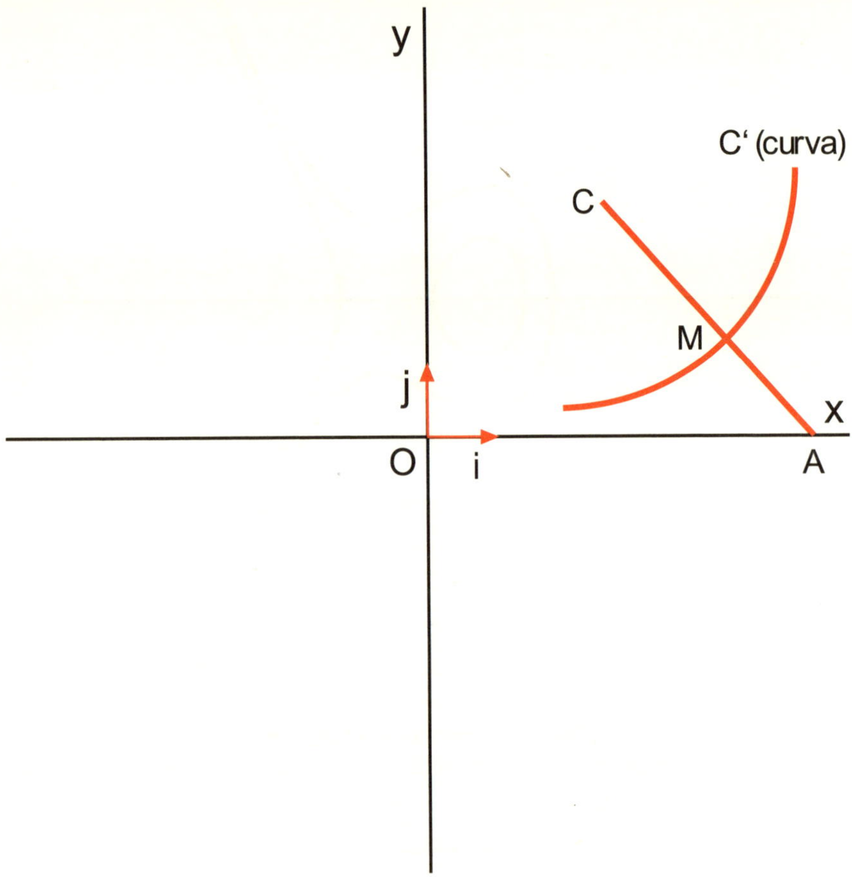

Si una espiral sinusoidal tiene por ecuación

$$\rho^n = a^n \operatorname{sen} n\theta \qquad \text{con} \qquad n = \frac{1}{k-1}$$

y rueda sobre la recta D sin deslizamiento, la curva de Ribaucour de índice k es el lugar del polo de la espiral sinusoidal. Por ejemplo si $k = -2$, resultaba una parábola de directriz OX y el índice de la espiral sinusoidal rodante es $n = -1/3$; si era una catenaria con base OX y $k = -1$, el índice de la espiral sinusoidal es $n = -1/2$; si $k = -1/2$, el índice de la espiral sinusoidal rodante es $n = -2/3$; si $k = 1/2$ la curva resulta una ruleta equilátera de Sturm[161] y el índice de la espiral sinusoidal rodante es $n = -2$; si $k = 1$, el índice de la espiral sinusoidal rodante es infinito y la curva es un círculo centrado sobre OX; si $k = 2$, el índice de la espiral sinusoidal rodante es $n = 1$ y la curva es una cicloide con los puntos de retroceso sobre OX; si $k = 3$, el índice de la espiral sinusoidal rodante es $n = 1/2$ y la curva que resulta es una séxtica de fórmula $27a^2y^4 = (x^2+y^2-4a^2)^3$; y si k es infinito resulta que $n = 0$ y resulta una recta.

Son curvas del plano construidas como sigue: para todo punto de la curva M se verifica que

$$k = \frac{MA}{MC}$$

es una constante, siendo C el centro de curvatura de la curva en M y A la intersección de la prolongación de CM con el eje de las x.

La curva fue descubierta por Brook Taylor[162] (1685-1731) en 1717 como solución a un problema planteado por Johann Bernoulli un año antes. Posteriormente, en 1844, fue estudiada por Pierre Ossian Bonnet (1819-1892) y en 1880 por Albert Ribaucour[163] (1845-1893), de quien tomaron el nombre.

Curvas de Watt

Ecuación cartesiana:

$$(x^2+y^2)(x^2+y^2-a^2-b^2+c^2)^2+4a^2y^2(x^2+y^2-b^2)=0$$

con $a > 0, b > 0, c > 0$.

Ecuación polar:

$$\rho^2 = b^2 - \left(a \operatorname{sen}\theta \pm \sqrt{c^2 - a^2\cos^2\theta}\right)^2$$

(161) Ver ruleta de Sturm más adelante.

(162) Brook Taylor: *Methodus incrementorum directa et inversa.* Londres: [s.n.], 1717.

(163) Albert Ribaucour: *Mémoires couronnés de l'Académie de Belgique*, 1880. Vol. XLIV.

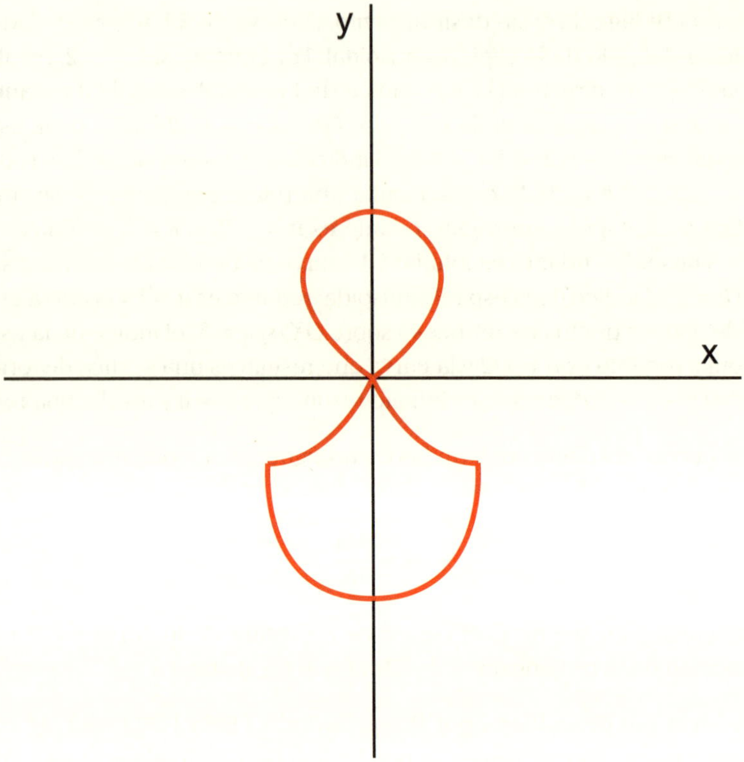

En el caso de $a = c$, la ecuación queda: $\rho^2 = b^2 - 4a^2 \operatorname{sen}^2 \theta$.

Ecuaciones paramétricas en polares:

$$\begin{cases} \rho = b \cos t \\ \operatorname{sen} \theta = \dfrac{d^2 - b^2 \cos^2 t}{2ab \operatorname{sen} t} \end{cases} \quad \text{con} \quad d^2 = a^2 + b^2 - c^2$$

La curva se llama así en homenaje a James Watt[164] (1736-1819), el ingeniero escocés que desarrolló la máquina de vapor. De hecho la curva proviene de las uniones de barras que unen dos ruedas de diámetro igual. Es una curva de la clase de las lemniscatas.

Sean dos ruedas de radio b que tienen sus centros distantes $2a$. Supongamos que una barra de longitud $2c$ se fija a cada extremo de la circunferencia

(164) *The origin and progress of the mechanical inventions of James Watt illustrated by his correspondence with his friends and the specifications of his patents*/James Patrick Muirhead. Londres: 1854.

de las dos ruedas. Sea P el punto medio de la barra. Entonces la curva de Watt es el lugar de los puntos P que describen la curva C.

Si $a = c$, entonces C es un círculo de radio b con una figura en forma de ocho dentro de él.

Por tanto la curva puede considerarse generada de la siguiente forma: sean dos círculos con igual radio, de centros A y B; y sea un segmento CD cuyo punto medio es P. Como en el cuadrilátero $ACDB$, AC es igual a BD, si el cuadrilátero es articulado, es decir sus ángulos pueden variar manteniendo las medidas de sus lados, el lugar de los puntos medios del segmento CD es la curva de Watt. Se puede asemejar con el lugar de los puntos medio de una biela que une dos ruedas de una máquina[165]. Las coordenadas de estos puntos son: $A(0, a)$, $B(0, -a)$; y los valores de los parámetros: $AC = BD = b$, $CD = 2c$.

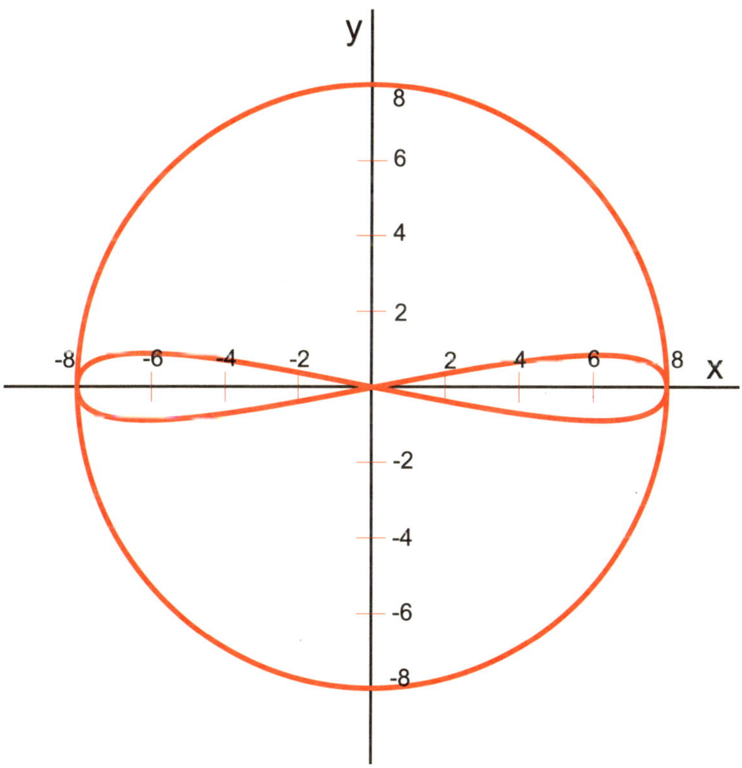

(165) Watt cuando estudió la aplicación de la curva a las máquinas de vapor, tuvo como caso particular que los lados AC y BD fueran horizontales cuando P pasara por el centro, entonces el lado CD es vertical.

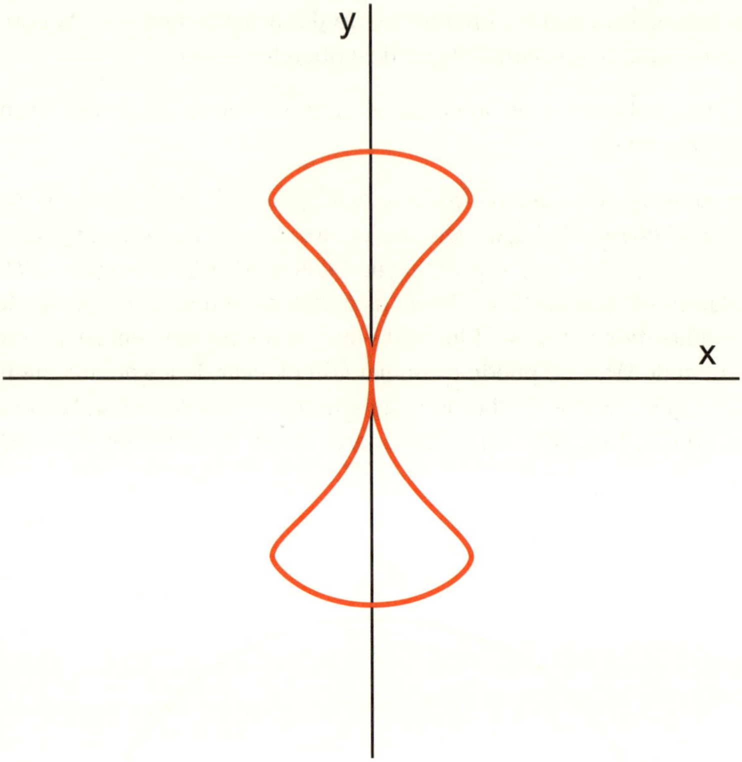

Gráfica para a = 1, b = 1,5 y c = 0,50

Es una curva séxtica tricircular[166], elíptica, limitada y cerrada, en la que el origen es un centro de simetría y los ejes de coordenadas son ejes de simetría. Si $|a - b| < c < a+b$ el centro es un nodo y las rectas

$$y = \pm \frac{d}{\sqrt{4a^2b^2 - d^2}}x \quad \text{con} \quad d = a^2+b^2 - c^2$$

son tangentes a la curva en el nodo. Si $|a - b| = c$ o $a+b = c$, entonces (0, 0) es un nodo degenerado, siendo tangente el eje de las y ($x = 0$). Si $|a - b| > c$ o $a+b < c$, entonces el centro es un punto aislado. Si $d > 0$, el punto ($\sqrt{d}$, 0) es otro nodo para $a < c$, y las rectas

$$y = \pm \frac{(x - \sqrt{d})d^2}{a\sqrt{c^2 - a^2}}$$

(166) Ver curva algebraica circular en la crestomatía.

son tangentes en el nodo; para $a = c$ resulta un nodo degenerado con la recta $x = b$ como tangente; y si $a > c$ el centro es un punto aislado.

Por último, si $d < 0$ y $a < c$, el punto $(-\sqrt{d}, 0)$ es un nodo y las rectas

$$y = \pm \frac{(x + \sqrt{d})d^2}{a\sqrt{c^2 - a^2}}$$

son tangentes en el nodo; si $a = c$ es un nodo degenerado y la recta $x = -b$ es tangente en el nodo; y si $a > c$, es un punto aislado.

James Joseph Sylvester (1814-1897), Alfred Bray Kempe (1849-1922) y Arthur Cayley[167] (1821-1895), desarrollaron más tarde, en los años de 1870, la geometría asociada con la teoría de las uniones. De hecho Kempe demostró que cada segmento finito de una curva algebraica se puede generar por una unión de este tipo.

Curvas de Lamé

Ecuación cartesiana: $Ax^n + By^n = C$, en la que $A, B, C, n \in \mathbb{R}^*$. También se puede escribir bajo la forma:

$$a)\quad \left(\frac{x}{a}\right)^n + \left(\frac{y}{b}\right)^n = 1 \qquad \text{o} \qquad b)\quad \left(\frac{x}{a}\right)^{-n} + \left(\frac{y}{n}\right)^{-n} = 1$$

con $a > 0, b > 0, n = \dfrac{p}{q}$ y con p y q números naturales primos entre sí.

Ecuaciones paramétricas:

$$\begin{cases} x = a \cos^{\frac{2}{n}} \varphi \\ y = b \operatorname{sen}^{\frac{2}{n}} \varphi \end{cases} \qquad \left(\frac{x}{a}\right)^n + \left(\frac{y}{b}\right)^n = 1$$

Estas ecuaciones son algebraicas si n es racional y trascendentes si n es irracional. Cuando $a = b = 1$ y n es un número natural, se trata de la curva de Fermat.

Las curvas de Lamé reciben también la denominación de superelipses, curvas con las que están relacionadas. Lamé las llamó *curvas binomias* en su obra *Recherches sur la Théorie des méthodes en géométrie* y las expresó con la ecuación $y^m \pm x^m = a^m$.

(167) Arthur Cayley: *The collected mathematical papers of Arthur Cayley*. Cambridge: Cambridge University Press, 1889-1897.

Si la curva es del tipo *a)* y p es impar, entonces la gráfica es cerrada, continua e ilimitada; el centro de coordenadas es un centro de simetría y los ejes de coordenadas son ejes de simetría. Los puntos $(\pm a, 0)$ son puntos singulares (cúspides) con $p < q$ y el eje de las x $(y = 0)$ es una tangente en dichos puntos; y, en el mismo caso, también son cúspides $(0, \pm b)$ siendo el eje de las y $(x = 0)$ tangente en esos puntos. Si $p=2$ y $q = 1$ se trata de una elipse. Si q es impar la recta $y = x$ es un eje de simetría y los puntos $(a, 0)$ y $(0, b)$ son puntos de retroceso. Si pq es par la recta $bx+ay = 0$ es una asíntota inclinada y también la recta $y = x$ es un eje de simetría.

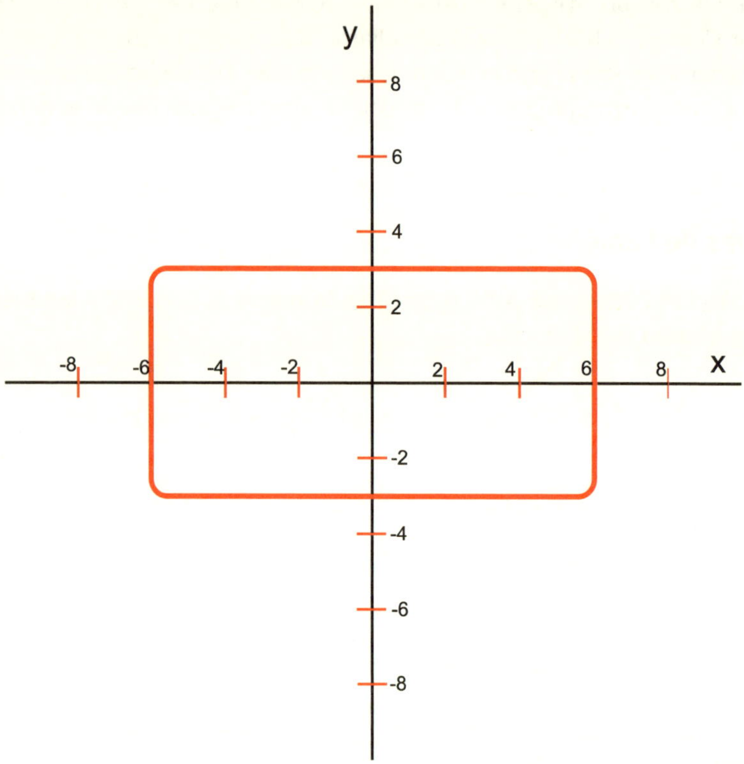

Si la curva es del tipo *b)* y p es impar, la curva es ilimitada y discontinua, con el centro de coordenadas como centro de simetría y los ejes de coordenadas como ejes de simetría. Las rectas $x = \pm a$ son asíntotas verticales y las rectas $y = \pm b$ son asíntotas horizontales. Cuando $p = 2$ y $q = 1$ se trata de una curva cruciforme. Si q es impar la recta $x=a$ es una asíntota vertical y la recta $y = b$ es una asíntota horizontal. La recta $y = x$ es un eje de simetría. Si pq es par la recta $x = a$ es una asíntota vertical y la recta $y = b$ es una asíntota horizontal y también la recta $y = x$ es un eje de simetría.

En 1818 Gabriel Lamé[168] (1795-1870), matemático e ingeniero francés, estudió estas curvas. También consideró otras curvas más generales en las que n es un entero. Si n es un racional entonces la curva es algebraica pero, para n irracional, la curva es trascendente.

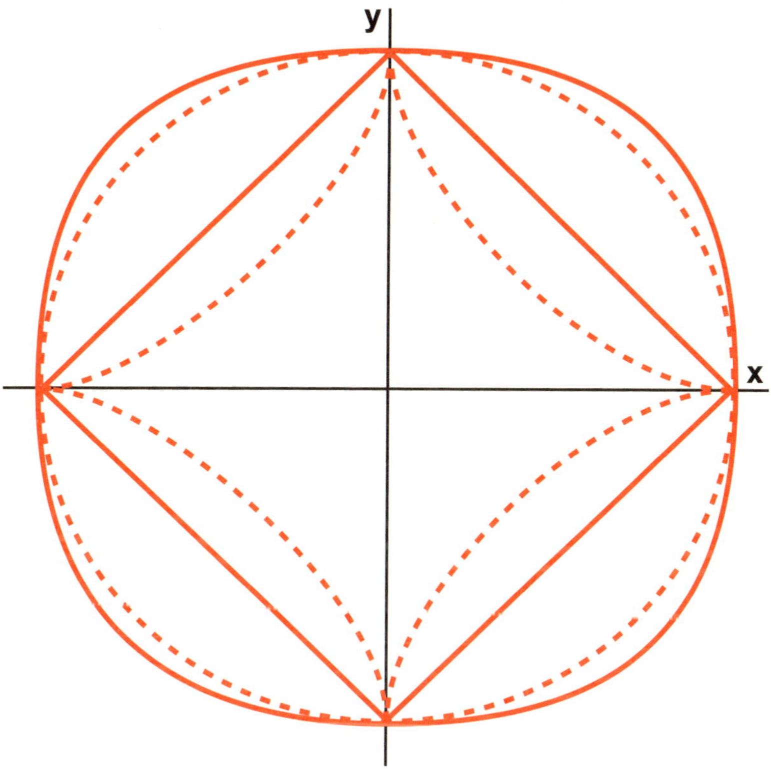

Gráficas para la ecuación del caso a)

a = b = 1; n = 1/3; n = 1, n = 2; n = 2/3; n = 5/2

La curva dibujada al principio es para el caso $n = 4$. Para enteros iguales a n la curva se vuelve más parecida a un rectángulo de n aumentos. Para valores enteros impares de n la imagen de la curva equivale al caso del cuadrante positivo pero va al infinito en el segundo y cuarto cuadrante.

La astroide, la elipse, la circunferencia, las evolutas de cónicas con centro, son casos particulares de curvas de Lamé. El caso de $n = 2/3$ es la astroide,

(168) Gabriel Lamé: *Examen des différentes méthodes employées pour résoudre les problémes de géométrie*. París: Courcier, 1818.

mientras que el caso de $n = 3$ es la llamada bruja de Agnesi. Si $n = 2$ es un círculo. Y si $n = 1$ es un cuadrado. El caso de $n = 5/2$ se ha asociado con el arquitecto y poeta danés Piet Hein (inventor del *cubo Soma*[169]) bajo el nombre de *superelipse* y ha sido usada para una variedad de aplicaciones prácticas, como por ejemplo autopistas, puentes y otras aplicaciones arquitectónicas.

Piet Hein[170] (1905-1996) era un poeta y científico danés más conocido como Kumbel, el nombre de la firma que utilizó para su poesía. Además de descubrir la semicúbica, creó una nueva forma geométrica de la elipse. Intentó relacionar la técnica, la ciencia y las humanidades.

Curvas Plateau

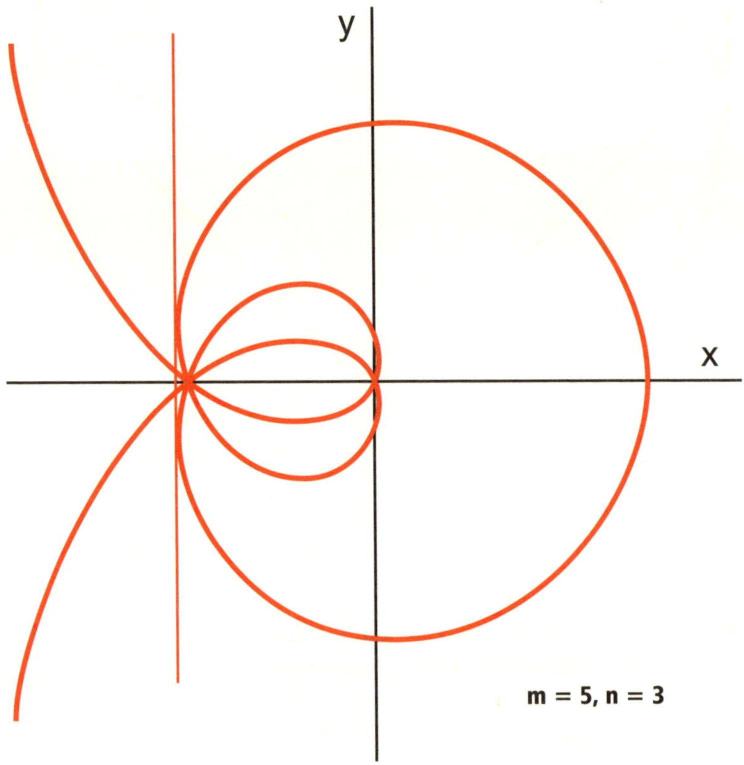

(169) Ver semicúbica en crestomatía.

(170) Piet Hein: "The super-ellipse solved the problem. It is nether round nor rectangular, but in between. Yet it is fixed, it is definite, it has a unity". 1950.

Ecuaciones paramétricas cartesianas:

$$\begin{cases} x = \dfrac{a \operatorname{sen}(m+n)t}{\operatorname{sen}(m-n)t} \\ y = \dfrac{2a \operatorname{sen} mt \operatorname{sen} nt}{\operatorname{sen}(m-n)t} \end{cases}$$

Esta curva fue estudiada por el físico, astrónomo y matemático belga, y discípulo de Adolphe Quetelet (1796-1874), Joseph Antoine Ferdinand Plateau[171] (1801-1883), que había estudiado en 1828 problemas relacionados con superficies mínimas, experimentando con soluciones de agua y glicerina en las que introducía un alambre. Sus estudios sobre geometría tuvieron una orientación práctica con aplicaciones a la técnica[172], después de obtener el doctorado en la Universidad de Lieja en 1829.

Si $m = 2n$ las curvas Plateau se convierten en un círculo, con centro (1, 0) y radio 2.

Curvas rodonea

(ver rosa de Guido Grandi).

Deltoide

Ecuación cartesiana: $(x^2+y^2+12ax+9a^2)^2 = 4a(2x+3a)^3$, con $a > 0$.

O bien $(x^2+y^2)^2+8ax(3y^2-x^2)+18a^2(x^2+y^2)-27a^4 = 0$.

Las ecuaciones paramétricas referidas a un sistema de referencia ortonormado son:

$$\begin{cases} x = a(2\cos t+\cos 2t) \\ y = a(2\operatorname{sen} t-\operatorname{sen} 2t) \end{cases}$$

Es una curva que también se denomina tricúspide o hipocicloide tricúspide. La tricúspide, o deltoide, fue una de las primeras curvas estudiadas por

(171) Joseph Antoine Ferdinand Plateau: En: *Correspondance mathématique et physique*, 1828.

(172) El problema fue estudiado por Riemann, Weierstrass y Schwarz, y fue resuelto por el matemático húngaro Tibor Radó (1895-1965) y el norteamericano Jesse Douglas (1897-1965).

Leonhard Euler[173] (1707-1783) en 1745, en relación con un problema óptico. Fue investigada también por Jakob Steiner[174] (1796-1863) en 1856 y por eso a veces se llamaba hipocicloide de Steiner, o hipocicloide tricúspide de Steiner.

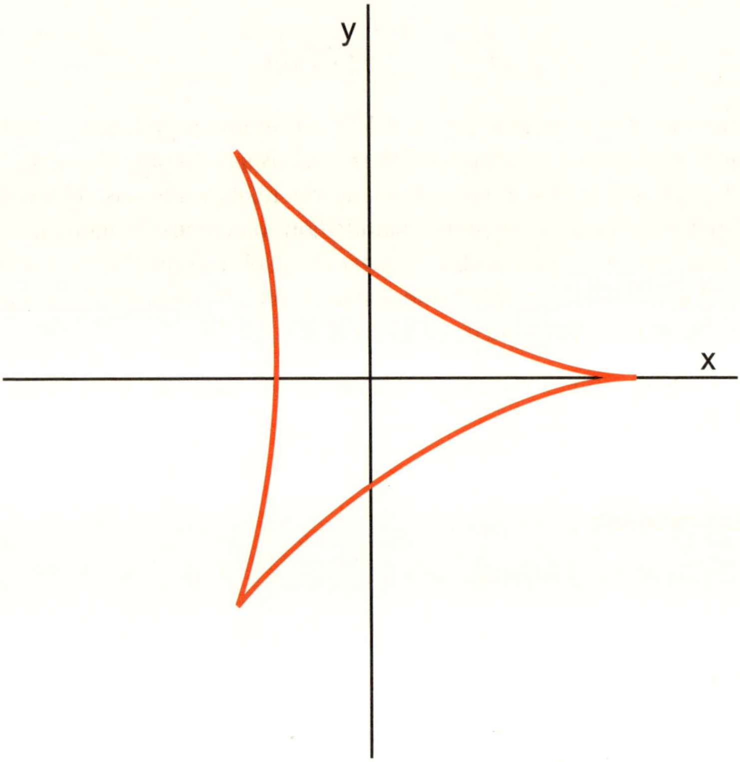

a = 1

Es una curva limitada, cerrada y continua, que tiene tres ejes de simetría: $y = 0$; $y = \pm\ \sqrt{3}x$ y tres cúspides en los puntos

$$(3a, 0), \quad \left(-\frac{3a}{2}, 3\sqrt{3}a\right) \quad \text{y} \quad \left(-\frac{3a}{2}, -3\sqrt{3}a\right)$$

Las respectivas rectas tangentes son los tres ejes de simetría.

(173) Leonhard Euler: *Leonhardi Euler opera omnia/sub auspiciis Societatis Scientiarum Naturalium Helveticae edenda curaverunt Ferdinand Rudio* ...[*et al.*]. Leipzig: Teubner, 1911-.

(174) Jakob Steiner: "Über eine besondere Kurve dritter Classe (und vierten Grades)". En: *Burchardt's Journal*, 1856. Vol. LIII, pp. 231-337.

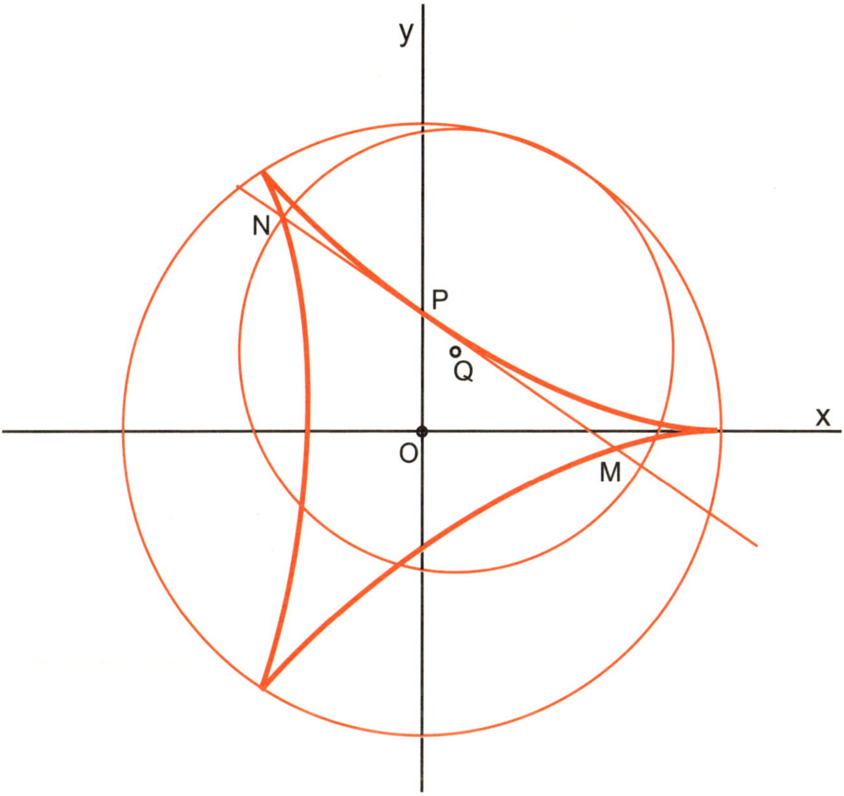

O es el centro de la circunferencia grande; Q es el centro de la circunferencia pequeña que rueda en el interior de la grande; P es un punto de tangencia de la deltoide; M y N son puntos de la deltoide sobre esa tangente; y MQ = QN.

La deltoide, por tanto, es una hipocicloide con tres puntos de retroceso. Se construye con un punto M de un círculo de radio $2a$, o bien de radio a, que rueda interiormente al círculo sin deslizarse sobre un círculo de radio $3a$ (M y N son puntos de la deltoide).

También se puede construir como la envolvente de un diámetro MN del círculo de radio $2a$ que rueda interiormente sin deslizamiento en un círculo de radio $3a$.

La longitud de la tangente a la tricúspide, medida entre los dos puntos M, N, en los que la curva corta dos veces, es constante e igual a $4a$. Si se dibujan tangentes en M y N forman ángulos rectos entre sí.

La longitud de la curva es $16a$ y el área que encierra es $2\pi a^2$.

En las formas paramétricas los vértices corresponden a los valores de t:

$$t = 0, \quad \frac{2\pi}{3} \quad \text{y} \quad \frac{4\pi}{3}$$

Queremos hacer notar la similitud en la forma paramétrica de la tricúspide y la forma paramétrica de la cardioide.

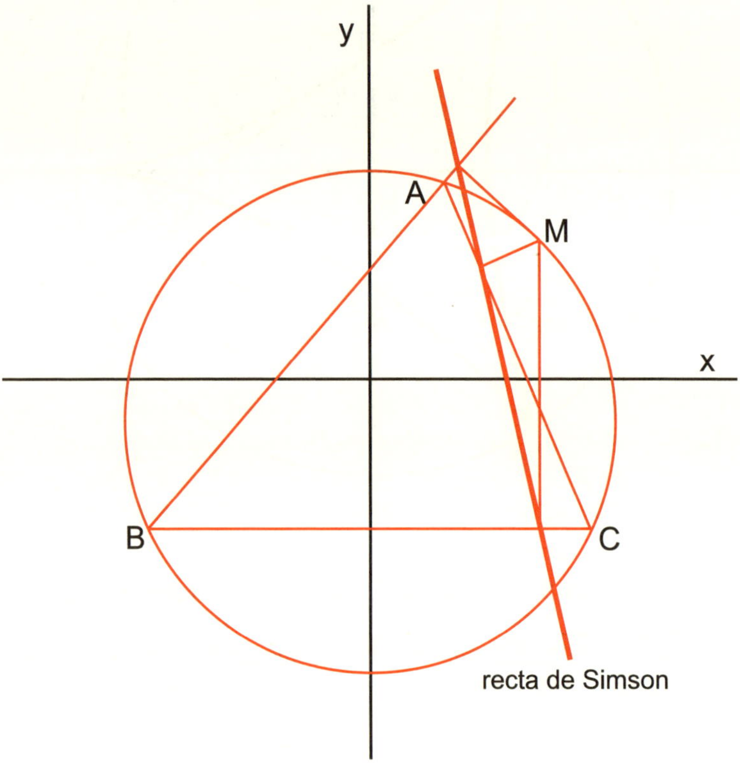

La podaria de la tricúspide, con la cúspide como punto de la podaria, es un folium simple. La podaria, cuando el punto de la podaria es un vértice, es un doble folium. Si el punto de la podaria está en el triángulo equilátero inscrito, entonces la podaria es un trifolium.

La cáustica de la tricúspide, cuando los rayos son paralelos en cualquier dirección, es una astroide.

La deltoide es la envolvente de las rectas de Wallace de un círculo. Robert Simson (1687-1768) demostró que los pies de las perpendiculares trazadas desde un punto M de la circunferencia circunscrita a un triángulo ABC, sobre los tres lados del triángulo, están alineados en una recta que se conoce como *recta de Wallace-Simson*[175]. Cuando *M* describe el círculo, la deltoide es la envolvente de la familia de rectas.

El nombre de deltoide hace referencia a la letra griega delta.

Doble broche

(ver lazo de Cusquita).

Doble folium

(ver bifolium recto).

Doble óvalo

Ecuación cartesiana: $(x^2+y^2)^3=c^2x^4$.

Ecuación polar: $\rho = c\cos^2\theta$.

O bien
$$\rho=\frac{c}{2}\cos 2\theta+\frac{c}{2}$$

Curva de orden sexto, séxtica racional, cerrada, limitada y continua. Ateniéndonos a la ecuación polar, el doble huevo se puede considerar una concoide del trébol de cuatro hojas. Es la inversa de la kampila de Eudoxo con respecto a su centro. Las kampilas son duplicatrices que siguen el método de Arquitas de Tarento (428-347 a.n.E.) para resolver el problema délico de la duplicación del cubo. Fueron estudiadas por el alumno de Platón, Eudoxo de Cnido (406-355 a.n.E.).

Fue descubierta por Fritz Münger[176], en 1894.

---

(175) En 1856 Jakob Steiner publicó un artículo relativo a las rectas de Wallace-Simson de un triángulo arbitrario *ABC*. Steiner demostró en este artículo que la envolvente de tales rectas cuando *M* recorre la circunferencia circunscrita es una curva especial de tercera clase y cuarto grado, que tiene la recta del infinito como doble tangente ideal, *que es tangente a los tres lados y a las tres alturas del triángulo, que tiene tres puntos de retroceso y que las tres tangentes en ellos se cortan en un punto.* En el curso de la demostración aparecen más propiedades interesantes de la curva, llamada hoy *deltoide de Steiner*, y que más adelante se identificó como una *hipocicloide tricúspide*, es decir una curva descrita por un punto de una circunferencia de radio *r* que rueda sin resbalar permaneciendo tangente a una circunferencia de radio 3*r*. La envolvente de las rectas de Wallace-Simson tiene estrecha relación con el círculo de Feuerbach.

(176) Fritz Muenger: *Die eiförmigen Kurven.* Berna: Buchdr. K. J. Wyss, 1894.

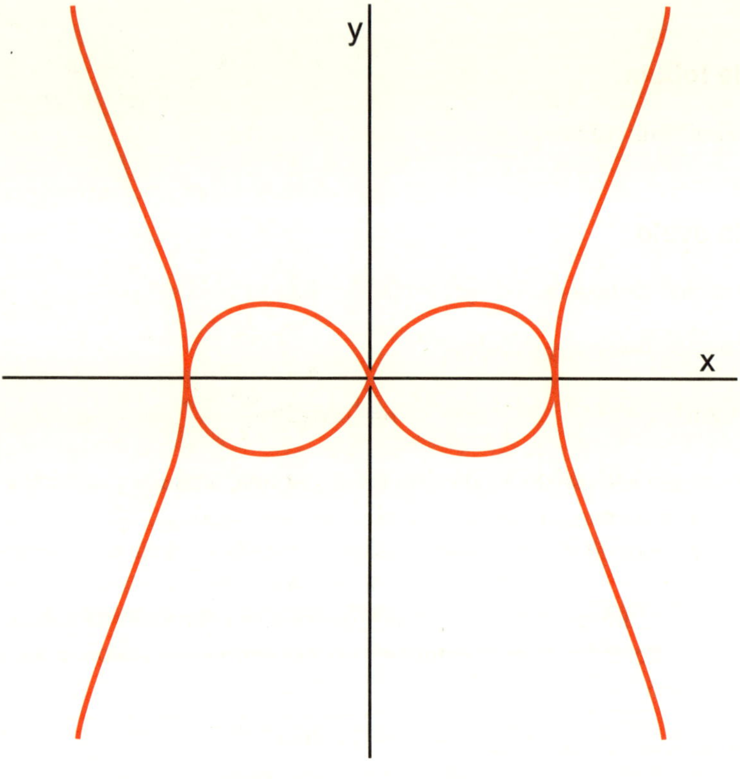

Doble huevo y kampila con c = 3. Las ramas infinitas son la kampila

Duplicatriz cúbica

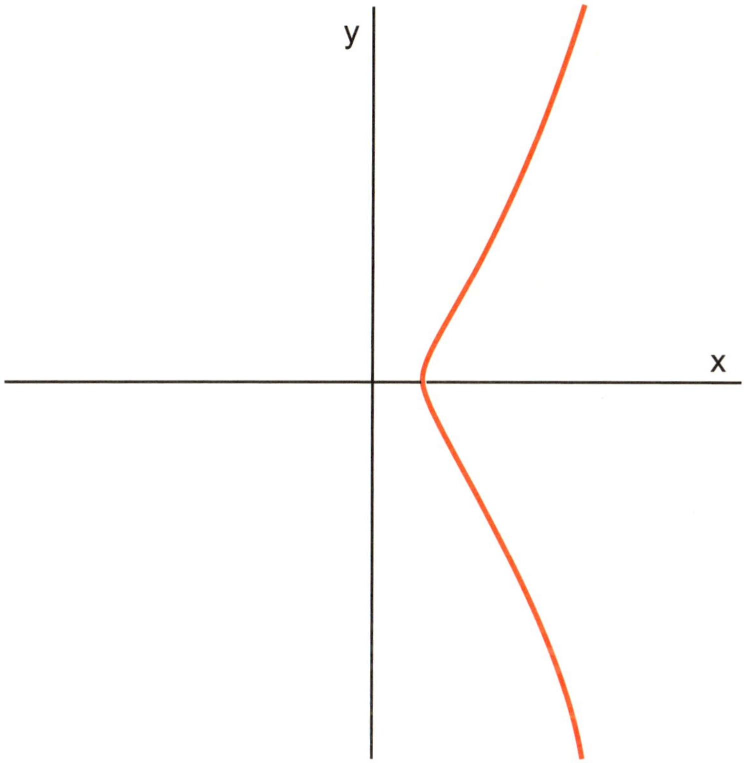

Ecuación cartesiana: $x^3 = k(x^2+y^2)$, con $k > 0$.

Ecuación en coordenadas polares: $\rho = \dfrac{k}{\cos^3 \theta}$.

Ecuaciones paramétricas: $\begin{cases} x = k(1+t^2) \\ y = kt(1+t^2) \end{cases}$

Cúbica racional ilimitada con el eje de las x ($y = 0$) como eje de simetría y el centro de coordenadas como un punto singular aislado. El punto $(k, 0)$ es el punto de intersección con el eje de las x y los puntos $\left(\dfrac{4k}{3}, \pm\dfrac{4k}{3\sqrt{3}}\right)$ son puntos de inflexión.

La duplicatriz cúbica es la inversa del folium simple con respecto al punto más lejano del centro, es la radial de la parábola y también un caso particular de las parábolas divergentes.

Las duplicatrices son curvas que inicialmente se construyeron para resolver el problema de la duplicación del cubo.

Elipse

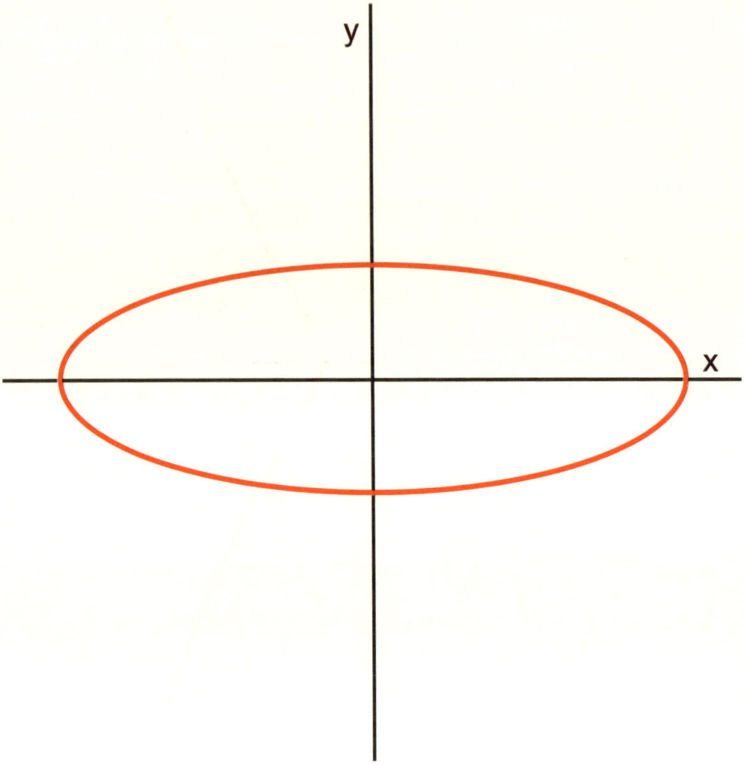

Ecuación cartesiana: $\frac{x^2}{a^2}+\frac{y^2}{b^2}=1$, con a semieje mayor y b semieje menor.

Ecuaciones paramétricas cartesianas: $\begin{cases} x = a \cos t \\ y = b \operatorname{sen} t \end{cases}$

Ecuación polar con relación al sistema de referencia (F, FF'):

$$\rho = \frac{ab}{\sqrt{b^2 \cos^2 \theta + a^2 \operatorname{sen}^2 \theta}} = \frac{b}{\sqrt{1 - e^2 \cos^2 \theta}}$$

donde F y F' son los focos, e la excentricidad.

La elipse es una curva plana generada por la intersección de un cono circular por un plano que no pasa por el vértice y que corta a todas sus generatrices. Es decir, la sección de un cono de revolución generada por un plano que corta a todas las generatrices de forma inclinada. Por tanto, la elipse es una cónica con centro.

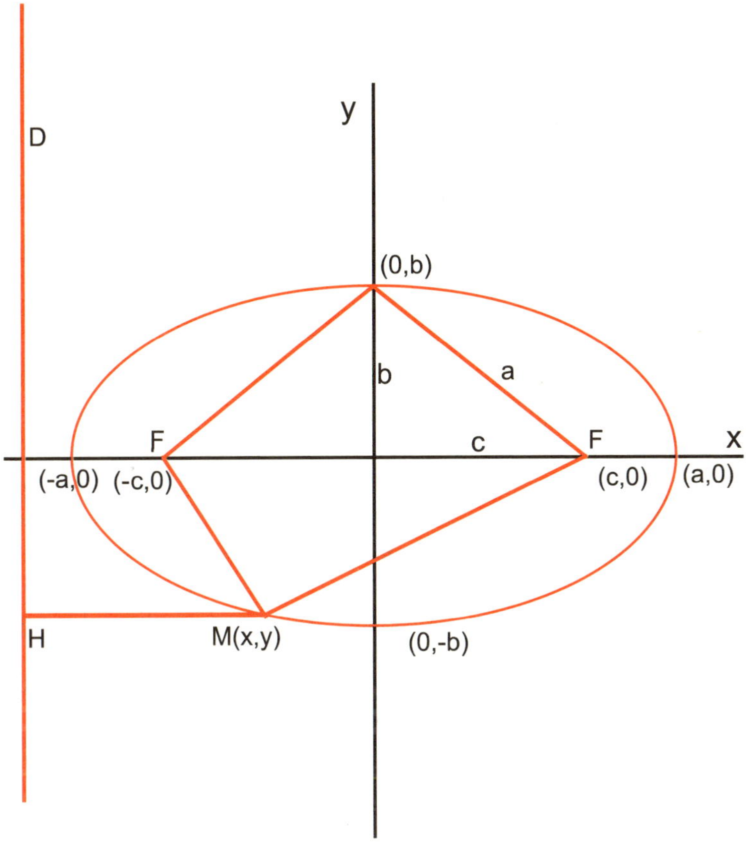

La elipse se puede definir, así mismo, como el lugar geométrico de los puntos del plano cuya suma de distancias a dos puntos fijos, llamados polos es constante. Si los dos polos coinciden la elipse se convierte en un círculo.

También es el lugar de los puntos cuya relación

$$\frac{MF}{MH}$$

siendo MF la distancia a un punto fijo (foco) y MH la distancia a una recta fija, es constante e inferior a 1.

Si llamamos a los dos focos que admite una elipse, F y F', polos con las coordenadas $(-c, 0)$ y $(c, 0)$ y la suma de las distancias[177] la tomamos como $2a$, los puntos (x, y) de la elipse vienen dados por la ecuación

(177) Se toma $2a$ para facilitar los cálculos.

$$\sqrt{(x-(-c))^2+y^2}+\sqrt{(x-c)^2+y^2}=2a$$

que elevando al cuadrado los dos miembros y simplificando nos da la fórmula más conocida de

$$\frac{x^2}{a^2}+\frac{y^2}{a^2-c^2}=1$$

que generalmente se escribe en forma canónica así:

$$\frac{x^2}{a^2}+\frac{y^2}{b^2}=1 \quad \text{con} \quad b^2=a^2-c^2$$

Basta tener en cuenta que $MF+MF'$ = constante = $2a$. Es decir, el conjunto de puntos M del plano que forman la elipse tiene la propiedad de que la suma de las distancias desde cada punto a dos puntos fijos que se llaman focos es constante. La distancia entre los dos focos se denomina *distancia focal* y es igual a 2c. El punto medio del segmento que une los dos focos se llama *centro* de la elipse y la recta que une los focos se denomina *eje focal*. Tanto el eje focal como el perpendicular a él son ejes de simetría de la elipse. El segmento que une los dos focos y se extiende desde un vértice al opuesto se llama *eje mayor* y mide $2a$. El eje que une los otros dos vértices de la elipse se llama *eje menor* y mide $2b$. Los puntos de intersección de la elipse con los dos ejes de simetría se llaman *vértices* de la elipse. La relación $c/a=e$ nos define la excentricidad, y siempre tiene que tener un valor menor que 1.

Conviene recordar que la ecuación $a^2=b^2+c^2$ es la relación fundamental de la elipse. Al cociente $c/a=e$, se le denomina excentricidad. Entonces

$$e=\frac{c}{a}=\frac{\sqrt{a^2-b^2}}{a}$$

que siempre es menor que 1, porque $a>c$.

Si $x=0$, $y=\pm b$. Y si $y=0$, $x=\pm a$.

Si el centro de la elipse tiene de coordenadas (x_0, y_0) la ecuación quedará como sigue:

$$\frac{(x-x_0)^2}{a^2}+\frac{(y-y_0)^2}{b^2}=1$$

La ecuación de la elipse en forma polar, con respecto al sistema de referencia (F, FF') es

$$\rho=\frac{p}{1+e\cos\theta}$$

donde e indica la excentricidad y $p = a(1 - e^2)$. Para conocer esta ecuación se define el *parámetro focal* como la relación

$$\frac{b^2}{a}$$

que es la mitad de la cuerda que pasa por el foco perpendicular al eje polar de la elipse.

La ecuación de la tangente a la elipse en el punto (x_0, y_0) viene dada por la fórmula

$$\frac{xx_0}{a^2} + \frac{yy_0}{b^2} = 1$$

La distancia entre los focos nos dará la excentricidad. Cuanto mayor sea ésta, más alargada será la elipse y cuanto más se acerquen los focos, es decir más corta sea la distancia entre los focos, más corta será la elipse y más estilizada.

La excentricidad de las órbitas planetarias es pequeña (es decir, están cerca del círculo). La excentricidad de Marte es 1/11 y la de la Tierra es 1/60.

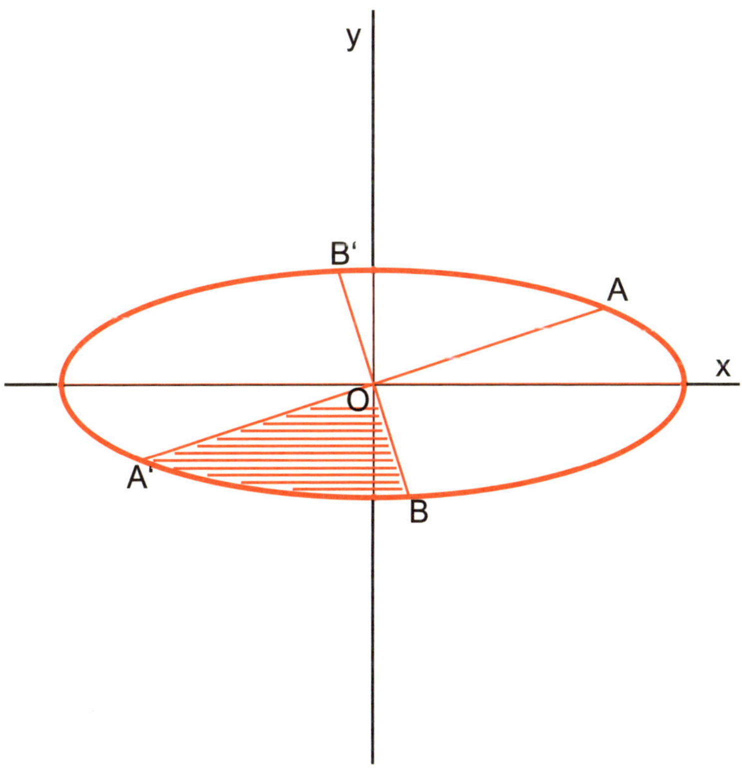

En 1705 Edmund Halley[178] (1656-1742) demostró que el cometa que ahora se llama como él se adentró con una órbita elíptica alrededor del Sol. La excentricidad del cometa de Halley es de 0,9675, con lo que se puede afirmar que está cerca de una parábola (excentricidad 1).

El área de la elipse es πab. No hay ninguna fórmula exacta para la longitud de una elipse con funciones elementales y ello fue una de las cuestiones que llevó al estudio de las funciones elípticas. Ramanujan, en 1914, fue el que dio la longitud aproximada evaluada en

$$\pi\left[3(a+b) - \sqrt{(a+3b)(3a+b)}\right]$$

a partir de una integral elíptica de segunda especie.

La evoluta de la elipse con la ecuación dada arriba es la curva de Lamé:

$$(ax)^{\frac{2}{3}} + (by)^{\frac{2}{3}} = (a-b)^{\frac{2}{3}}$$

Las curvas paralelas a la elipse son las toroides. La podaria negativa de la elipse con relación a su centro es la curva de Talbot. Las elipses pueden ser consideradas como casos particulares de las curvas de Lissajous.

La ecuación de la podaria es

$$(a^2+b^2-\rho^2)p^2=a^2b^2$$

La curva podaria de una elipse, con su foco como punto de la podaria, es un círculo. Si la curva principal es una elipse

$$\frac{x^2}{a^2}+\frac{y^2}{b^2}=1$$

con polo $P(a', b')$, entonces

$$\left[x^2+y^2-(a'x+b'y)\right]^2 - a^2(x-a')^2 - b^2(y-b')^2 = 0$$

Estas curvas tiene tres puntos dobles, uno en el polo P y los otros dos en los puntos cíclicos del plano. El polo es doble de retroceso ordinario o aislado, según que el polo esté dentro, en la cónica o fuera de ella.

Si $a' = b' = 0$ y la curva principal es la elipse, resulta como podaria la lemniscata de Booth: $(x^2+y^2)^2=a^2x^2+b^2y^2$. Si $a' = c$ y $b' = 0$ resulta un círculo de diámetro igual al eje mayor. Si $a' = a$, $b' = 0$ la podaria es el limaçon

(178) Edmund Halley: *A synopsis of the astronomy of comets*. Translated from the original. Oxford. London: John Senex, 1705.

de Pascal. Si $a' = c = \sqrt{a^2 - b^2}$ y $b' = 0$, resulta un círculo de diámetro igual al eje mayor: $(x^2+y^2)(x^2+y^2 - a^2) = 0$.

Desde un punto dentro de la evoluta (es una curva cerrada) se pueden dibujar cuatro normales a la elipse, pero desde un punto fuera de ella, sólo se pueden dibujar dos normales.

Si $a = b$, la elipse se convierte en un círculo, o elipse de excentricidad cero[179].

Las elipses se pueden trazar, una vez fijados los focos, con un hilo sujeto por sus extremos a los dos focos.

Es interesante el teorema de Apolonio de Perga[180] respecto a las elipses: sean AA' y BB' dos diámetros conjugados en una elipse de ecuación $\frac{x^2}{a^2}+\frac{y^2}{b^2} = 1$, entonces se verifica que:

1) $\overline{OA}^2 + \overline{OB}^2 = a^2 + b^2$ 2) Área de $\overset{\triangle}{OAB} = \frac{ab}{2}$

La curva de segundo orden cuya ecuación en forma canónica viene dada por la fórmula

$$\frac{x^2}{a^2}+\frac{y^2}{b^2} = -1 \quad \text{se denomina elipse imaginaria.}$$

Forma de trazar una elipse por el método de la banda de papel: sea un sistema ortonormado y un segmento móvil AB de longitud constante, en el que el extremo A se mueve por el eje de las abscisas y el punto B por el de las ordenadas. Los puntos M del segmento AB tales que están a la distancia a de B y la distancia b de A con b menor o igual que a, describen una elipse de centro O, semieje mayor a y semieje menor b.

---

(179) La excentricidad depende de la relación a/b. Si $a = b$, $a/b = 1$. Si $a > b$, se trata de una elipse alargada. Si $a < b$ es una elipse estilizada. La excentricidad viene dada por

$$e = c/a = \frac{\sqrt{a^2 - b^2}}{a}$$

c es la distancia de uno de los focos al centro y a la distancia del foco al punto en el que la elipse corta al eje de las x.

(180) Apolonio de Perga: *Apollonii Pergaei quae Graece exstant cum commentariis antiquis/edidit et Latine interpretatus est I. L. Heiberg*. Leipzig: Teubner, 1891-1893. (Serie: Bibliotheca scriptorum Graecorum et Romanorum Teubneriana).

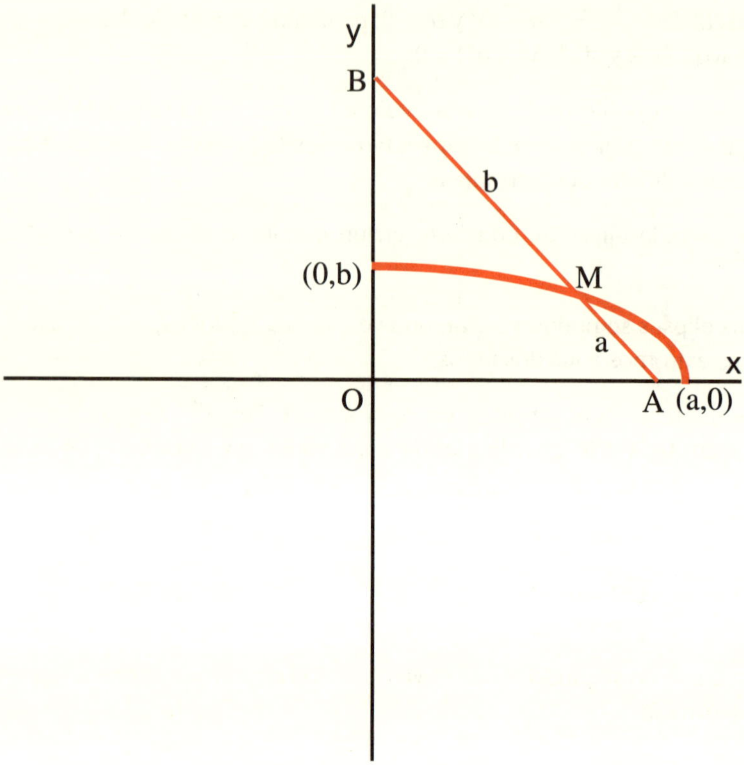

El término elipse procede del griego *elleipein*, *ελλειπειν*, que significa fallo. La elipse fue estudiada en primer lugar por Menecmo (380-320 a.n.E.). Euclides[181] (325-265 a.n.E.) escribió hacia el 300 antes de nuestra Era sobre la elipse. El nombre actual se lo dio Apolonio de Perga. El foco y directriz de una elipse fueron estudiados por Pappus de Alejandría.

Johannes Kepler[182] (1571-1630), en 1602, afirmó su convencimiento de que la órbita de Marte era oval, y más tarde descubrió que era una elipse con el Sol colocado en su foco. De hecho Kepler introdujo la palabra *foco*, a pesar de que había sido estudiado anteriormente por Pappus, y publicó su descubrimiento en 1609.

La elipse circunscrita a un triángulo, y centrada en el baricentro de éste, se llama *elipse de Steiner*[183].

---

(181) Euclides: *Euclidis Opera omnia/ed. I. L. Heiberg et H. Menge. Leipzig*. Teubner, 1883-1916. (Serie: Bibliotheca scriptorum Graecorum et Romanorum Teubneriana).

(182) Johannes Kepler: *De Fvndamentis Astrologiæ Certioribvs.* Praga: Boemorvm Typis Schvmanianis, 1602.

(183) Jakob Steiner (1796-1863). En: *Journal de Crelle*, 1827. Vol. II, p. 45-.

Epicicloide

Ecuaciones paramétricas cartesianas:

$$\begin{cases} x = (a+b)\cos t - b\cos\left(\dfrac{a}{b}+1\right)t \\ y = (a+b)\,\mathrm{sen}\, t - b\,\mathrm{sen}\left(\dfrac{a}{b}+1\right)t \end{cases}$$

o bien

$$\begin{cases} x = (a+b)\cos t - a\cos(a+b)\dfrac{t}{a} \\ y = (a+b)\,\mathrm{sen}\, t - a\,\mathrm{sen}\,(a+b)\dfrac{t}{a} \end{cases}$$

Esta curva plana es la trayectoria de un punto de una circunferencia que rueda exteriormente sobre otra. Si a es el radio de la circunferencia que rueda, b es el radio de la circunferencia fija y t es el ángulo subtendido por el arco entre los puntos de tangencia de las circunferencias.

En función del módulo $m = b/a$, se obtienen epicicloides de diferentes formas. Si $m = 1$, es una cardioide; si m es un entero la curva está formada por m ramas que no se cortan. Los puntos de retroceso $A_1, A_2, \ldots, A_m$, son, en coordenadas polares

$$\rho = b \qquad \varphi = \frac{2k\pi}{m} \qquad \text{con} \qquad m = 0, 1, 2, \ldots, m-1$$

Los vértices de la curva $B_1, B_2, \ldots, B_m$, tienen por coordenadas polares

$$\rho = b+2a \qquad \varphi = \frac{2\pi}{m}\left(k+\frac{1}{2}\right)$$

Si $b = 2a$ se trata de una nefroide.

Si m es fraccionario las ramas de la epicicloide se cruzan; si m es irracional el número de ramas es infinito y la epicicloide no se cierra; si m es racional la epicicloide es una curva algebraica cerrada que admite un número finito de puntos de retroceso.

La longitud del arco desde A_1 es: $s=8b\,m(1+m)\,\mathrm{sen}^2\,\dfrac{t}{4}$. La longitud del arco desde B_1 es:

$$s = 4b\,m(1+m)\cos\frac{t}{2}$$

El área de un sector limitado por dos radios vectores de la curva y un arco de ésta vale: $S = m\pi(b+mb)(b+2mb)$.

El radio de curvatura viene dado por:

$$r_k = \frac{4bm(1+m)}{2m+1} \operatorname{sen} \frac{t}{2}$$

Hay cuatro curvas que están estrechamente relacionadas. Son la epicicloide, la epitrocoide, la hipocicloide y la hipotrocoide y se originan por el lugar geométrico trazado por un punto P de un círculo de radio a que rueda alrededor del interior o del exterior de un círculo fijo de radio b.

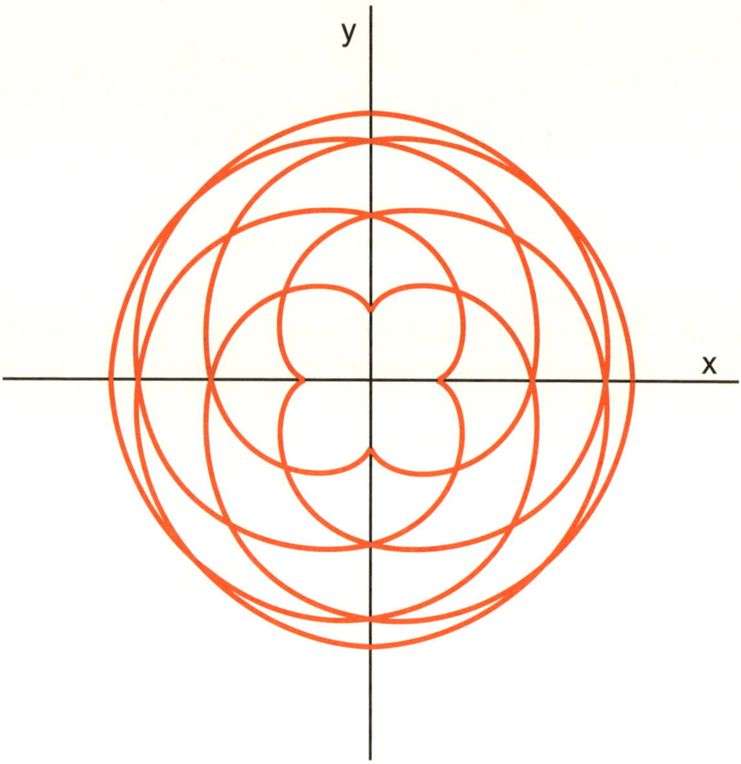

Para la epicicloide –un ejemplo de la cual se muestra arriba–, el círculo de radio a rueda por fuera del círculo de radio b. El punto P está en la circunferencia del círculo de radio a. En el ejemplo que se dibuja aquí $a = 8$ y $b = 5$. Se conoce como teorema de La Hire, referido a hipocicloides y epicicloides, al siguiente enunciado: si un círculo C de radio r rueda sin deslizamiento por el interior de otro círculo C' de radio $2r$, entonces cualquier punto fijo de C describe un diámetro de C'. Las epicicloides son casos particulares de la cicloide alargada cuando la base sobre la que rueda sin deslizamiento la circunferencia es otra circunferencia.

Estas curvas fueron estudiados por Alberto Durero[184] (1471-1528) en 1525, Girard Desargues (1591-1661) en 1640, Christiaan Huygens[185] (1629-1695) en 1679, Gottfried Wilhelm Leibniz[186] (1646-1716), Isaac Newton (1642-1727) en 1686, L'Hôpital[187] (1661-1704) en 1690, Jacob Bernoulli (1654-1705) en 1691, Philippe de La Hire[188] (1640-1718) en 1694, Johann Bernoulli (1667-1748) en 1695, Daniel Bernoulli (1700-1782) en 1725 y Leonhard Euler[189] (1707-1783) en 1745 y 1781.

Casos especiales son $a = b$, en cuyo caso se obtiene una cardioide y si $a = 2b$ se obtiene una nefroide.

Si $a = (m-1)b$ donde m es un entero, entonces la longitud de la epicicloide es $8mb$ y su área es $\pi b^2(m^2+m)$.

Si tomamos un punto fuera o dentro de la circunferencia que rueda, la curva resultante es una epicicloide alargada o bien una epicicloide acortada.

La curva podaria, cuando el punto de la podaria es el centro, es una curva rodonea. La evoluta de una epicicloide es una epicicloide similar.

Las epicicloides son curvas cicloidales que sirven para el cálculo y trazado de engranajes, utilidad que demostró La Hire.

(184) Alberto Durero: *Vnderweysung der messung mit dem zirckel vnd richtscheyt.* Núremberg: [s.n.], 1525.

(185) Christiaan Huygens: *Oeuvres complètes de Christiaan Huygens*/publ. par la Société Hollandaise des Sciences. La Haya: Nijhoff, 1888-1978. Vol. 23-26. París : Bibliothèque nationale de France, 1996.

(186) Gottfried Wilhelm Leibniz: *Leibnitii Opera Omnia [Leibniz's Complete Works].* Ginebra: Tournes, 1768.

(187) Guillaume François Antoine Marquis de L'Hôpital (1661-1704) : *Théorie analytique des sections coniques.* París: Montalant, 1720.

(188) Philippe de La Hire : En: *Mémoires de mathématiques et de physique*, 1694.

(189) Leonhard Euler: *Leonhardi Euler opera omnia/sub auspiciis Societatis Scientiarum Naturalium Helveticae edenda curaverunt Ferdinand Rudio* ...[*et al.*]. Leipzig: Teubner, 1911-.

Epitrocoide

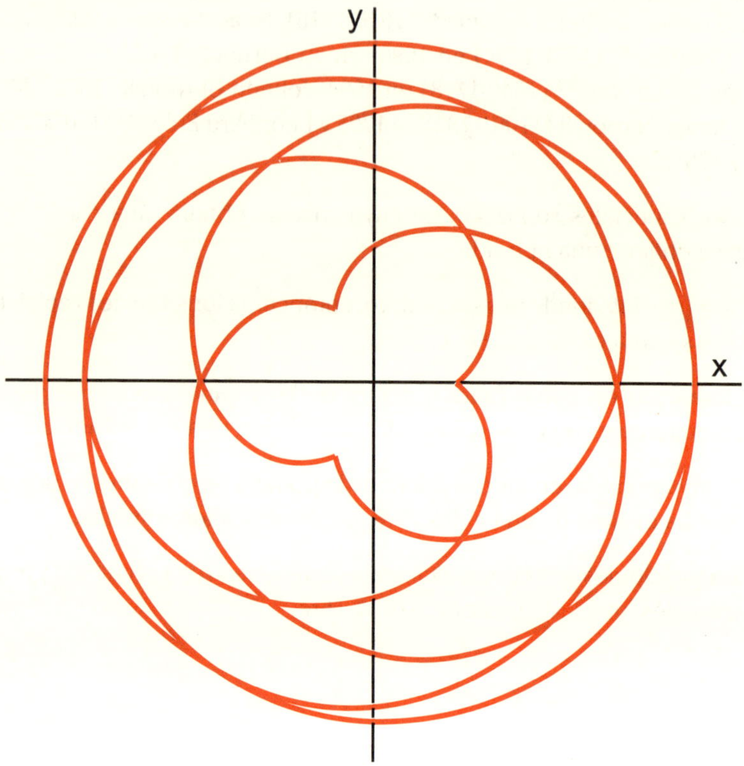

Ecuaciones paramétricas cartesiana:

$$\begin{cases} x = (a+b)\cos t - c\cos(a/b+1)t \\ y = (a+b)\,\text{sen}\,t - c\,\text{sen}\,(a/b+1)t \end{cases}$$

Tal como vimos en la anterior curva, la epicicloide, la epitrocoide, la hipocicloide y la hipotrocoide son curvas trazadas por un punto P de un círculo de radio a que rueda, sin deslizamiento, alrededor del interior o del exterior de un círculo fijo de radio b.

Para la epitrocoide, en el ejemplo de la figura, el círculo de radio a rueda por fuera del círculo de radio b. El punto P está a una distancia c del centro del círculo de radio a. Para el ejemplo $a = 5, b = 3$ y $c = 5$ (así P va dentro del círculo de radio a). Si O es el centro de la circunferencia que rueda y $OP < a$, es decir el punto P está dentro del círculo que rueda, la epitrocoide se denomina epitrocoide reducida; y si $OP > a$, es decir el punto P está fuera del círculo que rueda, se trata de una epitrocoide alargada.

Un ejemplo de una epitrocoide aparece en el trabajo de Alberto Durero[190]. Las llamó *línea araña*, porque las líneas que describían las curvas se parecían a una araña.

Estas curvas fueron estudiadas también por Philippe de La Hire (1640-1718), Girard Desargues (1591-1661), Gottfried Wilhelm Leibniz[191] (1646-1716), Isaac Newton (1642-1727) y muchos otros.

Casos particulares de epitrocoide son el limaçon de Pascal, cuando el radio de las circunferencias es igual (la cardioide es un caso particular de limaçon); y la nefroide, cuando el radio de la circunferencia que rueda es la mitad del radio de la circunferencia fija.

Escarabajos

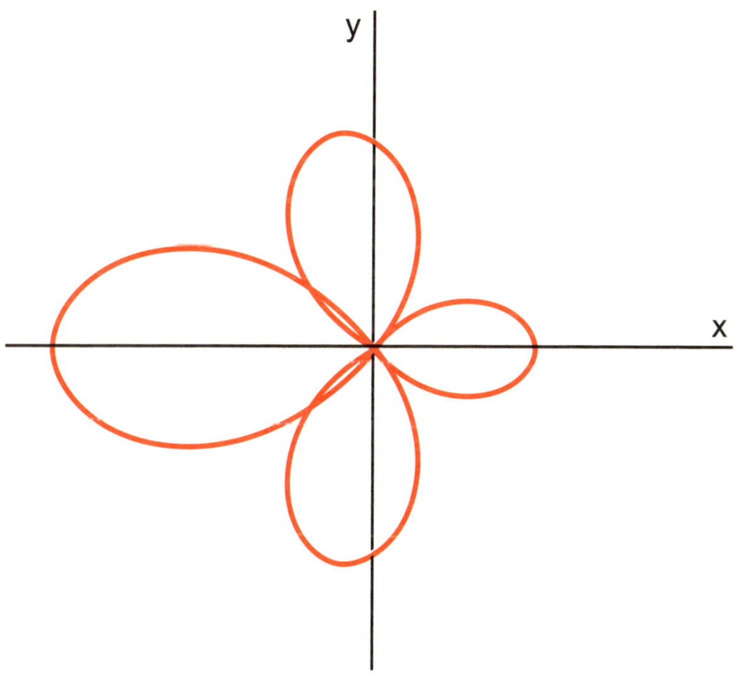

a = 1,25; c = 0,50

---

(190) Alberto Durero: *Vnderweysung der messung mit dem zirckel vnd richtscheyt*. Núremberg: [s.n.], 1525.

(191) Gottfried Wilhelm Leibniz: *Leibnitii Opera Omnia [Leibniz's Complete Works]*. Ginebra: Tournes, 1768.

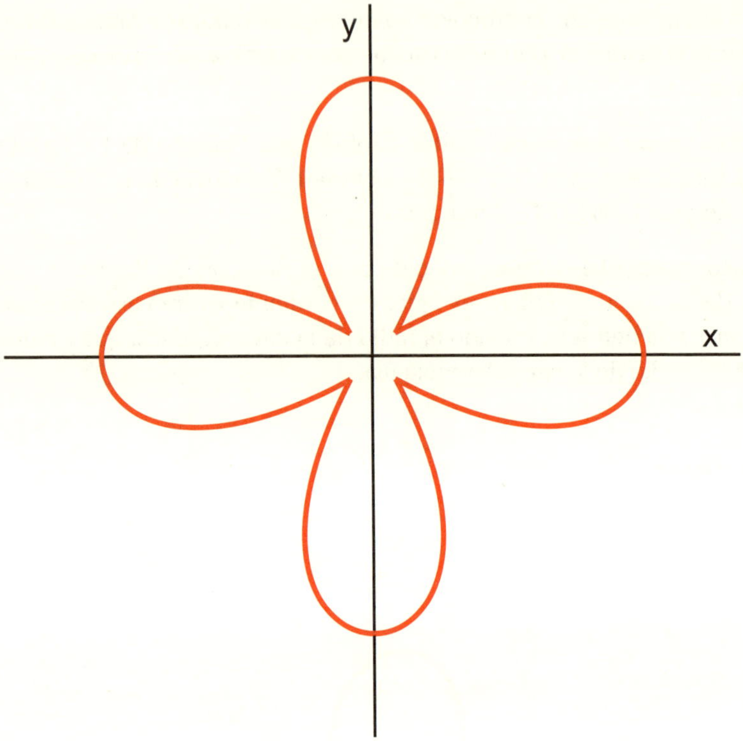

Si c = 0 y a = 2, resulta una corola o rosa de cuatro pétalos

Ecuación cartesiana: $(x^2+y^2)(x^2+y^2+cx)^2 = a^2(x^2-y^2)^2$, con $a > 0$.

Ecuación en coordenadas polares: $\rho = a\cos 2\theta - c\cos\theta$. El módulo puede tomar cualquier signo.

Curva algebraica plana de sexto orden, limitada, cerrada y continua. El centro de coordenadas es un centro de simetría sólo cuando $c = 0$. El eje de abscisas ($y = 0$) es un eje de simetría y el eje de ordenadas ($x = 0$) es otro eje de simetría solamente cuando $c = 0$.

El origen de coordenadas es un punto múltiple. El punto $(-c/2, c/2)$, es un nodo en el que las rectas

$$\left(-a \pm \frac{c}{\sqrt{2}}\right)\left(y - \frac{c}{2}\right) = a\left(x + \frac{c}{2}\right)$$

son tangentes. Y el punto $(-c/2, -c/2)$ es otro nodo en el que las rectas

$$\left(a \pm \frac{2}{\sqrt{2}}\right)\left(y + \frac{c}{2}\right) = a\left(x + \frac{c}{2}\right)$$ son tangentes.

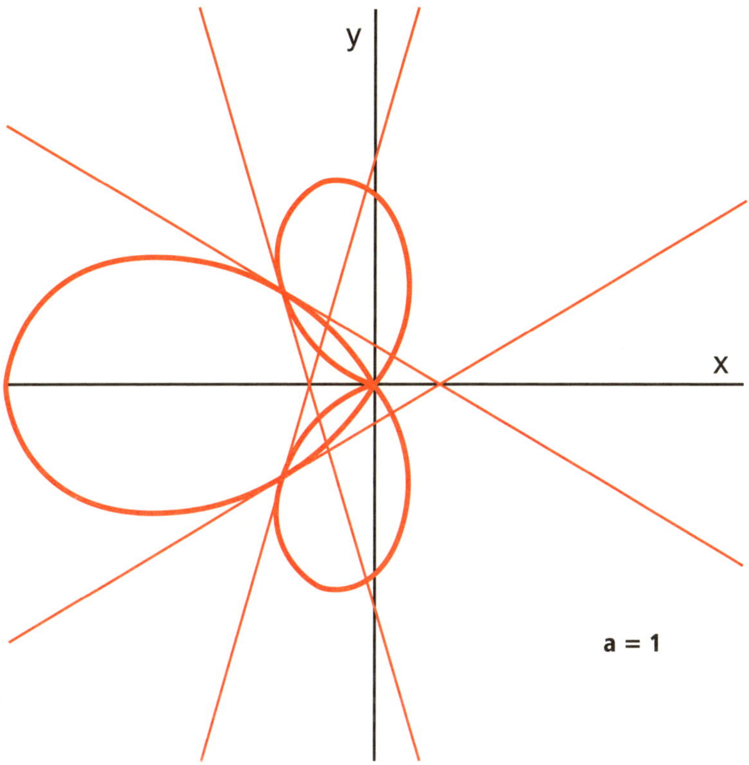

a = 1

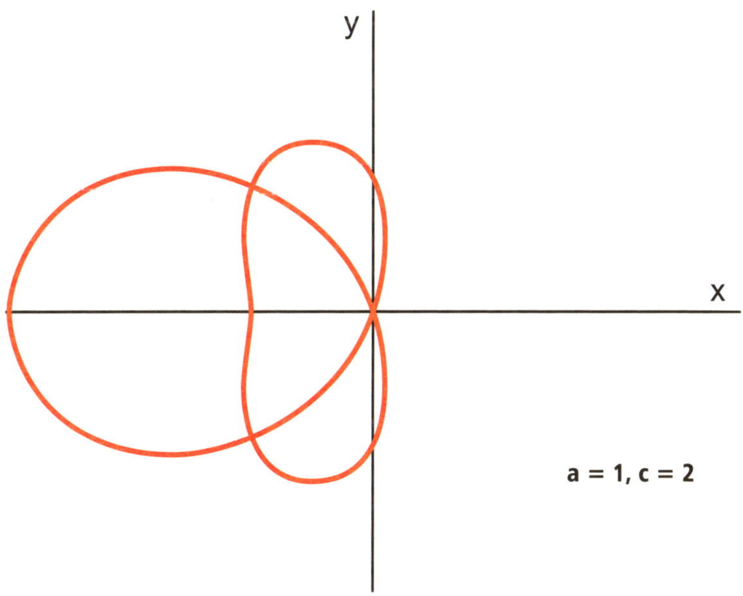

a = 1, c = 2

Espiral de Arquímedes. Espiral uniforme

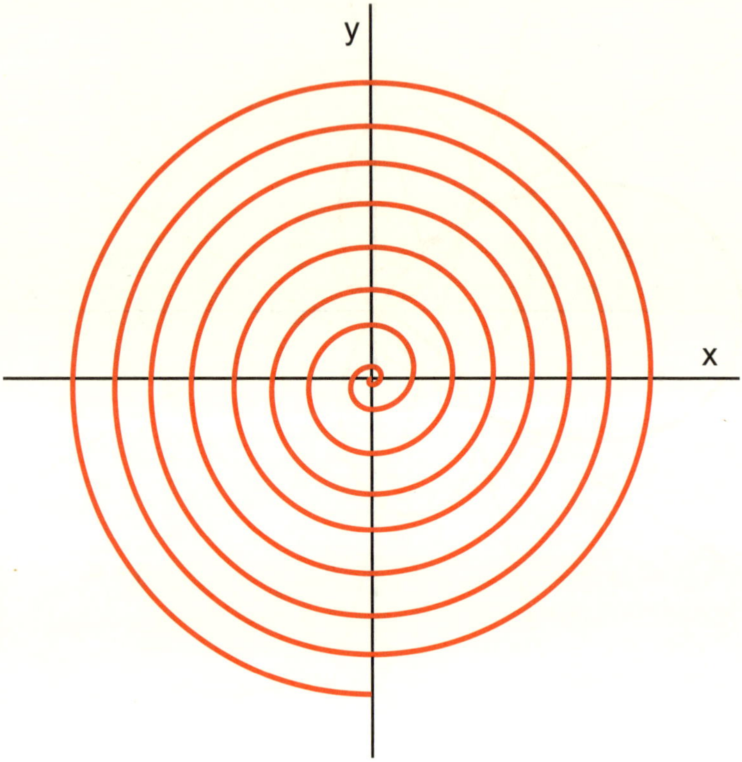

Ecuación cartesiana:

$$\sqrt{x^2+y^2} = a \text{ arc tan} \frac{y}{x} \qquad \text{con } a > 0$$

Ecuación polar: $\rho = a\,\theta$

Curva plana trascendente que se describe por un movimiento uniforme de un punto *M*, que se desplaza sobre una recta *d* de un plano, que gira uniformemente alrededor de un punto *O* que pertenece a dicha recta. Es decir, el radio varía de manera proporcional al ángulo girado. En el inicio del movimiento el punto *M* coincide con el centro de rotación *O*. Es una línea continua e ilimitada, con un punto singular inicial en el (0, 0). O sea, los puntos *M* recorren con una velocidad constante el eje *OX* del plano, girando este eje alrededor del punto *O* con una velocidad angular constante. Cuando el eje *OX* da un giro de 360°, el punto *M* se desplaza sobre el eje *OX* a una distancia $e = 2a\pi$, denominada paso de la espiral.

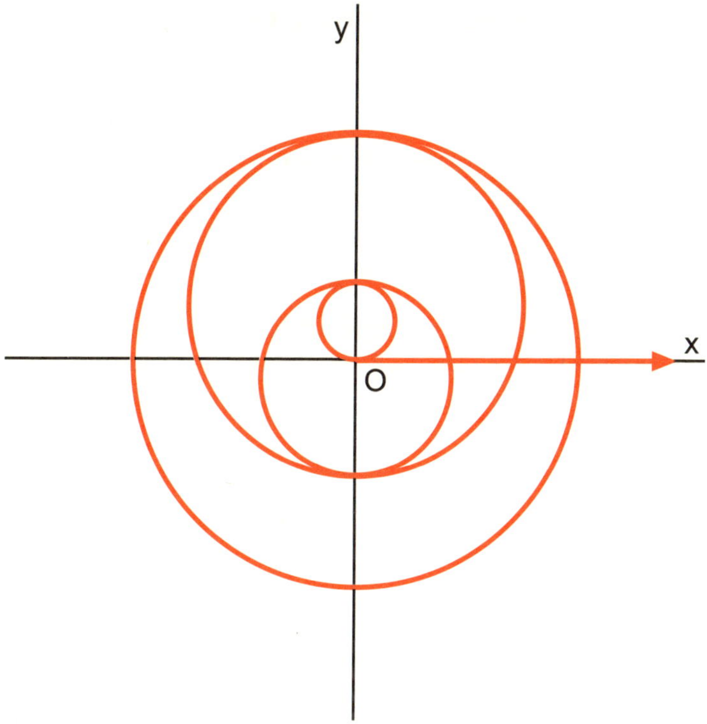
y
x
O

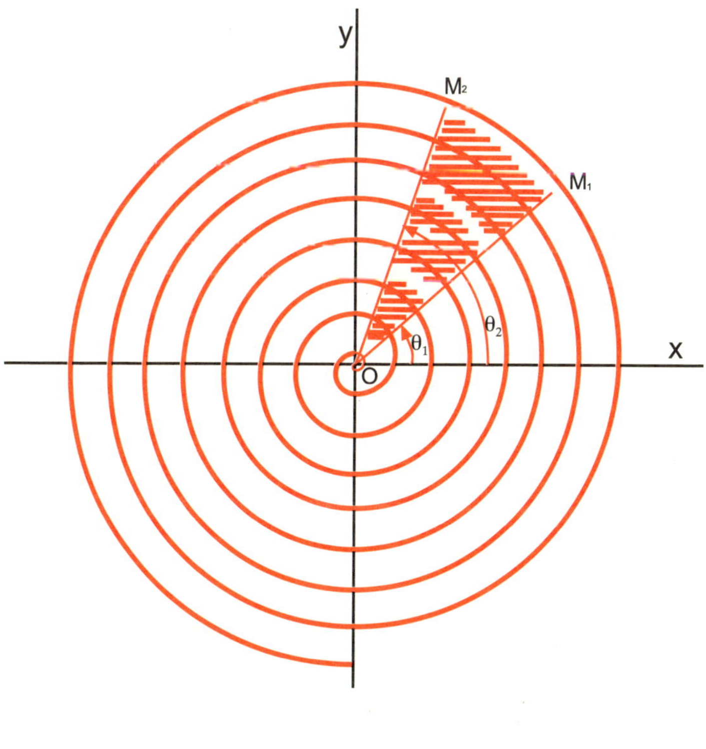
y
M2
M1
θ1
θ2
x
O

La longitud del arco entre dos puntos $M_1(\rho_1, \theta_1)$ y $M_2(\rho_2, \theta_2)$viene dada por:

$$l=\frac{a}{2}\left[\theta\sqrt{1+\theta^2}+\ln\left(\theta+\sqrt{1+\theta^2}\right)\right]_{\theta_1}^{\theta_2}$$

Y el área limitada por un arco de la espiral de Arquímedes y dos radios vectores ρ_1 y ρ_2, en relación con los ángulos θ_1 y θ_2 es

$$S=\frac{\rho_2^3-\rho_1^3}{a}$$

Esta espiral fue estudiada por Arquímedes de Siracusa (287-212 a.n.E.) aproximadamente hacia el 225 a.n.E. en un trabajo titulado *Sobre espirales*, en el que Arquímedes hace un estudio exhaustivo y complicado de la espiral uniforme[192]. La curva había sido considerada ya por su coetáneo y amigo Conón de Samos. Posteriormente, en 1854, fue estudiada por Sacchi.

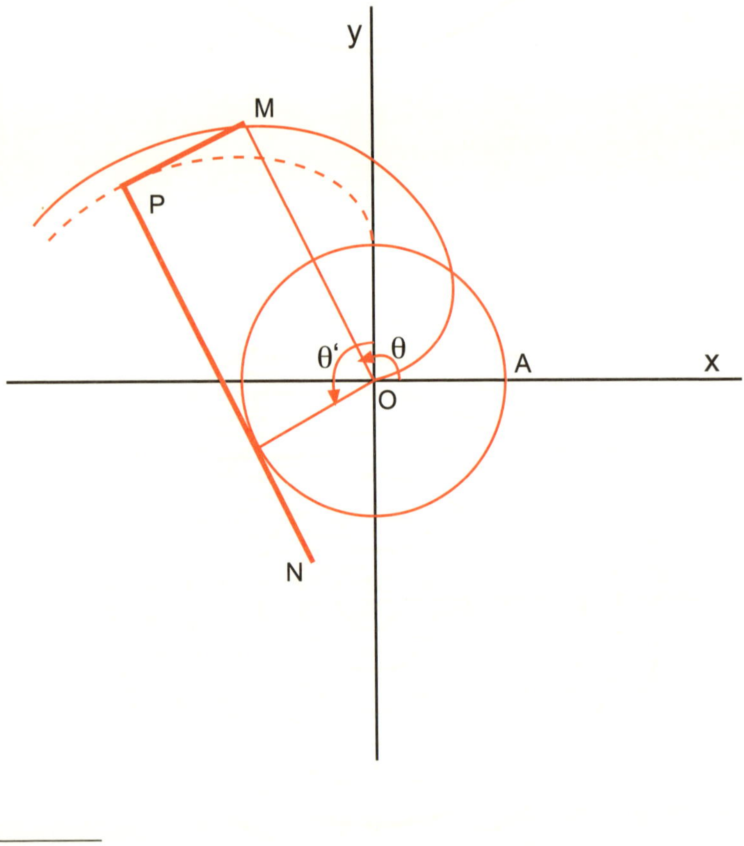

(192) En él halla las áreas de las diferentes espiras y emplea la espiral para encontrar la longitud de un arco de circunferencia. También la utiliza para la cuadratura del círculo y la trisección del ángulo

Arquímedes pudo calcular las longitudes de varios segmentos de tangente.

Se puede usar para la trisección de un ángulo y la cuadratura del círculo. Por tanto, la espiral de Arquímedes es una trisectriz y también una cuadratriz. La espiral de Arquímedes es la podaria de una evolvente del círculo con relación al centro. De manera que si una escuadra *MPN* como en la figura de la página anterior, tal que $PM = R$ (radio del círculo), y su lado *PN* gira sin deslizarse sobre el círculo, el punto *M* describe la espiral de Arquímedes.

La curva se puede usar como una leva para convertir un movimiento angular uniforme en un movimiento lineal uniforme. La leva consta de un arco de la espiral sobre el eje *OX* junto con su reflexión en el eje *OX*. Rodando este con velocidad angular uniforme sobre su centro, dará por resultado un movimiento lineal uniforme del punto donde cruza al eje *OY*.

Si se toma el polo como el centro de inversión, la espiral de Arquímedes $\rho = a\,\theta$ se invierte en la espiral hiperbólica

$$\rho = \frac{a}{\theta}$$

La generalización de la espiral de Arquímedes es una *neoide* con ecuación en coordenadas polares: $\rho = a\,\theta + 1$.

Espiral de Bernoulli (Jacob I). Espiral equiangular o espiral logarítmica

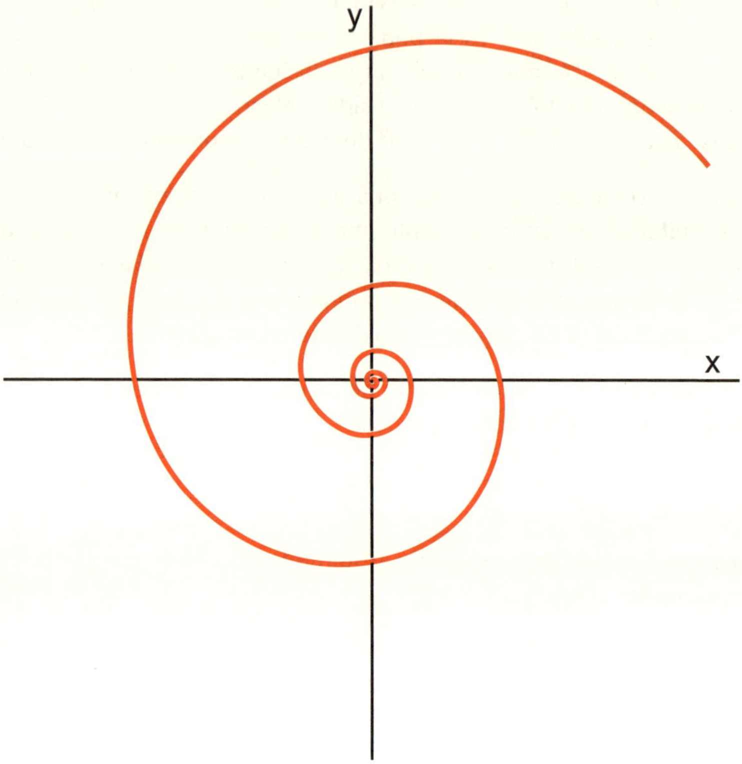

Ecuación polar: $\rho = ae^{\theta \cot a}$. O bien $\rho = ae^{b\theta}$, donde a y b son constantes; ρ el radio de posición del punto; y θ el ángulo girado.

La espiral equiangular fue inventada por René Descartes (1596-1648) en 1638, un año después de haber publicado la *Géométrie*. René Descartes se planteaba dar solución por medio de una curva mecánica a un problema planteado por Galileo sobre la trayectoria de la caída de los cuerpos compuesta con el movimiento de rotación de la Tierra. Evangelista Torricelli[193] (1608-1647) trabajó en ella, en 1638, independientemente y encontró la longitud de la curva, utilizando métodos semejantes a los empleados por Arquímedes. También es conocida como espiral de Jacob Bernoulli (1654-1705) o espiral

---

(193) Evangelista Torricelli: *De infinitis spiralibus/Introd., riordinamento, revisione del testo sul manoscritto originale, trad. e commento a cura di Ettore Carruccio.* Pisa: Domus Galilaeana, 1955.

logarítmica, por ser Jacob Bernoulli el primero en utilizar el cálculo infinitesimal para su estudio en 1692.

Si P es cualquier punto de la espiral, entonces la longitud de la espiral de P al origen es finita. De hecho, del punto P, que está a distancia d del origen, medida a lo largo del radio vector, la distancia de P al polo viene dada por la expresión $d \sec a$. Por tanto, el radio de posición de un punto no depende lineal y uniformemente del radio girado, sino que depende exponencialmente.

Jacob Bernoulli en 1692 la llamó *Spira Mirabilis* (espiral milagrosa o maravillosa) y así se titula el libro que dedicó a su estudio.

La curva se refleja generalmente en muchos casos con cáscaras de mar iguales a ella, cuando el crecimiento de un organismo es proporcional al tamaño del organismo. En su libro *Growth and form*, D'Arcy Wentworth Thompson[194] (1860-1948) consagró un capítulo entero a esta curva y describe su presencia en la naturaleza como el resultado de rodar "un cono de lado sobre sí mismo", comparándolo él con el caso de la espiral de Arquímedes que se forma haciendo rodar un cilindro "como rueda una soga de marinero en la cubierta".

La espiral construye un ángulo constante a con cualquier radio vector. Por supuesto en el caso especial donde $a = \pi/2$ se obtiene un círculo. En la curva representada en la página anterior, $a = 7\pi/16$. Por consiguiente la longitud de la curva de un punto con distancia d del origen, a lo largo de un radio vector, es aproximadamente $5{,}126d$.

Cualquier radio desde el origen encuentra la espiral. Las distancias de los puntos de corte al origen están en progresión geométrica.

La podaria de una espiral equiangular, cuando el punto de la podaria es el polo, es una espiral equiangular idéntica.

La evoluta y la involuta de una espiral equiangular son una espiral equiangular idéntica. Esto fue demostrado por Johann Bernoulli.

La cáustica de la espiral equiangular, cuando se toma el polo como el punto radiante, es una espiral equiangular igual.

Para Jacob Bernoulli "*esta espiral maravillosa me gusta de modo tan sorprendente por sus propiedades singulares y admirables que apenas puedo saciarme de su contemplación*".

(194) D'Arcy Wentworth Thompson: *On growth and form.* Cambridge: Cambridge University Press, 1942.

Espiral de Cornu

Ecuación:

$$r = \frac{a}{s}$$

donde r es el radio de curvatura, a es una constante y s es la longitud del arco.

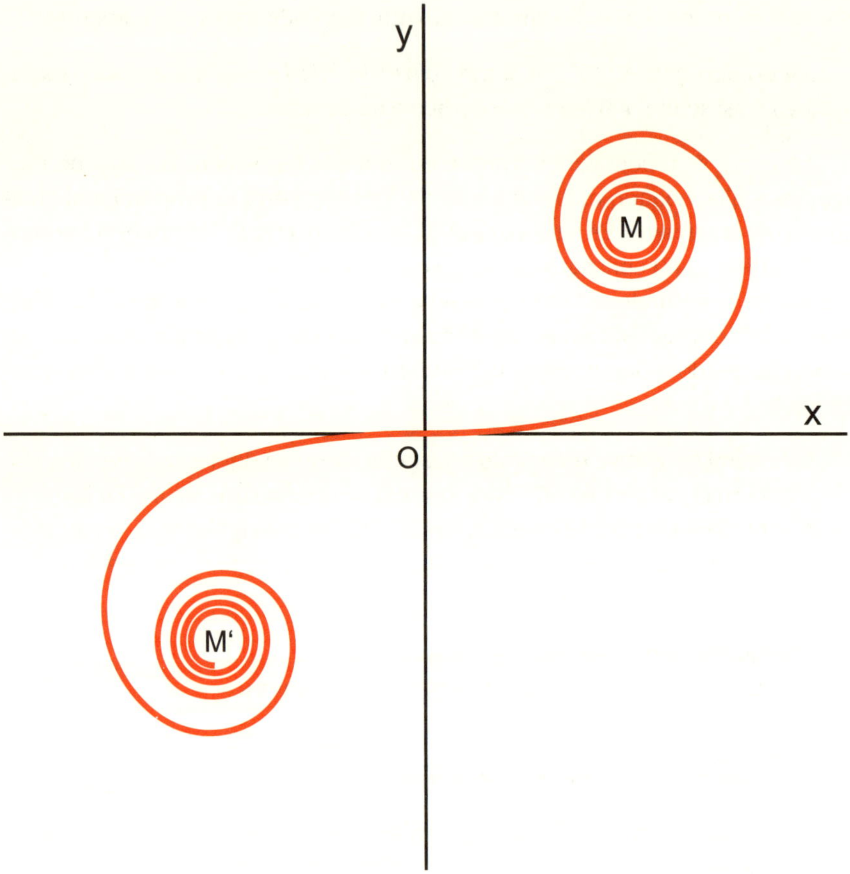

Ecuaciones paramétricas:

$$\begin{cases} x = \int_0^t \cos \frac{s^2}{2a} ds \\ y = \int_0^t \operatorname{sen} \frac{s^2}{2a} ds \end{cases}$$

O bien:

$$x = a\int_0^t \cos u^2 du; \ y = a\int_0^t \operatorname{sen} u^2 du$$

donde s es un número real que representa la abscisa curvilínea de un punto M de la curva y la mitad de la curvatura en un punto M.

Es una curva trascendente plana. A veces se denomina clotoide, del griego *klotein*, κλοτειν, que significa hilar, ya que la forma de la curva[195] se asemeja al hilo de tejer enrollado. La espiral de Cornu es tangente al eje OX en el origen de coordenadas. Son puntos asintóticos

$$M_1\left(\frac{\sqrt{\pi a}}{2}, \quad \frac{\sqrt{\pi a}}{2}\right) \quad \text{y} \quad M_2\left(-\frac{\sqrt{\pi a}}{2}, \quad -\frac{\sqrt{\pi a}}{2}\right)$$

Con la segunda parametrización los puntos asintóticos son

$$\left(\frac{a}{2}\sqrt{\frac{\pi}{2}}, \quad \frac{a}{2}\sqrt{\frac{\pi}{2}}\right) \quad \text{y} \quad \left(-\frac{a}{2}\sqrt{\frac{\pi}{2}}, \quad -\frac{a}{2}\sqrt{\frac{\pi}{2}}\right)$$

fórmulas que se obtienen de las integrales

$$\int_0^{\infty} \cos t^2 dt \quad \text{y} \quad \int_0^{\infty} \operatorname{sen} t^2 dt$$

La curva se debe a Marie-Alfred Cornu[196] (1841-1902) quien le dedicó su estudio en relación con las propiedades de los rayos luminosos, en 1874. En ocasiones se denomina como espiral de Euler, pues apareció por vez primera en 1744 en una obra suya. Se conoce como de Cornu porque fue quien, en 1874, la empleó para calcular la difracción de la luz. Ya en 1705 había sido estudiada por Jacob Bernoulli (1654-1705) y, además de Leonhard Euler[197] (1707-1783) en 1744, en 1818 por Agustin Jean Fresnel (1788-1827) y en 1896 por Ernesto Cesàro[198] (1859-1906).

Marie Alfred Cornu estudió en l'École Polytechnique en 1860 y en la Escuela de Minas, en donde se graduó en 1866. Se doctoró en ciencias y se hizo profesor de física experimental en la Escuela Politécnica, en 1867, cátedra en donde permaneció el resto de su vida.

(195) Ver clotoide.

(196) Marie-Alfred Cornu: *Comptes Rendus de l'Académie des Sciences*, 1864, pp. 113-114.

(197) Leonhard Euler: *Leonhardi Euler opera omnia/sub auspiciis Societatis Scientiarum Naturalium Helveticae edenda curaverunt Ferdinand Rudio ...[et al.]*. Leipzig: Teubner, 1911-.

(198) Ernesto Cesàro: *Lezioni di geometria intrinseca*. Nápoles: [el autor], 1896.

Cornu hizo una amplia variedad de contribuciones a los campos de la óptica, la astronomía y la espectroscopía, pero su aportación más significativa se debe a la exactitud de los cálculos contemporáneos sobre la velocidad de la luz.

Aunque hizo varias incursiones en otras ramas de la ciencia física, por ejemplo con J. B. A. Bailie, en torno a 1870 realizó una repetición del experimento de Cavendish para determinar la densidad de la masa de la Tierra y la constante de gravitación *G*, su trabajo más original se refiere a la óptica y a la espectroscopía. A partir de 1872, efectuó importantes investigaciones sobre la velocidad de la luz. En 1878, realizó una redeterminación de la velocidad de la luz por el método de A. H. L. Fizeau, método que éste había realizado en 1840, introduciendo varias mejoras en los aparatos de medición que influyeron de forma considerable en la exactitud de los resultados. Los cambios y la mejora del equipo dieron por resultado la medida más exacta tomada hasta ese tiempo, de 299. 990 km por segundo[199].

Con este logro ganó, en 1878, el premio Lacaze, la condición de miembro de la Academia de Ciencias en Francia y la medalla Rumford de la Royal Society en Inglaterra. Poco después estudió fotográficamente las radiaciones ultravioleta, realizando importantes contribuciones al análisis del espectro. En 1899, con motivo de la conmemoración de la jubilación de George Stokes, fue conferenciante en Cambridge sobre la teoría ondulatoria de la luz y su influencia en la física moderna. En esa ocasión obtuvo el grado honorario de doctor en ciencias que le fue concedido por dicha universidad.

La *espiral de Cornu*, también conocida como *escalera de caracol de Cornu*, es una curva utilizada para calcular la intensidad de la luz en la difracción de Fresnel. Es decir, un instrumento gráfico para la medida de la intensidad de la luz en los modelos de Fresnel, de difracción de la luz en campo cercano.

Las dos integrales de Fresnel $S(x)$ y $C(x)$ están en la descripción del campo cercano, en los fenómenos de difracción de Fresnel y se definen como sigue:

---

(199) Después de los primeros trabajos de Ole Roemer, en 1676, se ha medido la velocidad de luz por lo menos 160 veces, por más de 100 investigadores que utilizaron una amplia variedad de técnicas diferentes. En 1983, más de 300 años después de la primera medida ajustada, se definió como 299.792,458 kilómetros por segundo por el *Decimoséptimo Congreso General de Pesas y Medidas*. Así, se define como la distancia de un metro que recorre en el vacío, durante un intervalo de tiempo de 1/ 299.792.458 segundos. En general, (igual que en muchos cálculos científicos) se redondea la velocidad de la luz a 300.000 kilómetros (o 186.000 millas) por segundo.

$$\begin{cases} S(x) = \int_0^x \operatorname{sen}(t^2)dt = \sum_{n=0}^{\infty} (-1)^n \dfrac{x^{4n+3}}{(4n+3)(2n+1)!} \\ C(x) = \int_0^x \cos(t^2)dt = \sum_{n=0}^{\infty} (-1)^n \dfrac{x^{4n+1}}{(4n+1)(2n)!} \end{cases}$$

En ocasiones se usa

$$\frac{\pi t^2}{2} \text{ en lugar de } t^2$$

en cuyo caso $S(x)$ y $C(x)$ se deben multiplicar por

$$\sqrt{\frac{2}{\pi}}$$

De forma que la espiral de Cornu es una curva generada por una parte paramétrica de $S(x)$ enfrente de $C(x)$. Cuando x tiende al infinito positivo o negativo, las espirales deben acercarse a los dos *agujeros* $S(x)$ y $C(x)$ de la imagen.

Siguiendo la curva, la longitud de la misma de $[S(0), C(0)]$ a $[S(x), C(x)]$ debe ser igual a x, cuando $S'(x)^2+C'(x)^2 = 1$. La longitud total de la curva desde menos infinito hasta más infinito, es por tanto infinita.

La espiral de Cornu, como modelo gráfico para medir intensidades de luz ligeras, o de campo cercano, en los modelos de difracción de Fresnel, sirve para el estudio fotográfico de las radiaciones ultravioleta. La espiral se mueve por medio de esas intensidades y sirve para computar la difracción en ciencia e ingeniería.

Espiral de Cotes

Ecuación en coordenadas polares: $\rho = \dfrac{a}{\cos k\theta}$

o bien $\rho \cos k\theta = a$, siendo k y a constantes, con $a > 0$, $k = p/q$, $k > 0$ y p y q números naturales.

La espiral de Cotes, o espiral parabólica inversa, es una curva algebraica plana cuando k es un número racional. Si k es un número entero impar, la curva tiene grado k; y si es par el grado de la curva es $2(k-1)$. La transformada de la espiral de Cotes por radios vectores recíprocos es la espiral parabólica de Fermat. De suerte que si la ecuación en coordenadas polares de la espiral de Cotes es $\rho^2\theta = a^2$, la espiral parabólica de Fermat será $\rho^2 = b^2\theta$. Es la inversa de las rosas con respecto a su centro.

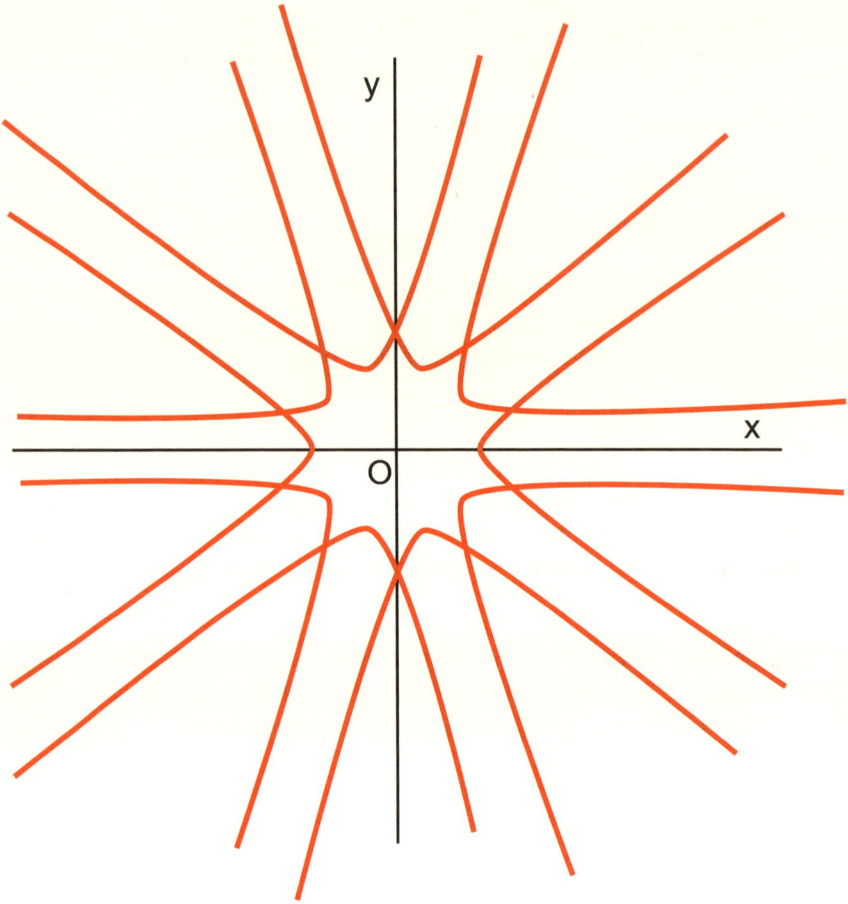

A veces a la espiral de Cotes se le conoce como lituus.[200]

La curva está formada por ramas infinitas, variando estas en función de

$$-\frac{\pi}{2k} < \theta < \frac{\pi}{2k}$$

El origen de coordenadas es el centro de simetría si p es par, en cuyo caso la curva está formada por $2p$ ramas. Si p y q son impares la curva estará formada por p ramas. Si k es un número entero, es decir si $q = 1$, no tiene puntos singulares, pero si $q > 1$ entonces hay un número finito de puntos nodales.

(200) Ver lituus.

Las rectas

$$x \operatorname{sen} \frac{2l+1}{2p}\pi = y \cos \frac{2l+1}{2p\pi}$$

con $l = 0, 1, \ldots, p-1$, son asíntotas.

Las rectas

$$x \operatorname{sen} \frac{m}{p}\pi = y \cos \frac{m}{p}\pi$$

con $m = 0, 1, \ldots, p-1$, son los ejes de simetría.

Las espirales de Cotes fueron nombradas así por Luigi Ridolfi[201] en 1844, al llamar a las curvas cuya ecuación es $\rho \cos k\theta = a$. Si $k = 1/3$, se trata de la trisectriz de MacLaurin; si $k = 1/2$, la trisectriz de Delanges; si $k = 3$, la trisectriz de Longchamps o el trébol equilátero; si $k = 1$, es una recta y si $k = 2$, es la curva cruciforme. Las espirales de Cotes son inversas de las rosas con respecto a su centro.

Algunos de los trabajos de Roger Cotes[202] (1682-1716) sobre logaritmos, geometría y trigonometría, fueron publicados, después de su muerte, con el título de *Harmonia mensurarum* (Cambridge, 1722), entre los que destaca uno sobre cálculo diferencial, otro sobre logometría y canotecnia. Pierre Charles Lemonnier[203] (1715-1799) tradujo al francés sus *Lectures* con el título de *Leçons de Physique expérimentale*. Son varios los teoremas de trigonometría que llevan su nombre. Uno de sus teoremas fue utilizado por MacLaurin (1698-1746) en 1720, en su *De lenearum Geometricarum proprietatibus*: *"si a una curva algebraica de grado n se traza una secante que pase por un punto O, y sean los puntos A, B, C, ... los puntos de intersección de la misma con la curva, el lugar de los puntos M tales que*

$$\frac{1}{OM} = \frac{1}{OA} + \frac{1}{OB} + \cdots$$

es una recta". Isaac Newton (1642-1727) decía de él que *"de haber vivido Cotes, hubiéramos sabido algo"*[204].

(201) Luigi Ridolfi: *Di alcuni usi delle epicicloidi e di un loro strumento per la loro descrizione*. Florencia: G. Piatti, 1844.

(202) Roger Cotes: *Harmonia mensurarum, sive analysis et synthesis per rationum et anglorum mensuras promotae* . Cambridge: [s.n.], 1722.

(203) Pierre Charles Lemonnier: *Leçons de Physique expérimentale* [Traducción al francés de "Lectures..." de Cotes]. París: [s.n.] 1720.

(204) Este teorema fue hallado por Smith, entre los papeles de Cotes, después que éste hubiera muerto. El teorema no estaba demostrado.

Lo mismo que la lemniscata de Gerono, el estudio de la espiral de Cotes se atribuye a A. Aubry, en 1895.

Espiral de Durero (espiral áurea)

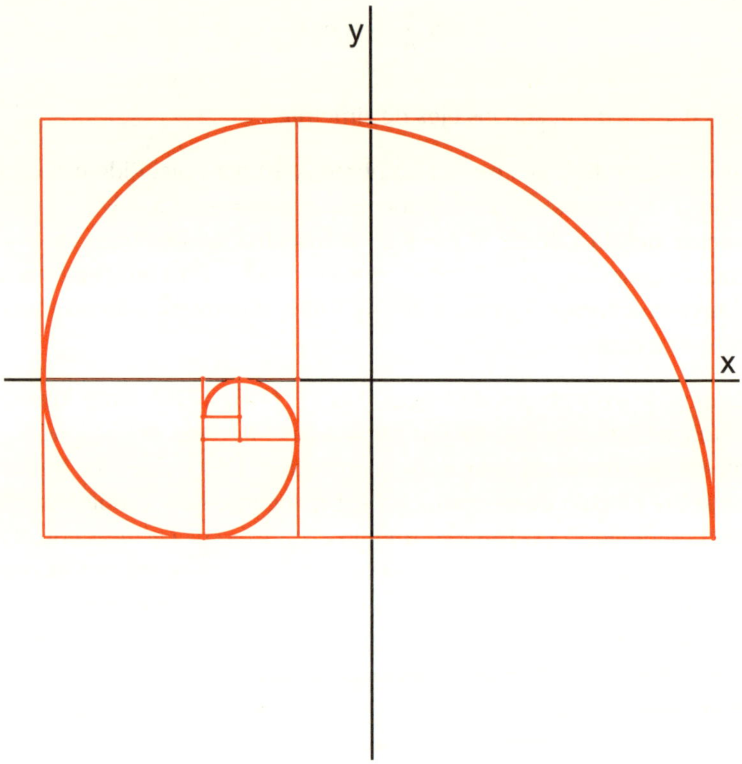

Con más de dieciocho siglos de espera, Alberto Durero[205] (1471-1528) en 1525, proporcionó un método para dibujar un complejo tipo de espiral basada en el crecimiento gnómico, es decir, el método por el cual se encajan figuras geométricas y se unen sus vértices. La influencia del saber griego en Durero se manifestó de muy diversas maneras, siendo la geometría descriptiva una de sus principales preocupaciones. Son espirales que tienen relación con el número áureo y la sucesión de Fibonacci, esencialmente como aplicación pictórica. La representación no aproximada de la espiral no uniforme, se convierte en arcos de circunferencia unidos.

(205) Alberto Durero: *Vnderweysung der messung mit dem zirckel vnd richtscheyt*. Núremberg: [s.n.], 1525.

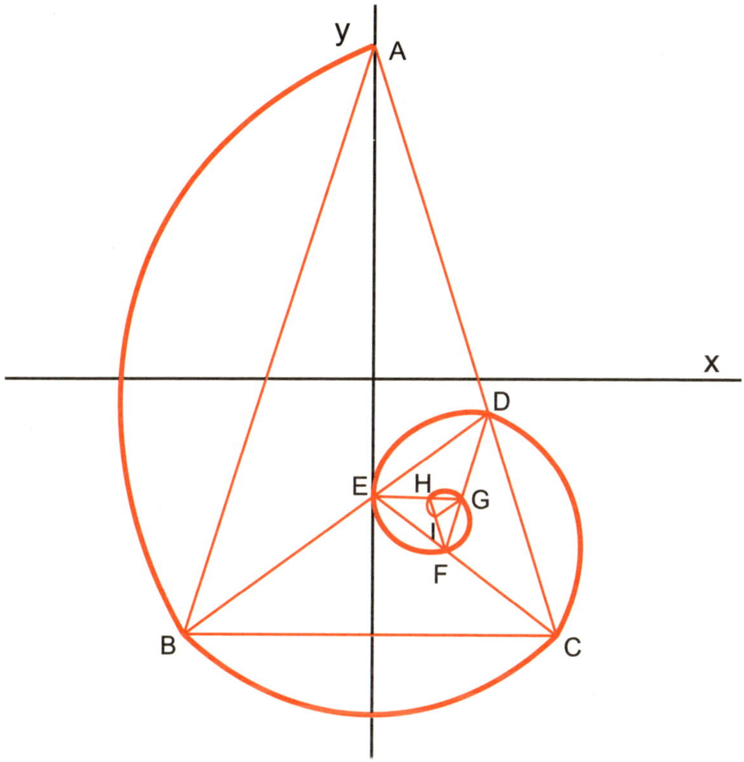

Se construye como sigue: sea un rectángulo *ABCD*, en el que

$$AB = 1 \quad \text{y} \quad BC = \frac{1+\sqrt{5}}{2} \text{ (número áureo)}$$

Se traza el cuadrado con el lado *AB* que llamamos *ABA′D′*. Así se obtiene el rectángulo *A′B′C′D′* de lados

$$1 \text{ y } \frac{2}{1+\sqrt{5}}$$

Por idéntico procedimiento se construye el rectángulo *A″B″C″D″*. Se continúa el proceso iterativamente de forma que en cada rectángulo se quita el mayor cuadrado posible: la espiral áurea es la formada por los cuadrantes de círculo inscritos en cada cuadrado. Las diagonales del primer rectángulo, el rectángulo mayor, se cortan en un punto que es el punto límite de la espiral áurea. Las rectas *AA″* y *A′A‴* son ortogonales y también se cortan en el punto límite de la espiral.

También se puede obtener una espiral áurea triangular si partimos de un triángulo áureo (triángulo isósceles, en el que el ángulo formado por los lados iguales vale $\frac{\pi}{5}$). La espiral áurea triangular girada $\frac{3\pi}{5}$ se incrementa en una relación áurea de $\frac{1+\sqrt{5}}{2}$; se aproxima a la espiral logarítmica $\rho = a\left(\frac{1+\sqrt{5}}{2}\right)^{\frac{\theta}{3\pi/5}}$.

En su colección de *Poemas del destierro*, Rafael Alberti escribió estos versos a la divina proporción:

A ti, maravillosa disciplina,
media, extrema razón de la hermosura,
que claramente acata la clausura
viva en la malla de tu ley divina.

A ti, cárcel feliz de la retina,
áurea sección, celeste cuadratura,
misteriosa fontana de mesura
que el Universo armónico origina.

A ti, mar de los sueños angulares,
flor de las cinco formas regulares,
dodecaedro azul, arco sonoro.

Luces por alas un compás ardiente.
Tu canto es una esfera transparente.
A ti, divina proporción de oro.

Espiral de Fermat o espiral parabólica

Ecuación polar: $\rho^2 = a^2\theta$, con $a > 0$.

Se trata de una curva trascendente plana, tal que a cada valor del ángulo θ le corresponden dos valores de ρ, uno positivo y otro negativo. Se trata de un caso particular de espiral parabólica y es una curva ilimitada y continua en la que el centro es el punto singular de arranque.

Esta espiral fue estudiada por Menelao de Alejandría (70-130) a fines del siglo I de n.E. y por Pierre de Fermat[206] (1601-1665) en 1636 y pertenece a las espirales llamadas algebraicas.

---

(206) Pierre de Fermat: *Oeuvres de Fermat*. Publiées par les soins MM. de Paul Tannery et Charles Henry sous les auspices du Ministère de l'instruction publique. París: Gauthier-Villars, 1891-.

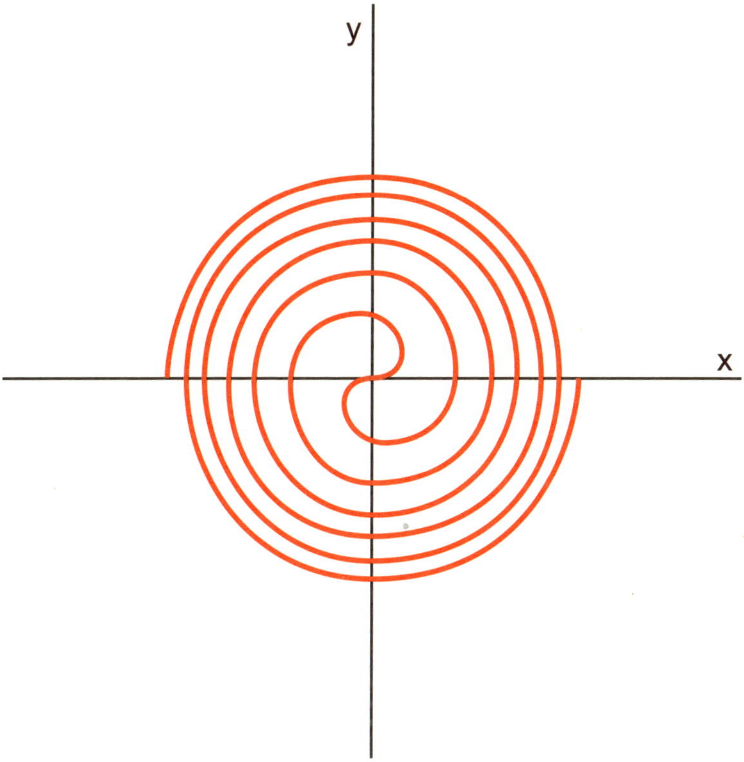

Para cualquier valor positivo dado de θ, hay dos valores correspondientes de ρ, siendo uno el opuesto del otro. La espiral resultante será por consiguiente simétrica de la recta $y = -x$, como se puede ver en la curva representada arriba. La curva divide al plano en dos regiones conexas, simétricas con respecto a O.

La inversa de la espiral de Fermat con respecto al centro O es el lituus, y cuando se toma como centro el polo de inversión, es la espiral

$$\rho^2 = \frac{a^2}{\theta}$$

La curva tiene simetría central con relación al polo que es el punto de inflexión. Y por tanto la espiral no tiene punto doble.

La espiral de Fermat es un caso particular de espiral parabólica[207], cuando en la fórmula cartesiana de ésta, $\rho = a\sqrt{\theta}+l$, se hace $l = 0$.

---

(207) Ver espiral parabólica.

Espiral de Fibonacci (espiral áurea)

Se trata de una generalización de la espiral de Durero, o espiral áurea, cuando el rectángulo de partida no es el áureo, sino el rectángulo de Fibonacci. Si partimos del rectángulo $ABCD$, $AB = F_{n-1}$ y $BC = F_n$ (F_{n-1} y F_n son dos términos consecutivos de una sucesión de Fibonacci), se obtiene la espiral de Fibonacci. Ésta, a diferencia de la espiral de Durero, no tiene la propiedad *eadem mutata resurgo*.

La curva se debe a Leonardo Fibonacci (1170-1250), en su *La Pratica di geometria : volgarizzata da Cristofano di Gherardo di Dino cittadino pisano dal codice 2186 della Biblioteca Riccardiana di Firenze*. Pisa: Domus Galilaeana, 1966.

Espiral de Galileo

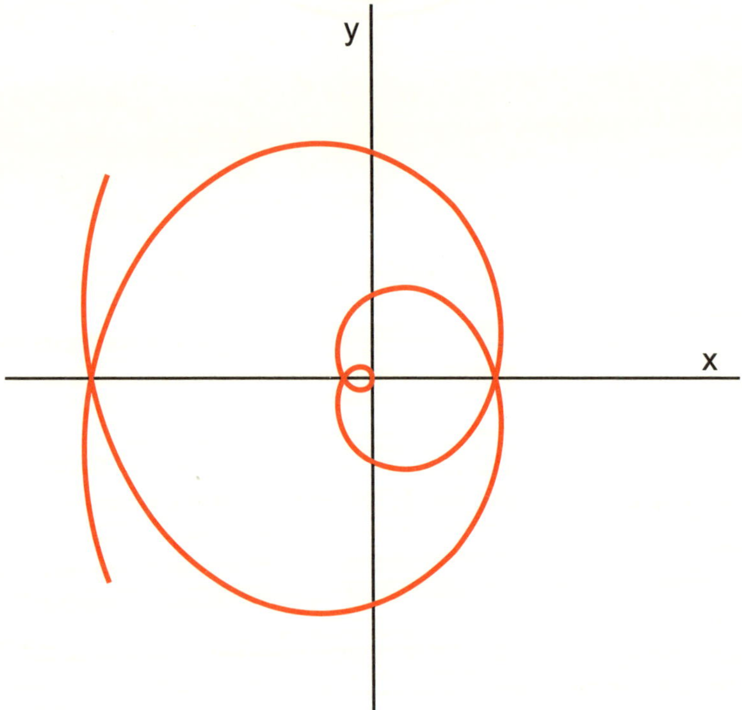

Ecuación en coordenadas polares: $\rho = a\theta^2 - l$, con $l \geq 0$. O bien $\rho = a - b\theta^2$, con a y b distintos de 0.

La espiral de Galileo es simétrica con relación al eje polar y tiene un punto doble en el polo con tangentes que forman con el eje polar ángulos que valen $\pm\sqrt{\frac{l}{a}}$. El eje polar de una espiral de Galileo tiene infinitos puntos dobles, para los cuales $\rho = ak^2\pi^2 - l$, con $k = 1, 2,...$ O lo que es lo mismo, con la segunda fórmula dada anteriormente: los puntos $((-1)^k(a - b(k\pi)^2), 0)$, con k número entero y $0 < |k| \frac{1}{\pi}\sqrt{\frac{a}{b}}$ son nodos. Si los valores de los parámetros a y b son mayores que 0, la curva es cerrada, limitada y continua; y si $b < 0$ es ilimitada. El eje de las x ($y = 0$) es un eje de simetría y el centro de coordenadas es un punto singular angular y las rectas

$y = \pm \tan \frac{a}{b} x$ cuando $a = 0$ y $b > 0$ contienen a un punto cuspidal.

Estas curvas se pueden considerar también espirales algebraicas. Se puede construir como la trayectoria de un punto que se desplaza con un movimiento uniformemente acelerado sobre una recta de un plano que gira uniformemente alrededor de uno de sus puntos. Es una curva que se puede considerar como caso particular de *isócrona de Varignon*[208].

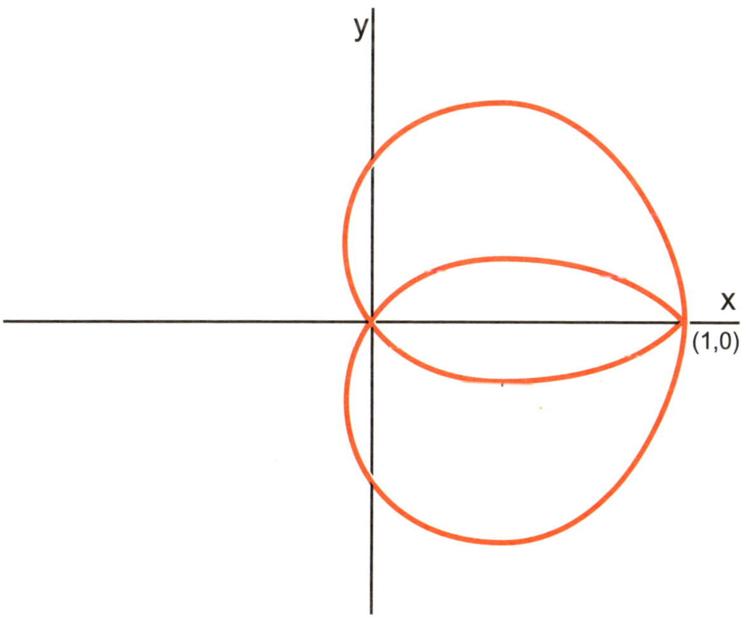

Gráfica para a = 1 y b = 0,20

(208) Ver isócrona de Varignon.

Es una curva plana descubierta por Galileo Galilei[209] (1564-1642) en 1638, cuando estudiaba la caída libre de los cuerpos. En 1636, dos años antes que Galileo, se supone que Pierre de Fermat[210] (1601-1655) estudió también esta espiral.

Espiral de Norwich

Ecuación polar: $\theta+\alpha = \sqrt{\frac{\rho - a}{a}} - 2 \text{ arc cos } \sqrt{\frac{a}{\rho}}$, con $a > 0$.

O bien $\theta+\alpha = \sqrt{\frac{\rho - a}{a}} - \pi+2 \text{ arc tan } \sqrt{\frac{a}{\rho - a}}$.

O bien $\theta+\alpha = \sqrt{\frac{2\rho - c}{c}} - 2 \text{ arc cotan } \sqrt{\frac{2\rho - c}{c}}$.

Curva ilimitada y continua con un punto singular, punto de retroceso, en $(a \cos\alpha, -a \text{ sen } \alpha)$.

Espiral de Poinsot

Ecuación en coordenadas polares:

$$\rho = \frac{a}{\alpha \cdot \text{ch}\,(k\theta)+\beta \cdot \text{sh}\,(k\theta)} \quad \text{con} \quad \alpha^2+\beta^2 \neq 0$$

Cuando α y β son iguales en valor absoluto, se obtiene la espiral logarítmica.

Louis Poinsot[211] (1777-1859) es autor de una curva que lleva su nombre, la *espiral de Poinsot*. Es la proyección ortogonal sobre el plano del ecuador de la *loxodroma de la esfera*[212] si la espiral de Poinsot está limitada.

---

(209) Galileo Galilei: *Discorsi e demostrazioni matematiche intorno à due nuove szienze attinenti alla mecanica et i movimenti locali (...*). Leiden: appresso gli Elsevirii, 1638.

(210) Pierre de Fermat: *Oeuvres de Fermat*. Publiées par les soins MM. de Paul Tannery et Charles Henry sous les auspices du Ministère de l'instruction publique. París: Gauthier-Villars, 1891-.

(211) Louis Poinsot: *Théorie nouvelle de la rotation des corps.* París: Académie des Sciences, 1834.

(212) Ver loxodroma en crestomatía.

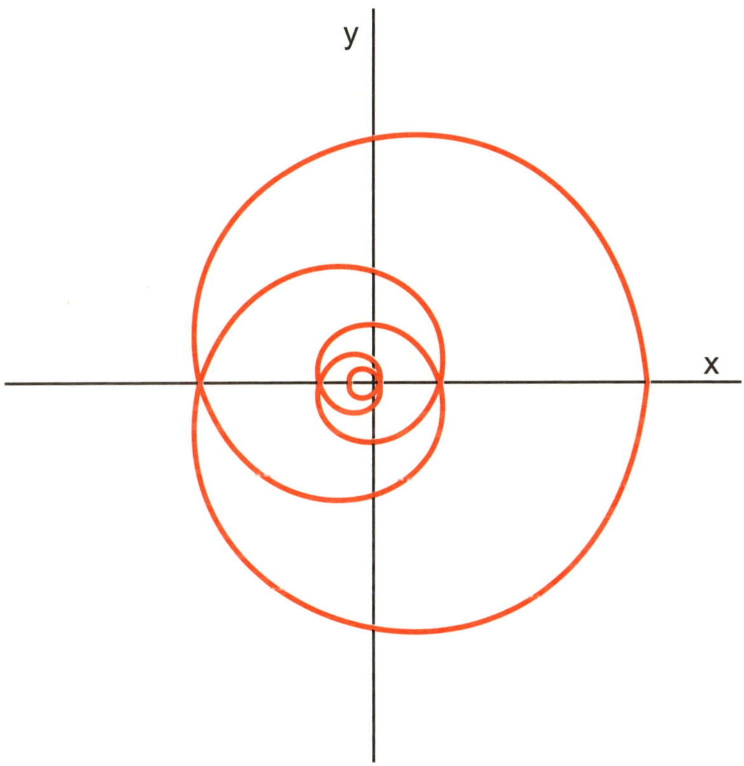
y
x

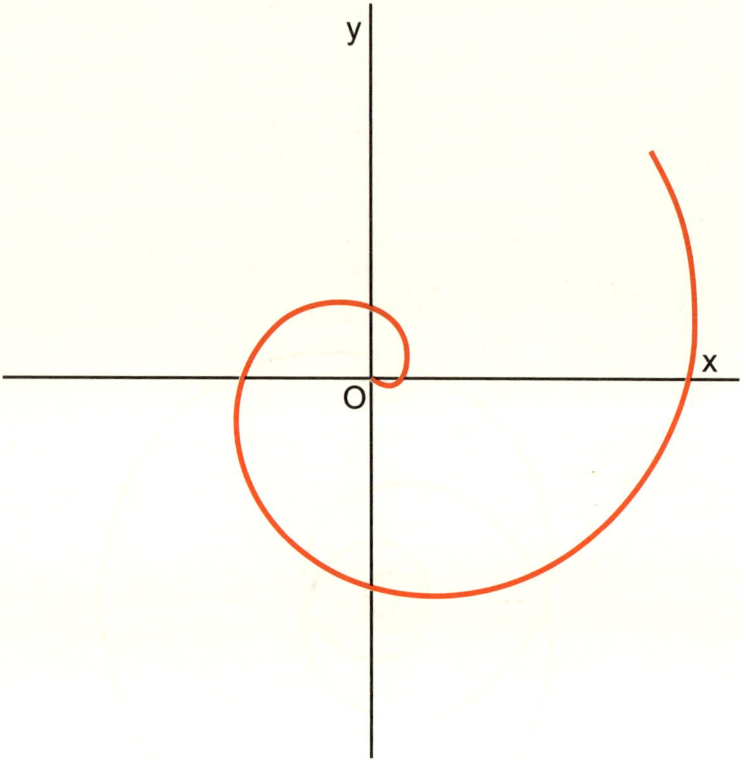

Ecuación en coordenadas polares:

$$\theta+\alpha = \sqrt{\frac{\rho - a}{a}} - 2\,\text{arc cos}\,\sqrt{\frac{a}{\rho}} \quad \text{con} \quad a > 0$$

Curva trascendente plana. El punto $(a\cos\theta, -a\,\text{sen}\,\theta)$ es un punto de interrupción de la espiral de Sturm. Jacques Charles-François Sturm[213] (1803-1855) fue un matemático suizo que estudió la velocidad de propagación del sonido debajo del agua y escribió varios tratados de geometría y álgebra. Publicó sus investigaciones sobre la curva en 1873.

(213) Jacques Charles-François Sturm: *Cours d'analyse de l'École polytechnique.* París: Gauthier-Villars, 1873.

Espiral hiperbólica

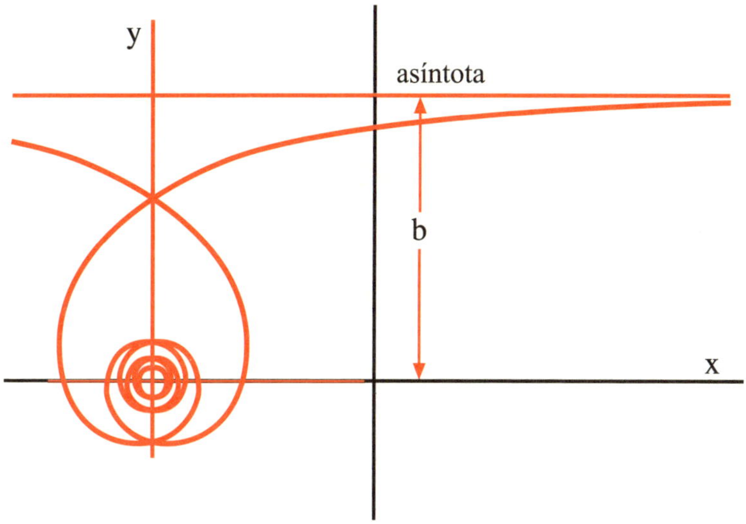

Ecuación cartesiana: $a = \sqrt{x^2+y^2}\ \text{arc tan}\ \frac{y}{x}$, con $a > 0$.

Ecuación polar: $\rho = \frac{a}{\theta}$; $a \in \mathbb{R}$ y $a \neq 0$.

Se trata de una curva trascendente plana con la fórmula dada más arriba y es un caso particular de las llamadas espirales algebraicas. Tiene dos ramas asintóticas con relación a la recta d, siendo esta recta paralela al eje polar a una distancia b, y un punto singular asintótico, el polo, o centro de coordenadas. La longitud de un arco entre dos puntos $M_1(r_1, \theta_1)$ y $M_2(r_2, \theta_2)$ viene dada por

$$l = a\left[-\frac{\sqrt{1+\theta^2}}{\theta} + \ln\left(\theta + \sqrt{1+\theta^2}\right)\right]_{\theta_1}^{\theta_2}$$

El área limitada por un arco de la espiral hiperbólica y dos radios vectores r_1 y r_2, viene dada por

$$S = \frac{a^2(r_1 - r_2)}{2}$$

Un caso particular de espiral hiperbólica es la espiral recíproca, que tiene al igual que la espiral logarítmica, un punto asintótico y una recta asintótica, pero a diferencia de la logarítmica, la hiperbólica es de longitud infinita. Es el lugar geométrico de los puntos M de un círculo variable, con centro O y que corta al eje de las x ($y = 0$) en A de forma que la medida del arco AM es constante e igual a a.

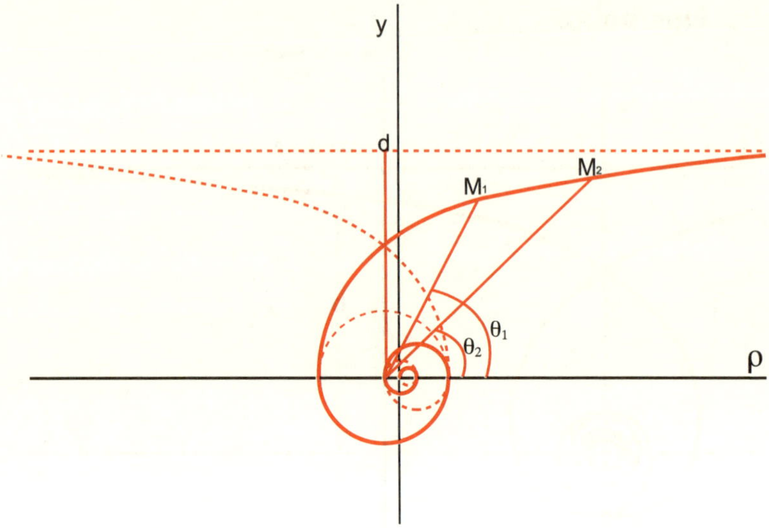

El estudio de la espiral hiperbólica fue iniciado por Pierre Varignon[214] en 1704. Se estudió asimismo por Johann Bernoulli (1667-1748) entre 1710 y 1713 y también se estudió por Roger Cotes[215] (1682-1716), con un trabajo publicado en 1722.

Pierre Varignon (1654-1722) fue profesor de matemáticas en el Colegio Mazarino y más tarde en el Colegio Real. Llegó a las matemáticas a través de Euclides y de Descartes y a partir de entonces se consagró a ellas. Fue uno de los primeros estudiosos franceses en reconocer el valor del cálculo. Sus contribuciones principales fueron a la mecánica.

Si se toma el polo como el centro de inversión, la espiral hiperbólica

$$\rho = \frac{a}{\theta}$$

se invierte en la espiral de Arquímedes $r = a\theta$. Por tanto la espiral hiperbólica y la espiral de Arquímedes se pueden obtener una de la otra por inversión. La traza del polo de una espiral hiperbólica rodando sobre una línea recta es una tractriz y si se hace rodar sobre una logarítmica, el polo describe una recta.

(214) Pierre Varignon: "Nouvelle formation de spirales". En: *Histoire de l'Académie Royale des Sciences*, année 1704, pp. 69-131.

(215) Roger Cotes: *Harmonia mensurarum, sive analysis et synthesis per rationum et anglorum mensuras promotae*. Cambridge: [s.n.], 1722.

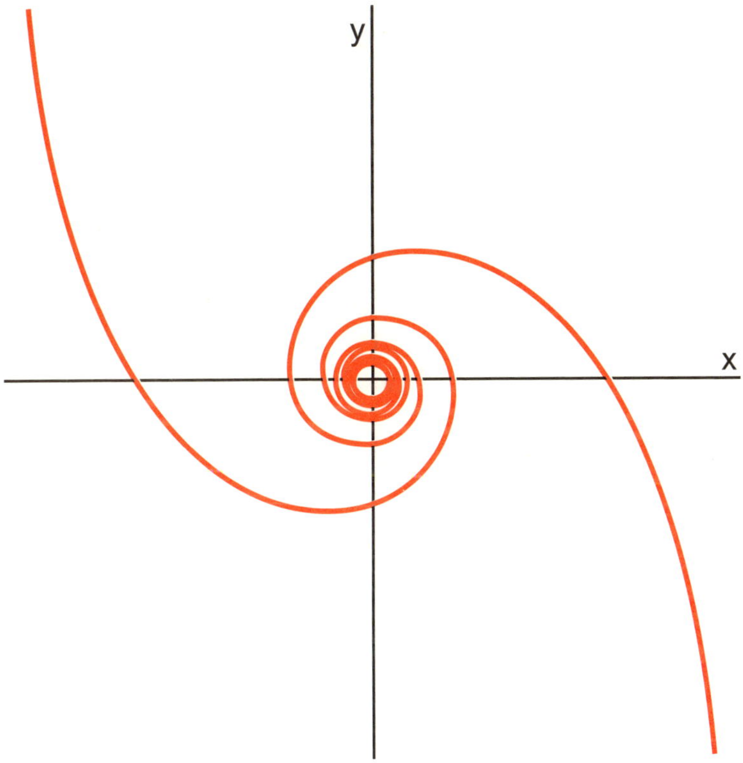

a = 1,20

Espiral logarítmica. Espiral de Bernoulli

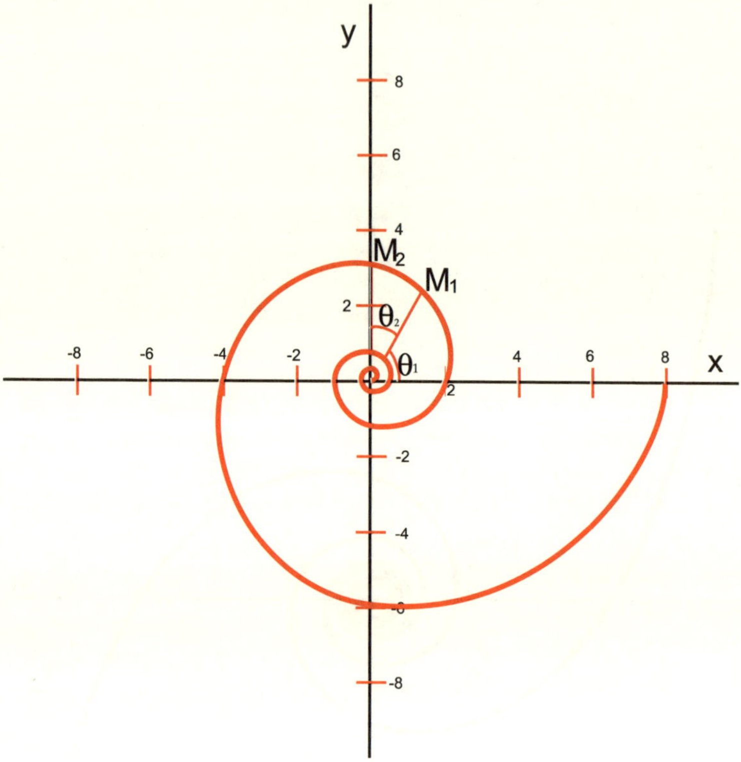

Ecuación de la espiral logarítmica:

$$s = \frac{1}{\ln a} R \quad \text{con} \quad a > 0$$

Ecuación en coordenadas polares: $\rho = a^{\theta}$, con $a > 0$. O bien

$$\rho = \frac{c}{\sqrt{a^2 - 1}} e^{\theta} \quad \text{con} \quad a > 1 \text{ y } c > 0$$

O bien de forma generalizada: $\rho = ae^{m\theta} + b$ en donde m es la cotangente del ángulo tangencial polar, que es constante: $m = \cot \varphi$. Esta fórmula nos muestra su similitud con la espiral de Bernoulli.

Ecuaciones paramétricas polares:

$$\begin{cases} x = a^{\theta} \cos \theta \\ y = a^{\theta} \operatorname{sen} \theta \end{cases}$$

Curva trascendente plana, perteneciente al grupo de las llamadas seudoespirales. También conocida como espiral logística, logística o espiral equiangular[216]. O también espiral mirabilis y espiral de Bernoulli. La curva es continua e ilimitada y el punto (0, 0) es un punto asintótico.

Se puede desarrollar su construcción como la de una curva en la que la curvatura es inversamente proporcional a la abscisa curvilínea. Cinemáticamente, como la trayectoria de un punto *M* que se desplaza sobre una recta pasando por *O* con una velocidad proporcional a *OM*, girando la recta uniformemente alrededor de *O*. Si la curva viene dada en coordenadas polares, se puede considerar que cuando el ángulo polar crece aritméticamente, el radio vector crece geométricamente. También es la proyección plana de una hélice de un cono de revolución.

Si a es mayor que 1 y el argumento θ tiende a infinito, la espiral logarítmica se enrolla en sentido dextrógiro (sentido de las agujas del reloj), tendiendo hacia un punto asintótico *O*. Si $0 < a < 1$, se enrolla en sentido levógiro (sentido contrario a las agujas del reloj). El ángulo formado por la tangente en un punto de la espiral logarítmica y el radio vector del punto de tangencia depende en exclusiva del parámetro a.

La longitud del arco entre dos puntos $M_1(r_1, \theta_1)$ y $M_2(r_2, \theta_2)$ viene dado por

$$l = r_2 \frac{\sqrt{1+\ln^2 a}}{\ln a} - r_1 \frac{\sqrt{1+\ln^2 a}}{\ln a}$$

El radio de curvatura es igual a $R = \rho\sqrt{1+\ln^2 a}$.

La evoluta de una espiral logarítmica es otra espiral logarítmica del mismo centro y de igual ángulo. La podaria con respecto a *O* es también una espiral logarítmica de igual centro e igual ángulo. Las cáusticas por reflexión o refracción (diacáustica y catacáustica) con el rayo luminoso en *O*, son espirales logarítmicas. Si la espiral logarítmica rueda sin deslizarse sobre una recta, el punto asintótico *O* describe una recta.

Un caso particular de construcción basado en la espiral logarítmica es la espiral de Teodoro de Cirene (456-398 a.n.E.). O bien cuando se construye con triángulos rectángulos isósceles, partiendo del de lado unidad y continuando la construcción con las hipotenusas como los catetos del siguiente: $\sqrt{2},\ 2,\ 2\sqrt{2},\ 4,\ 4\sqrt{2},\ \ldots$

(216) También se suele aplicar el término de espiral equiangular a la espiral de Bernoulli, dado su parecido con la espiral logarítmica.

Las espirales logarítmicas aparecen en la naturaleza en los nautilus, los caracoles y también en la forma de algunas galaxias como la Andrómeda. Se aplican en los estudios del crecimiento biológico de poblaciones.

Parece que fueron estudiadas por René Descartes (1596-1650) y Evangelista Torricelli[217] (1608-1647) en 1638. Posteriormente la estudió Jacob Bernoulli[218] (1654-1705). El nombre de espiral logarítmica se debe a Pierre Varignon (1654-1722).

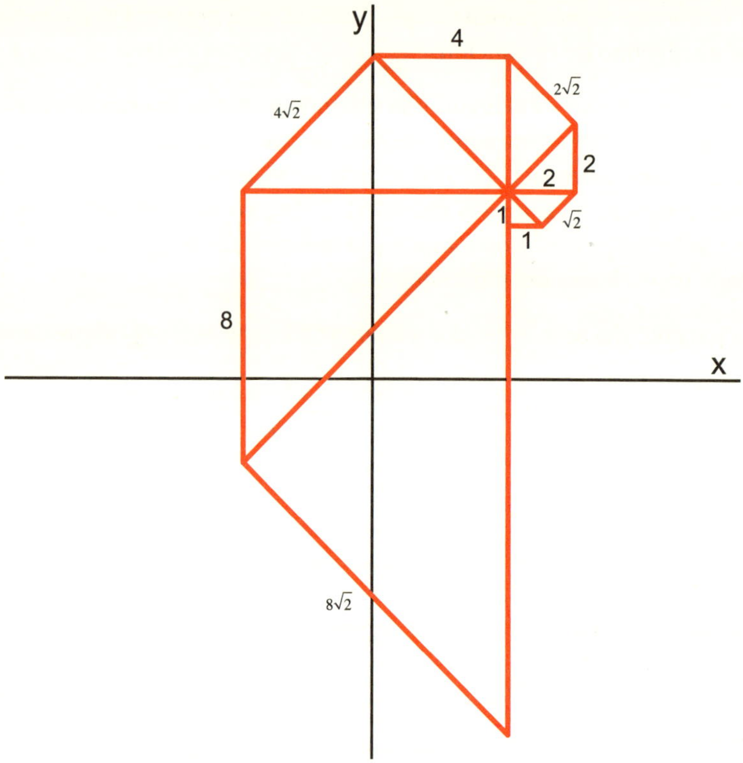

(217) Evangelista Torricelli: *De infinitis spiralibus/Introd., riordinamento, revisione del testo sul manoscritto originale, trad. e commento a cura di Ettore Carruccio.* Pisa: Domus Galilaeana, 1955.

(218) Jacob Bernoulli había pedido que se grabara una espiral logarítmica en su tumba, en la catedral de Basilea, con el epígrafe: *eadem mutata resurgo*. A pesar de la propuesta de Bernoulli, el grabador dibujó una espiral de Arquímedes.

Espiral parabólica

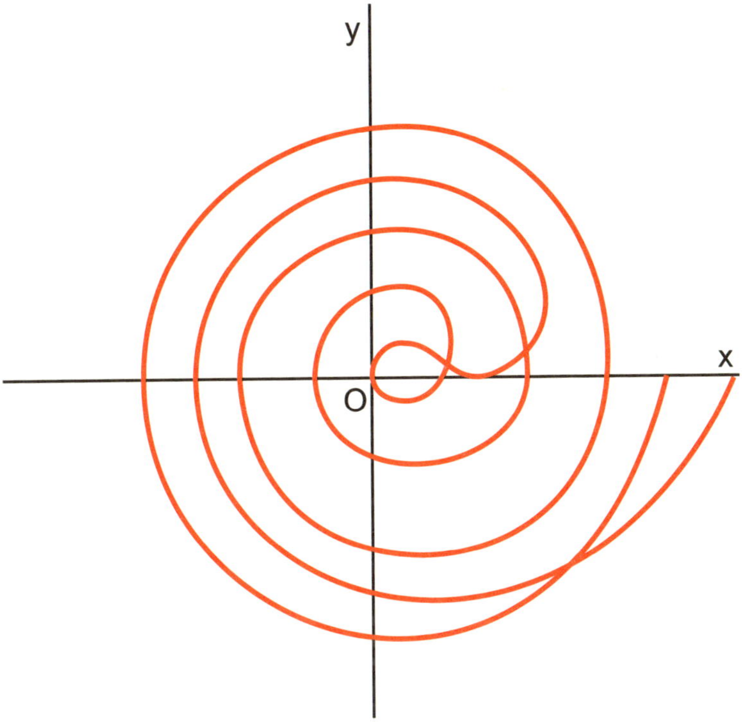

Ecuación en coordenadas polares $\rho = a\sqrt{\theta}+l$, con $a > 0, l \geq 0$.

O bien $(\rho - a)^2 = 2p\,a\,\theta$. O bien $(\rho - a)^2 = b^2\theta$.

Curva plana trascendente, perteneciente a la familia de las espirales algebraicas. Es una curva ilimitada y continua en la que el centro es un punto singular de arranque. Hay que notar que a cada valor de θ le corresponden dos valores de $\sqrt{\theta}$.

La curva tiene un número infinito de puntos dobles y un punto de inflexión. Si $l = 0$, en la primera fórmula, la curva resultaría una espiral de Fermat[219], por lo que ésta es un caso particular de la espiral parabólica.

La espiral parabólica fue estudiada por Jacob Bernoulli (1654-1722) en 1691.

(219) Ver espiral de Fermat.

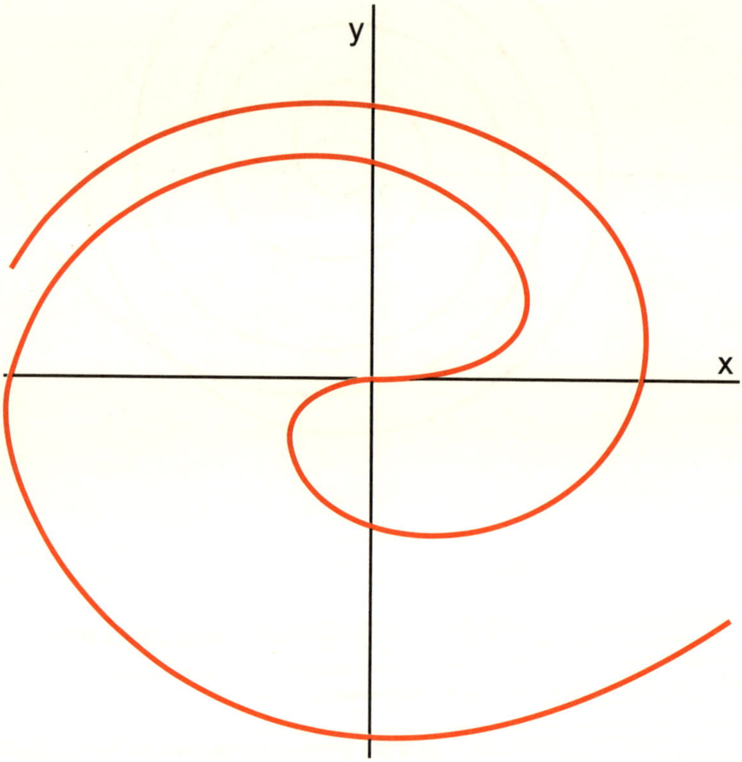
y
x

Espiral recíproca

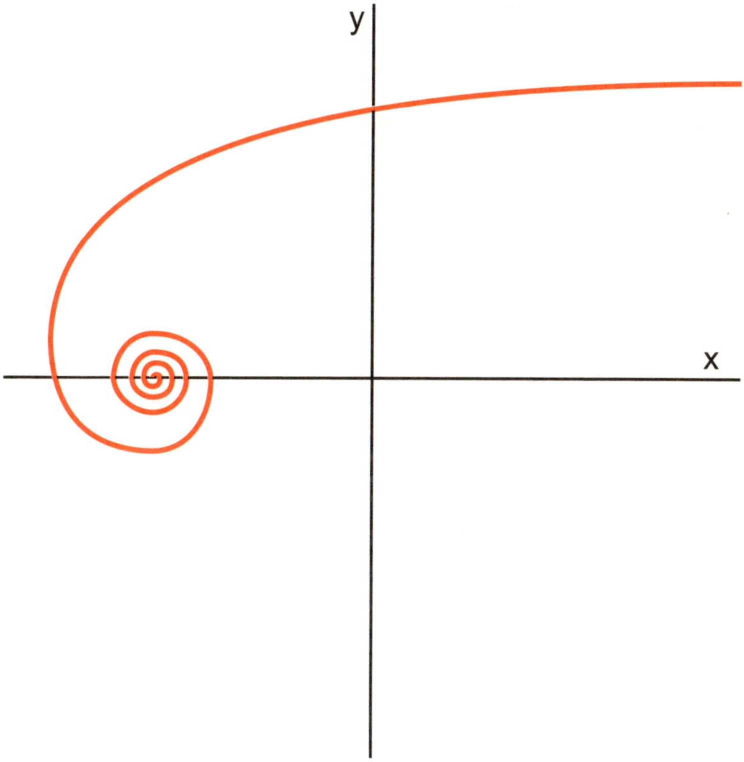

Ecuación polar:

$$\rho = \frac{1}{\theta}$$

Se trata de un caso particular de espiral hiperbólica, cuando en la fórmula en polares de la misma es

$$\rho = \frac{a}{\theta}$$

Espiral SiCi

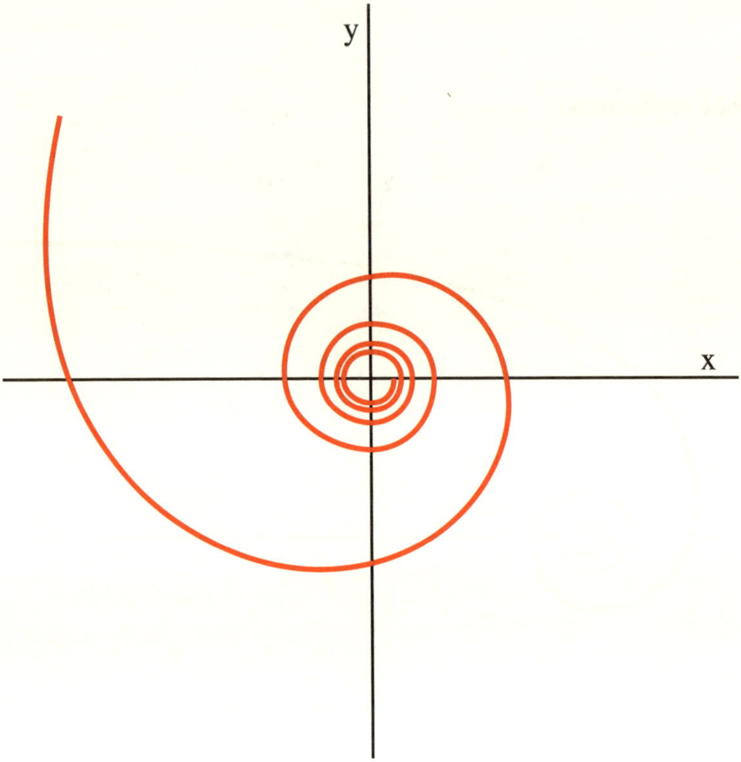

Coordenadas paramétricas cartesianas:

$$\begin{cases} x = a\displaystyle\int_t^{+\infty} \frac{\cos u}{u} du = a\int_{\ln t}^{+\infty} \cos(e^u) du = -aCi(t) \\ y = a\displaystyle\int_t^{+\infty} \frac{\operatorname{sen} u}{u} du = a\int_{\ln t}^{+\infty} \operatorname{sen}(e^u) du = a\left(\frac{\pi}{2} - Si(t)\right) \end{cases}$$

Curva plana que tiene por coordenadas ortonormales $x = \mathrm{ci}\,(t)$; $y = \mathrm{si}\,(t)$, donde ci y si son respectivamente el coseno integral y el seno integral y t un parámetro. La ordenada de la asíntota es el valor de la integral de Peter Gustav Lejeune Dirichlet (1805-1859)

$$\int_0^{+\infty} \frac{\operatorname{sen} u}{u} du = \frac{\pi}{2}$$

Es una curva trascendente muy similar a la espiral hiperbólica.

La longitud de un arco desde el punto $t=0$ a t_0 es igual a $L = \ln t_0$; y la curvatura es $C = t_0$.

Espiral tractriz

(ver tractriz espiral, tractriz polar y tractriz circular).

Espiral de orden superior

Ecuación polar: $\rho^n = a^n \frac{\theta}{2\pi}$, con $a > 0$ y n un número natural.

Son curvas ilimitadas y continuas en las que el centro de coordenadas es un punto singular de retroceso.

Si $n = 1$ es el caso particular de la espiral de Arquímedes. Si $n = 2$ es el caso de la espiral de Durero.

Espirales sinusoidales

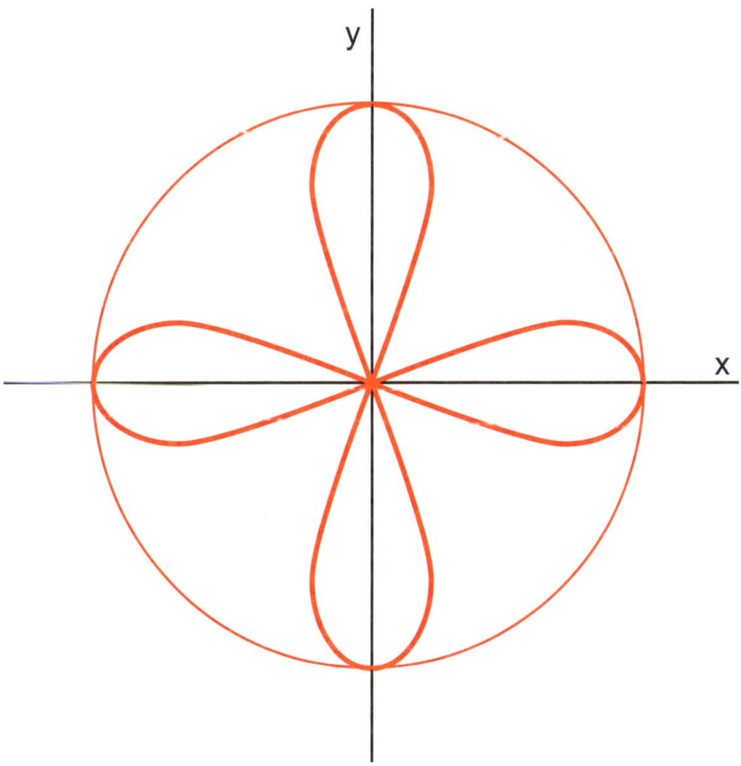

a = 1, p = 4

Ecuación polar:

$$\rho^p = a^p \cos(p\theta) \quad \text{con} \quad a > 0 \quad \text{y} \quad p = \frac{m}{n}$$

con m y n números naturales primos entre sí.

Son curvas planas, limitadas, cerradas y continuas, que cuando p toma valores racionales es una curva algebraica.

Las espirales sinusoidales pueden tener cualquier número racional p en la fórmula arriba indicada. Muchas curvas normales se comportan como la espiral sinusoidal.

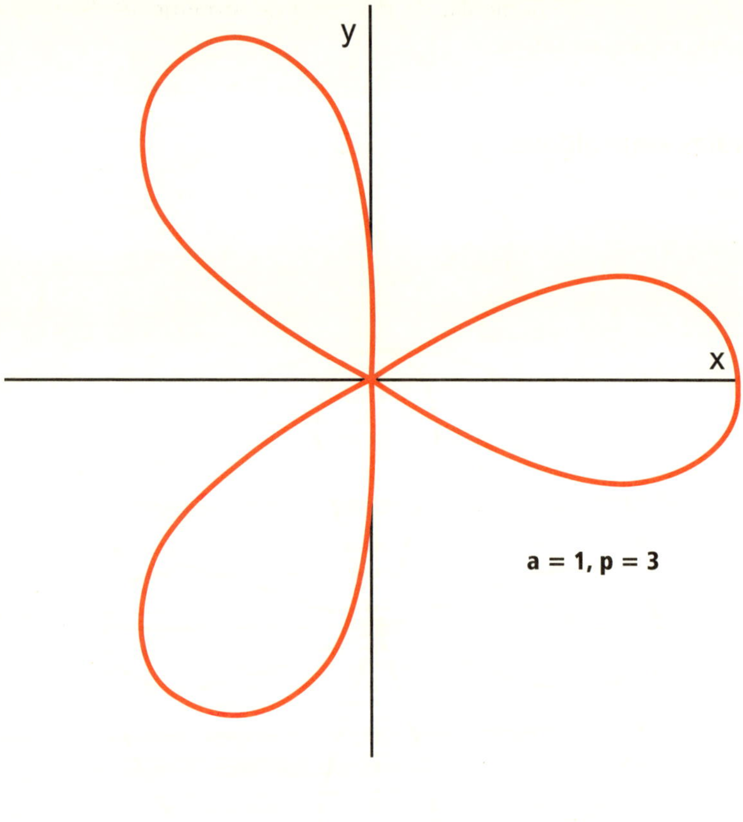

a = 1, p = 3

Si $p = -1$ tenemos una recta.
Si $p = 1$ tenemos un círculo.
Si $p = 1/2$ tenemos una cardioide.
Si $p = -1/2$ tenemos una parábola.
Si $p = -1/3$, una cúbica de Tschirnhausen.
Si $p = -2$ tenemos una hipérbola.
Si $p = 2$ tenemos una lemniscata de Bernoulli (Jacob Bernoulli).

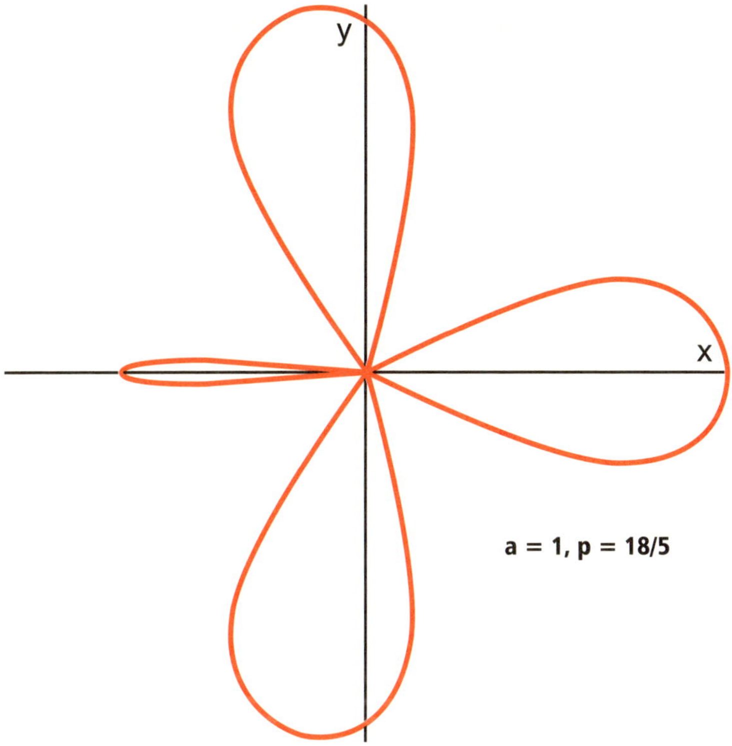

a = 1, p = 18/5

En el caso general de $p > 0$, la espiral sinusoidal pasa por el polo y encaja con el círculo de radio a. Si p es negativo no pasa por el polo y el radio vector de la curva puede tomar valores grandes. La espiral sinusoidal es simétrica respecto del eje polar y si $p = m/n$, con m y n primos entre sí, tiene m ejes de simetría que pasan por el polo. El centro de coordenadas es un centro de simetría solamente cuando mn es par. Este mismo punto es un punto singular múltiple. Cuando $p = m/n$ es un número racional existen diversos nodos que dependen de los valores de m y n.

Si p es un entero positivo el radio vector es una función periódica de periodo $\frac{2\pi}{p}$.

La curva es el lugar geométrico de los puntos en los que la media geométrica de las distancias a los extremos de un polígono regular es el radio del polígono. En este caso, si θ varía entre 0 y 2π, la curva está formada por p lóbulos, el polo es un punto múltiple y cada lóbulo está umbilicado en un ángulo $\frac{\pi}{p}$. En este caso las rectas

$$x \operatorname{sen} \frac{2\pi k}{p} = y \cos \frac{2\pi k}{p} \qquad \text{con} \qquad k = 0, 1, \ldots, p-1$$

son ejes de simetría cuando p es impar; y las rectas

$$x \operatorname{sen} \frac{\pi k}{p} = y \cos \frac{\pi k}{p}$$

con $k = 0, 1, \ldots, 2p - 1$, son ejes de simetría cuando p es par.

Si $p = m/n$ es un número racional, las rectas

$$x \operatorname{sen} \frac{2\pi l}{m} = y \cos \frac{2\pi l}{m}$$

con $l=0, 1, \ldots, m - 1$, son ejes de simetría cuando mn es impar; y las rectas

$$x \operatorname{sen} \frac{\pi l}{m} = y \cos \frac{\pi l}{m}$$

con $l = 0, 1, \ldots, 2m - 1$, son ejes de simetría cuando mn es par.

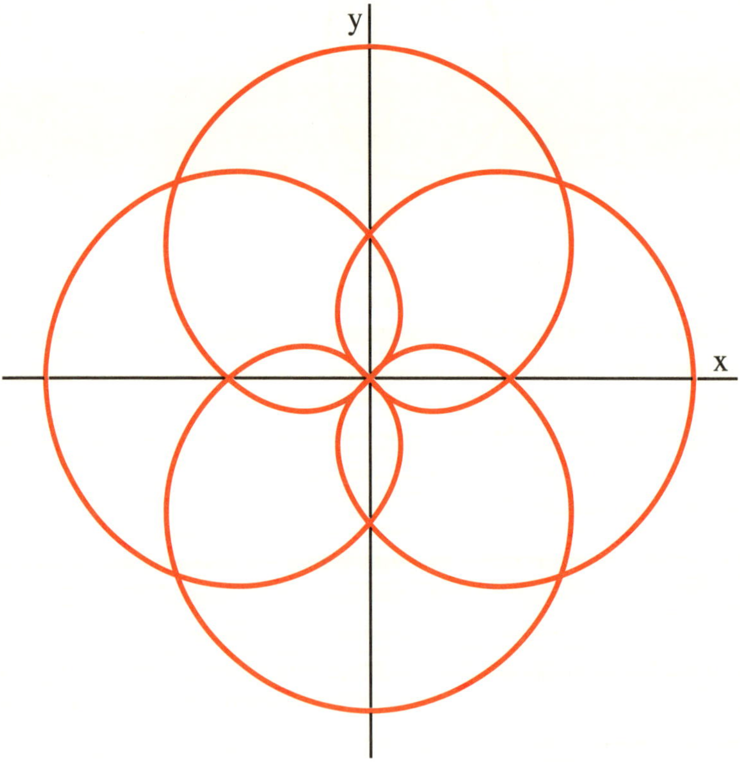

Si p es un número natural impar, la curva consta de p lóbulos; y si p es par, de $2p$ lóbulos. Si $p = m/n$ es positivo, la curva consta de m lóbulos que se cortan. Si $p = m/n$ y mn es impar, consta de m lóbulos; y si mn es par de $2m$ lóbulos. En el caso de p número irracional, la espiral sinusoidal es una curva trascendente con un número infinito de nodos.

La espiral sinusoidal fue estudiada en primer término por Colin MacLaurin (1698-1746). Evidentemente no es una espiral verdadera.

La curva podaria de la espiral sinusoidal, cuando el punto de la podaria es el polo, es otra espiral sinusoidal. La espiral sinusoidal

$$\rho^p = a^p \cos(p\theta)$$

se invierte en

$$\rho^p = \frac{a^p}{\cos(p\theta)}$$

si por centro de inversión se toma al polo.

Si en cambio, p es un número negativo, las espirales sinusoidales tienen por ecuación polar

$$\rho^p = a^p \cos(p\theta) \quad \text{con} \quad a > 0 \quad \text{y} \quad p = -\frac{m}{n}$$

con m y n números naturales primos entre sí.

Son curvas ilimitadas que constan de p ramas infinitas. Las rectas

$$x \operatorname{sen} \frac{2l+1}{2m}\pi = y \cos \frac{2l+1}{2m}\pi$$

con $l = 0, 1, \ldots, m-1$, son asíntotas.

Análogamente, si p es entero positivo, las rectas

$$x \operatorname{sen} \frac{2\pi k}{p} = y \cos \frac{2\pi k}{p}$$

con $k=0, 1, \ldots, p-1$, son ejes de simetría cuando p es impar; y las rectas

$$x \operatorname{sen} \frac{\pi k}{p} = y \cos \frac{\pi k}{p}$$

con $k = 0, 1, \ldots, 2p-1$, son ejes de simetría cuando p es par. Y si $p = m/n$ es un número racional, las rectas

$$x \operatorname{sen} \frac{2\pi l}{m} = y \cos \frac{2\pi l}{m}$$

con $l = 0, 1, \ldots, m-1$, son ejes de simetría cuando mn es impar; y las rectas

$$x \text{ sen } \frac{\pi l}{m} = y \cos \frac{\pi l}{m}$$

con $l = 0, 1, \ldots, 2m-1$, son ejes de simetría cuando mn es par.

En este caso de p negativo, el punto (0, 0) es un centro de simetría solo cuando mn es par; y cuando $n > 1$ la curva es continua y tiene varios nodos. Las rosas y la rosa de Guido Grandi son casos particulares de las espirales sinusoidales.

Espírica de Perseo

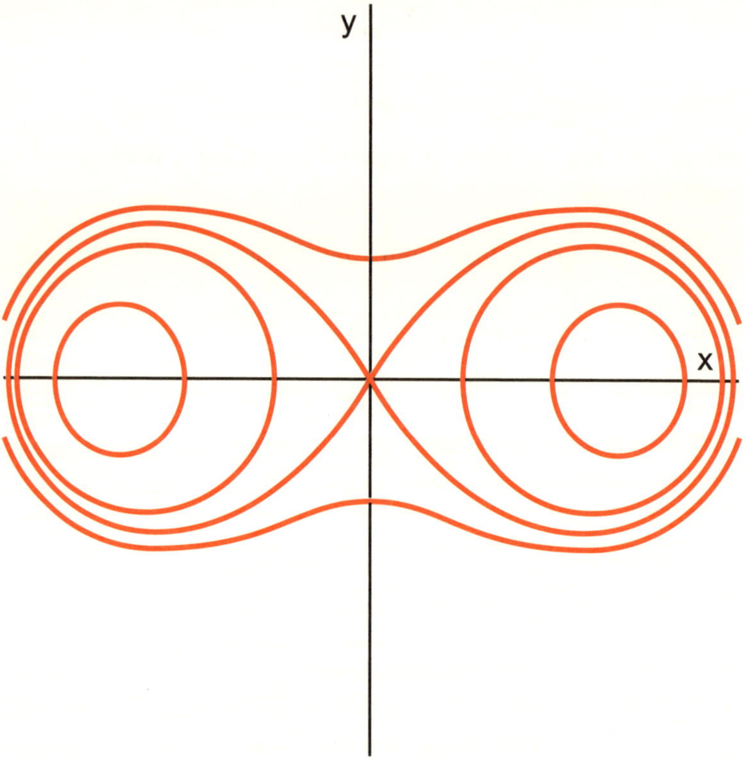

a = 2, b = –1, c = –1, 0, 1, 3

Ecuación cartesiana: $(x^2+y^2)^2 - 2ax^2 - 2by^2+c = 0$, con $a > b$.

Ecuación polar:

$$\rho^2 = a\cos^2\theta + b \text{ sen}^2\theta \pm \sqrt{(a\cos^2\theta + b \text{ sen}^2\theta)^2 - c}$$

Son cuárticas bicirculares con un centro de simetría. Si $c = 0$ es racional, no teniendo puntos reales más que cuando $c \leq a^2$.

La espíricas de Perseo fueron descubiertas en el siglo II a.n.E. por el sabio griego Perseo. Posteriormente, al igual que los óvalos de Cassini, han sido definidas como secciones de un toro cortado por un plano paralelo a su eje. Si $b = -a$ obtendremos los óvalos de Cassini, los cuales, cuando $c = 0$ son la lemniscata de Bernoulli. Si $a = b$ las espíricas de Perseo se reducen a dos círculos.

También se pueden considerar como las curvas isoópticas de las cónicas con centro.

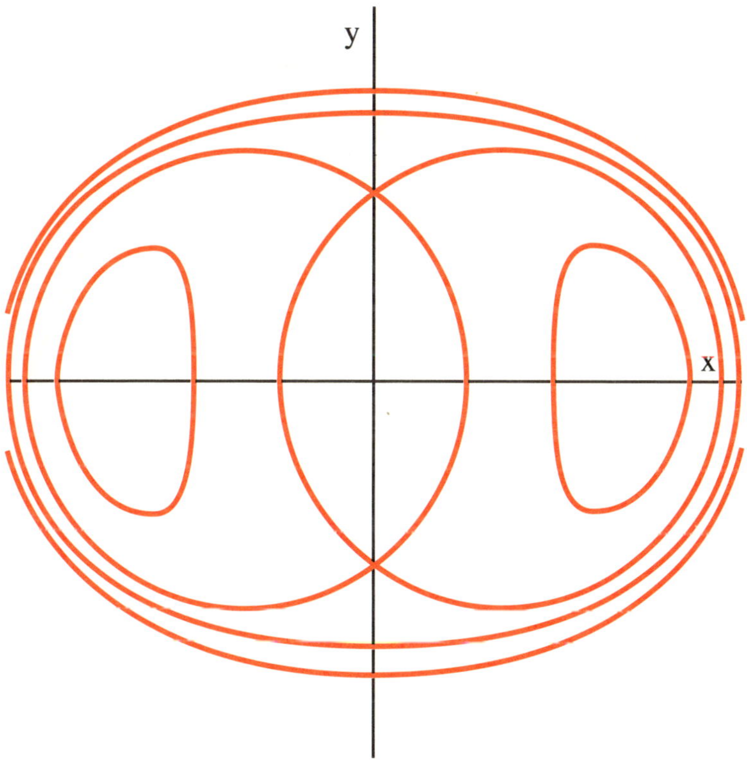

a = 2, b = 1, c = –1, 0, 1, 3

Los griegos daban a la *speira*, $\sigma\pi\varepsilon\iota\rho\alpha$, la misma acepción que al toro y por tanto espírica equivalía a tórica. En general las espíricas planas son secciones planas del toro con ecuación $(x^2+y^2)^2+ax^2+by^2+2c+d=0$ y a distinto de b. Las espiricas de Perseo son un caso particular de espíricas planas cuando el plano que corta al toro es paralelo al eje del mismo.

Las espíricas de Perseo son también conocidas como curvas de Villarceau, *círculos de Villarceau* y loxodromas del toro[220].

Estrofoide

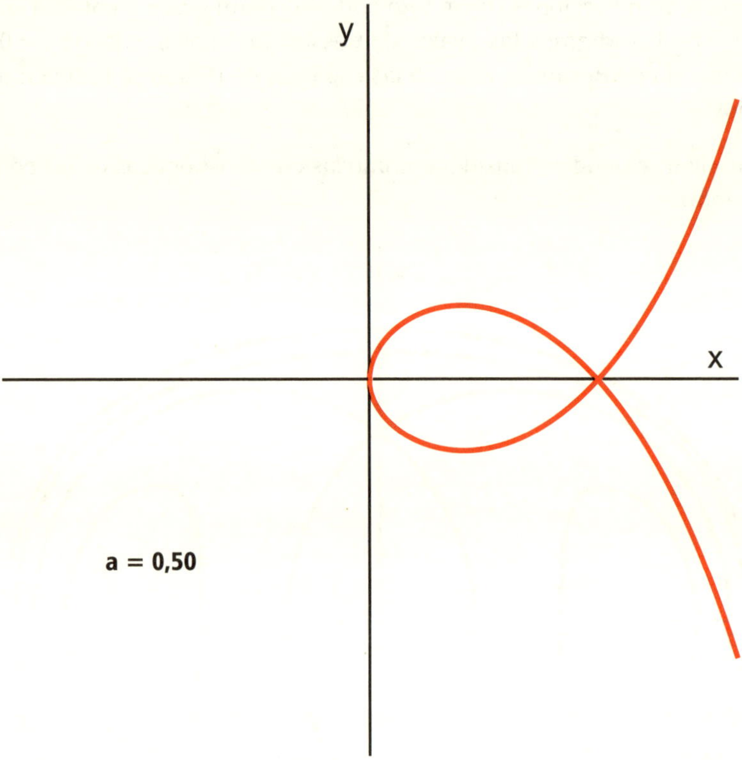

Ecuación cartesiana: $(x^2+y^2)(x-2a)+a^2x=0$, con $a>0$.

O bien $y = \pm(x-a)\sqrt{\dfrac{x}{2a-x}}$.

Ecuación polar: $\rho = a\dfrac{1+\operatorname{sen}\theta}{\cos\theta}$. O bien $\rho = a\tan\left(\dfrac{\pi}{4}-\dfrac{\theta}{2}\right)$.

Ecuaciones paramétricas: $\begin{cases} x = \dfrac{2at^2}{1+t^2} \\ y = \dfrac{at(t^2-1)}{1+t^2} \end{cases}$

(220) Ver loxodromía en la crestomatía.

Curvas ilimitadas y continuas en las que el eje de las x ($y = 0$) es un eje de simetría. La recta $x = 2a$ es una asíntota vertical. El punto $(a, 0)$ es un nodo en el que las rectas $y = \pm x$ son tangentes a la curva. Los puntos

$$\left(\frac{3-\sqrt{5}}{2}a, \pm\frac{3-\sqrt{5}}{2\sqrt{\sqrt{5}+1}}a\right)$$

son los puntos situados a la máxima distancia del eje de las x.

El área limitada por el bucle de la curva es igual a

$$2a^2 - \frac{\pi}{2}a^2$$

y el área limitada entre la curva y su asíntota es igual a

$$2a^2 + \frac{\pi}{2}a^2$$

La descripción para su construcción está desarrollada en la estrofoide recta.

Estrofoide oblicua

Ecuación cartesiana: $x(x^2+y^2) = a(x^2 - y^2)\,\text{sen}\,\alpha + 2axy\cos\alpha$, con $a > 0$,

$\alpha \neq \frac{\pi}{2}$ y $0 < \alpha < \pi$. O bien $(x^2+y^2)\left(x\cos\frac{\alpha}{2} + y\,\text{sen}\,\frac{\alpha}{2}\right) = 2axy$

Ecuación en polares:

$$\rho = a\frac{\text{sen}\,\alpha \pm \text{sen}\,\theta}{\text{sen}\,(\alpha+\theta)}$$

Ecuaciones paramétricas:

$$\begin{cases} x = \dfrac{2at}{1+t^2}\left(\cos\dfrac{\alpha}{2} + t\,\text{sen}\,\dfrac{\alpha}{2}\right) \\ y = \dfrac{2at^2}{1+t^2}\left(\cos\dfrac{\alpha}{2} + t\,\text{sen}\,\dfrac{\alpha}{2}\right) \end{cases}$$

O bien:

$$\begin{cases} x = a\dfrac{(1-t^2)\,\text{sen}\,\alpha + 2t\cos\alpha}{1+t^2} \\ y = at\dfrac{(1-t^2)\,\text{sen}\,\alpha + 2t\cos\alpha}{1+t^2} \end{cases}$$

Es una curva algebraica plana, limitada y continua, con un punto singular nodal de tercer orden en el centro de coordenadas. Y un caso particular de las estrofoides.

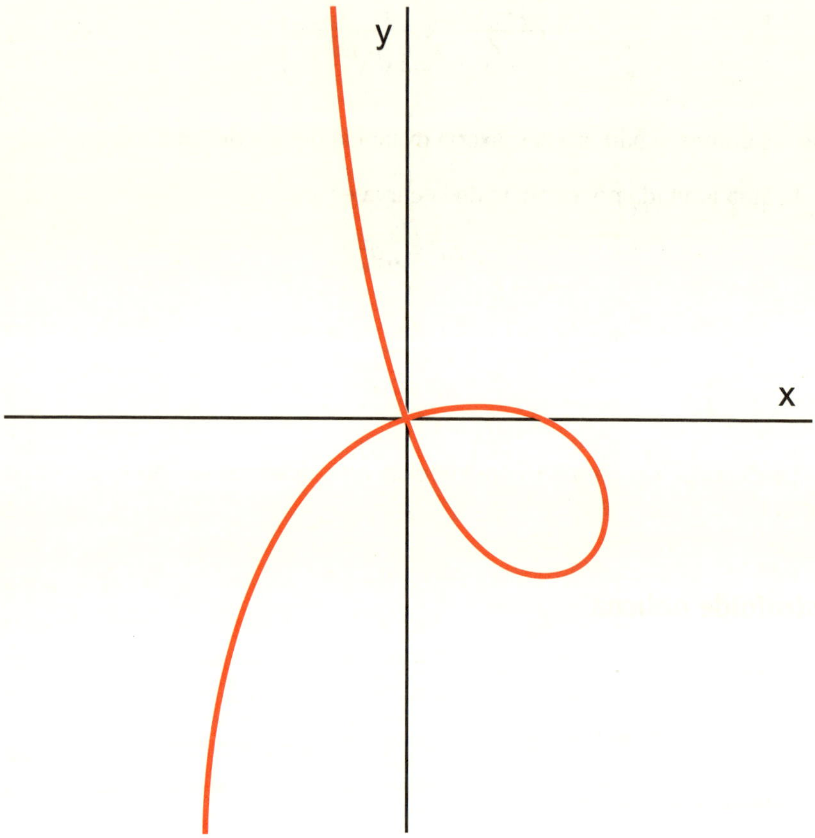

a = 10 y α = 15

El origen de coordenadas es un nodo con tangentes

$$y = -\tan\frac{\alpha}{2}x \qquad y = \cot\frac{\alpha}{2}x$$

Los puntos

$$\left(-a, \frac{a\cos\alpha}{1-\operatorname{sen}\alpha}\right) \quad \text{y} \quad \left(-a, \frac{a\cos\alpha}{1+\operatorname{sen}\alpha}\right)$$

están situados a la máxima distancia del eje de las y. La recta $x+a \operatorname{sen}\alpha = 0$ es una asíntota vertical.

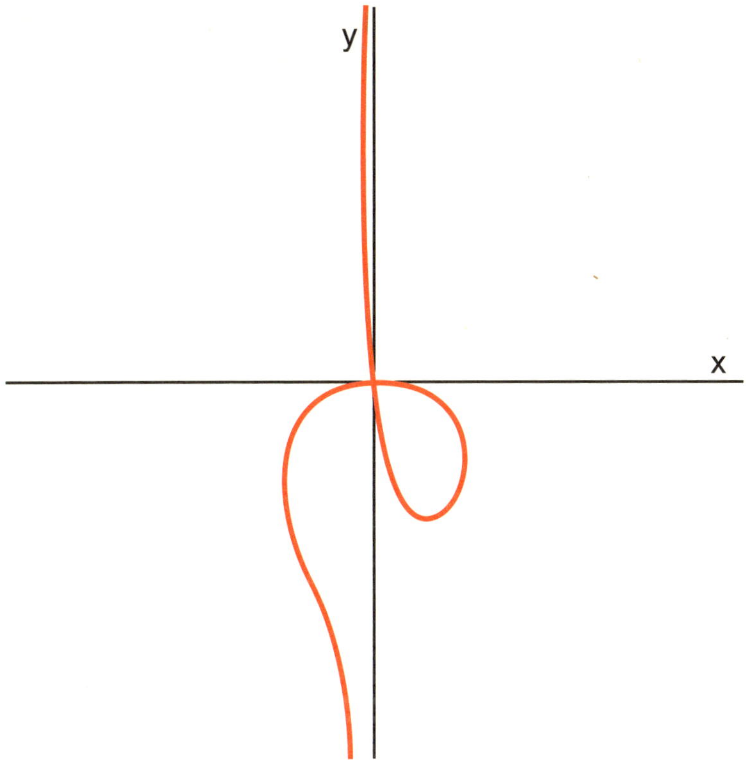

Si $\alpha = \frac{\pi}{2}$ se trata de una estrofoide recta.

La estrofoide oblicua es la inversa de una hipérbola cuando el centro de inversión *O* está sobre la hipérbola. Es una cúbica circular en la que *O* es un punto doble. Cuando el centro de inversión coincide con uno de los vértices de la hipérbola, la estrofoide tiene un eje de simetría, y se llama estrofoide recta.

Su estudio se debe al geómetra Gilles Personne de Roberval[221] (1602-1675) hacia el año 1645. En 1669 Isaac Barrow[222] (1630-1677) la estudió y determinó sus tangentes.

(221) Gilles Personne de Roberval: *Principaux écrits mathématiques: textes inédits en français et en latin, traduits en français pour la première fois, d'après les manuscrits de la Bibliothèque Nationale et les Mémoires de l'Académie Royale des Sciences.* París: Blanchard, 2003.

(222) Isaac Barrow: *The mathematical works of Isaac Barrow*/Whewell, William (1794-1866). Cambridge: Cambridge University Press, 1860.